Jacob Herzfeld

Das Färben und Bleichen

von Baumwolle, Wolle, Seide, Jute, Leinen, etc. - 2. Teil

Jacob Herzfeld

Das Färben und Bleichen
von Baumwolle, Wolle, Seide, Jute, Leinen, etc. - 2. Teil

ISBN/EAN: 9783743473126

Hergestellt in Europa, USA, Kanada, Australien, Japan

Cover: Foto ©berggeist007 / pixelio.de

Weitere Bücher finden Sie auf **www.hansebooks.com**

Bleicherei,

Wäscherei und Carbonisation.

Das

Färben und Bleichen

von

Baumwolle, Wolle, Seide, Jute, Leinen etc.,
im unversponnenen Zustande, als Garn und als Stückwaare.

Praktisches Hilfs- und Lehrbuch

bearbeitet für

Färber und Färberei-Chemiker,

sowie zum Unterricht in Fachschulen.

Mit zahlreichen Maschinenzeichnungen

von

Dr. J. Herzfeld.

II. Theil: Bleicherei, Wäscherei und Carbonisation.

Berlin.

S. Fischer, Verlag.

1890.

Die

Bleicherei,

Wäscherei und Carbonisation

von

Mit 132 Abbildungen und Tafeln.

———•—•———

Berlin.

S. Fischer, Verlag.

1890.

Vorwort.

Der vorliegende Band bildet den zweiten Theil des im vorigen Jahre begonnenen Werkes, für dessen günstige Aufnahme in der Fachpresse ich allen Beurtheilern meinen besten Dank sage. Entgegen meiner Absicht, in einem Schlussband das Gesammtgebiet der praktischen Bleicherei und Färberei folgen zu lassen, sah ich mich veranlasst, eine nochmalige Trennung vorzunehmen. Das Material war mir während des Ausarbeitens dermassen unter den Händen angewachsen, dass es sich nicht wohl in einem Bande vereinigen liess. Die Zweitheilung entspricht auch der Natur beider Gebiete, da in der Praxis die Bleicherei vielfach als ausschliessliches Gewerbe betrieben wird und einen ebenso bedeutenden Zweig der Textil-Industrie bildet, wie die Färberei.

Der Darstellung der eigentlichen Bleicherei musste zunächst eine kurze Beschreibung der wichtigsten Fasern vorangehen, mit besonderer Rücksichtnahme auf die Hantirungen beim Bleichen und Färben. In der Abhandlung über die Bleicherei und Wäscherei für alle Fasern und über die mit der Wollwäscherei eng verbundene Carbonisation hatte ich die Beobachtungen zu verwerthen, welche ich seit Jahren unter anderen Orten besonders in den Hauptsitzen der Textil-Industrie in

der weiteren und näheren Umgebung gesammelt hatte.
Die einschlägige, neueste Literatur in den Fachzeitungen
und in den Patentschriften wurde gleichfalls ausgiebig
benutzt und weiter bot auch meine Thätigkeit als Lehrer
der Färberei mir manche Anregung.

Besonderer Werth war auf die neuere Maschinen-
technik, welche sich auf diesem Gebiete eingebürgert
hat, zu legen, da dieselbe bisher noch keine umfassende
Darstellung gefunden hatte. Zum leichteren Verständniss
sind die verschiedenen Vorrichtungen durch Abbildungen
der Maschinen und eingehende Beschreibung der Arbeits-
weise erläutert. Da das Buch aber in erster Linie dem Blei-
cher- und Färberstande dienen soll, so sind meistens pho-
tographisch aufgenommene Ansichtszeichnungen wieder-
gegeben worden, die häufiger ein klareres und vor allem
ein nachhaltigeres Bild dem Laien im Maschinenfache
geben, als Schnittzeichnungen. Auf Einzelheiten der
Construction durfte natürlich nicht eingegangen werden.
Um aber die Einziehung eingehender Erkundigungen zu
erleichtern sind meistens die Erbauer namhaft gemacht.

Dem Bedürfniss der Praxis entsprechend wurden
die älteren Bleichverfahren, welche weder in kleinen
noch in grossen Betrieben mehr anzutreffen sind, nur
angedeutet oder ganz weggelassen. Der Vollständigkeit
zu Liebe ist die Veredlung der Garne und Gewebe, die
Appretur, dort, wo es sich nicht umgehen liess, kurz
erwähnt. Die eingehende Behandlung dieses bedeutenden Industriezweiges möchte ich mir für einen besondern Band vorbehalten.

Dem Werke habe ich am Schlusse Bauzeichnungen
von Bleicherei- und Appretur-Anlagen nach verschiedenen in der Praxis angewandten Systemen beigefügt.

Hoffentlich wird die Fachwelt darin eine willkommene Beigabe erblicken.

Auch im vorliegenden Theile bemühte ich mich allgemein verständlich zu sein und zugleich doch den Anforderungen der Wissenschaft zu genügen.

Alle angeführten praktischen Mittheilungen auf ihren Werth selbst zu prüfen, dazu war mir weder Zeit noch Gelegenheit geboten. Jedoch verdanke ich diejenigen, die ich nicht selbst prüfen konnte, so geschätzter und wohlerfahrener Seite, dass ich mit voller Beruhigung den Praktiker darauf verweisen darf.

Sollte nichts destoweniger bei der Anwendung sich irgend ein Mangel herausstellen, so würde ich für die freundliche Benachrichtigung besten Dank wissen. Auch bitte ich dieserhalb um gütige Nachsicht in der Beurtheilung dieser Schrift.

Möge man meinem Bestreben, dem Färberstande nach bestem Wissen und Können zu dienen, die Anerkennung nicht versagen!

Mülheim am Rhein, Herbst 1890.

Dr. J. Herzfeld.

Inhaltsverzeichniss.

Die Gespinnstfasern.

Seite

I. Baumwolle . . . . 2—12
II. Flachs . . . . 12—18
III. Hanf . . . . 19—21
IV. Jute . . . . 21—30
V. Nessel . . . . 31—35
VI. Wolle . . . . 35—48
VII. Seide . . . . 49—69

Die Praxis des Bleichens.

I. Bleichen der Baumwolle . . . . 71—148
A. Bleichen der losen Baumwolle 74
B. Bleichen des Baumwollgarns . . . . 74—86
1. Abkochen. S. 75. — 2. Bleichen mit Chlorkalk. S. 76.
— 3. Säuren. S. 80. — 4. Bläuen. S. 84. — Garn-
bleicherei auf Spulen. S. 85. — Appretur der Baum-
woll- und Leinengarne. S. 86.
C. Bleichen von Baumwollzeug . . . . S. 87—140
1. Stempeln und Zusammenheften. S. 89. — 2. Sengen.
S. 90. — 3. Einweichen, Entschlichten und Waschen
S. 94. — 4. Bäuchen. S. 105. — Bäuchkesselsysteme,
S. 109. — 5. Säuren. S. 127. — 6. Bäuchen mit
Natronlauge. S. 128. — 7. Bleichen mit Chlorkalk.
S. 130. — 8. Säuren. S. 131. — 9. Waschen. S. 132. —
Bleichen auf dem Jigger. S. 133. — 10. Trocknen. S. 134.
— 11. Scheeren, Bürsten, Rahmen. S. 137. — 12. Ap-
pretiren, Calandriren. S. 138.

Mather-Thompson Bleichverfahren. S. 140. — Hermite, electro-chemisches Bleichverfahren. S. 145. — Bleiche mit Wasserstoffsuperoxyd. S. 147. — Bleichverfahren nach Lunge. S. 148.

II. Bleichen des Leinens . . . . . . S. 149—176
  A. Bleichen des Leinengarns . . . . S. 149
    1. Bäuchen. S. 150. — 2. Chloren. S. 157. — 3. Absäuren. 4. Chloren. 5. Absäuren. S. 159.
  B. Bleichen des Leinengewebes . . . . S. 161
    I. Irisches Verfahren mit Rasenbleiche. S. 163. —
    1. Einweichen. S. 163. — 2. Bäuchen. S. 164. —
    3. Säuren. 4. Chloren. S. 167. — 5. Säuren. 6. Bäuchen.
    7. Seifen. S. 168. — 8.—11. Bäuchen etc. S. 170.
    II. Irisches Verfahren ohne Rasenbleiche. S. 171—173.
    — Bleichverfahren mit übermangansaurem Kali. S. 173.
    — Buntbleiche. S. 173. — Bleichflecken. S. 174. —
    Appretur der Leinwand. S. 175.

III. Bleichen der Hanfgarne . . . . S. 176—177
IV. Bleichen der Jute . . . . S. 177—182
  Verschiedene Vorbehandlung. S. 178. — Bleichen
  S. 179. — Appretur der Jutegewebe. S. 182.

V. Bleichen der Nesselfaser . . . . S. 182—183
VI. Waschen und Bleichen der Wolle S. 183—258
  A. Waschen der losen Wolle.
    1. Vorwäsche. S. 186. — Verarbeitung der Schweisswässer. S. 190. — 2. Eigentliche Wäsche (Reinigen und Spülen). S. 192. — Verarbeitung der Waschwässer. S. 199. — Reinigung der Wolle mit andern Mitteln. S. 203. — 3. Entkletten der Wolle. Carbonisation. S. 203.

  Carbonisation der losen Wolle . . . . S. 206
    Carbonisirofen Rudolf & Kühne. S. 207. — Carbonisirmaschine Demeuse & Co. S. 209. — Carbonisation mit Chloraluminium etc. S. 214. — Carbonisation im Schweiss. S. 216. — Carbonisation gefetteter Kämmlinge. S. 217.

Carbonisation der Wollgewebe . . . . S. 217
   Carbonisirapparat Rudolf & Kühne. S. 218. — Carbonisirmaschine Haubold. S. 219. — Carbonisation mit Chloraluminium etc. S. 223. — Noppenfärbung. S. 223.

B. Waschen des Wollgarns . . . . S. 224

C. Waschen der Wollgewebe . . . . S. 231

D. Waschen halbwollener Gewebe . . . . . . S. 236
   1. Crabben. S. 237. — 2. Dämpfen. S. 240. — 3. Waschen. S. 241.

Bleichen der Wolle . . . . S. 244
   1. Bleichen mit gasförmiger schwefliger Säure. S. 245. 2. Bleichen mit flüssiger schwefliger Säure. S. 250. — 3. Bleichen mit Natriumbisulfit. S. 251. — 4. Bleichen mit Wasserstoffsuperoxyd. S. 252. — 5. Bleichen mit Natriumhydrosulfit. S. 254. — 6. Bleichen mit übermangansaurem Kali. S. 255. — Weissfärben der Wolle. S. 256.

VII. Entschälen und Bleichen der Seide S. 258–283
   A. Harte Seide (Ecru). S. 261. — B. Entschälte Seide (Cuite). S. 262. — C. Souple Seide (demi cuite). S. 266. — Andere Bleichverfahren für Seide. S. 268. — Weissfärben der Seide. S. 271. — Beschwerung der Seide. S. 272. — Appretur der Seidensträhne. S. 275. — Entschälen und Bleichen halbseidener Gewebe. S. 281. Appretur der Seidengewebe. S. 283.

Centrifugen . . . . S. 284—307

Bleicherei und Appretur-Anlagen . . . . . S. 308—313

Die Gespinnstfasern.

Unter Gespinnstfasern begreift man die von der Natur erzeugten Gebilde, welche vermöge ihrer gestreckten, mehr oder weniger cylindrischen Form, ihrer Biegsamkeit und Zugfestigkeit geeignet sind, zu Fäden zusammengedreht und als solche nach einem bestimmten Plan zu Geweben verwoben zu werden.[1]) Die Fasern, die hier in Betracht kommen, entstammen theils dem Pflanzenreiche, theils dem Thierreiche. Unter den Pflanzenfasern sind für Bleicherei und Färberei zunächst die beiden wichtigsten Fasern, Baumwolle und Flachs hervorzuheben; von verhältnissmässig geringerer Bedeutung sind Jute, Hanf und Nessel. Dem Thierreich entnommen sind die Wollarten, namentlich die Wolldecke der Schafe und Ziegen, sowie die Seiden, das Gespinnst der Seidenraupen. Die Fasern des Pflanzenreichs sind von den thierischen Wollen scharf durch chemische Zusammensetzung, wie auch physikalisches Verhalten unterschieden, woraus für jede Faser eine andere chemische und physikalische Behandlung folgt.

Es ist unbedingt erforderlich, bevor die Praxis des Bleichens und Färbens behandelt wird, die Natur

---

[1]) Witt, Techn. der Gespinnstfasern. Seite 45.

des Färbe- und Bleichmaterials eingehend kennen zu
lernen. In der Unkenntniss der physikalisch-chemischen
Eigenschaften sind nur zu oft die vielen Klagen über
Bleicher und Färber begründet.

I. Baumwolle.

Die Baumwollpflanze: Unter dem Namen Baumwolle versteht man den Flaum oder die Samenwolle,
worin die Samenkörner der Baumwollpflanze eingehüllt sind. Die Baum-
wollpflanze, Gossy-
pium, kommt entweder
kraut-, strauch- oder
baumartig vor und er-
reicht eine Höhe von
3—7 m. In der wall-
nussgrossen Frucht,
eine drei- oder fünf-
fächerige Kapsel, lie-
gen 3—8 Samenkörner,
von Samenwolle umge-
ben.(Fig.1.)ZurZeit der
Reife quillt die Baum-
wolle traubenartig aus

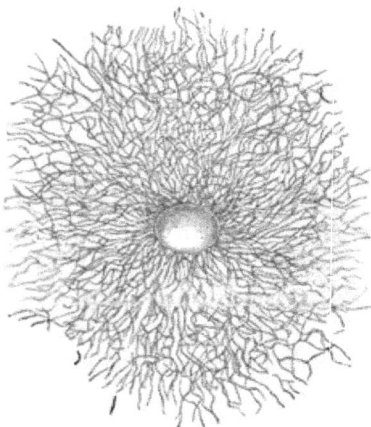

Fig. 1.   Samen.

den aufspringenden Kapseln hervor. Es wird hierauf sofort
zum Einsammeln der Baumwolle, zur Ernte geschritten,
die jedoch nicht solange hinausgeschoben werden darf,
bis die Baumwollkapseln zu Boden fallen und hierbei
die Faser durch Sand und Steine verunreinigt und zugleich
die Qualität der Baumwolle beinträchtigt wird. Schädlicher

aber noch sind unreife Baumwollpartien, sogenannte
todte Baumwolle, die ähnlich wie die Sterblingswolle,
eine geringere Festigkeit besitzt und schlecht zu färben ist.

Baumwollarten:
Man unterscheidet eine
grosse Anzahl von
Baumwollarten, von
denen die wichtigsten
folgende sind:

1) die baumarti-
ge Baumwolle (Gossy-
pium arboreum). Die
Pflanze erreicht eine
Höhe bis zu 6 m, und
trägt eine rothe, oft auch
gelbliche Blüthe. Die
Samenwolle ist etwas
gelblich gefärbt. In
Ostindien einheimisch,
auch in Aegypten, Spa-
nien und Italien gebaut.

2) die strauch-
artige Baumwolle
(Gossypium barba-
dense). Ein Stauden-

Fig. 2. Baumwollpflanze.
a Zweig, b Aufgesprungene Kapsel,
mit Kelch, c Kapsel ohne Kelch,
d Staubgefässe.

gewächs von 2—5 m Höhe, mit gelben Blüthen. Die
Samenwolle ist lang, schön und stark. Von ihr stammt
die schönste aller Baumwollsorten, nämlich Sea Is-
land. In Nordamerika und in Westindien gebaut.

3) die krautartige Baumwolle (Gossypium herba-
ceum). Ein Strauch von 1 m Höhe, mit gelber Blüthe.

Die Samenwolle ist ziemlich kurz, meist gelblich gefärbt. Von ihr stammt die beinahe gelbe Nankingbaumwolle. In Kleinasien und Ostindien gebaut.

4) die zottige Baumwolle (Gossypium hirsutum). Eine Staude von 2 m Höhe, mit fast weissen Blüthen. In Westindien einheimisch und in Nordamerika gebaut.

Gleich nach der Ernte erfolgt am Produktionsorte das Egrenieren oder das Entfernen der Samenkörner, der Kapselreste und sonstiger grober Verunreinigungen, mit Hilfe geeigneter Egrenier- oder Sägemaschinen.

Handelssorten: Die grösste Menge Baumwolle, wie auch die besten Qualitäten liefert Nordamerika. Es folgt sodann die Baumwolle aus Ostindien, mit bedeutend kürzerer Stapellänge (s. u.) und stärker verunreinigtem Material. An dritter Stelle ist die Makobaumwolle Aegyptens zu erwähnen, die an Güte der amerikanischen gleich gestellt werden kann. Andere, für den Weltmarkt jedoch minder wichtige Produktionsländer sind Brasilien, Kleinasien, Mittelamerika, Algier, Italien und Spanien.

Baumwollverarbeitung: In den Spinnereien wird die Baumwolle weiter gereinigt und zu Garn verarbeitet. Zum Auflockern und Reinigen dienen der Baumwollöffner (Opener) und die Schlagmaschine, zur Entfernung der feinsten Verunreinigungen die Krempelmaschinen oder Kratzen. Aus letzteren Maschinen geht die Baumwolle in Form eines Bandes hervor, welches auf Streckwerken weiter verfeinert und ausgeglichen wird, um von der Vorspinnmaschine als Vorgarn abgeliefert zu werden. Die Feinspinnmaschinen, Water- und Mulemaschine oder in neuerer Zeit ausschliesslich der

Selfaktor und die Ringspinnmaschine erzeugen schliesslich das Feingarn, wie solches in den Handel gelangt.
Aus der kurzfaserigen Baumwolle stellt man das schwächer
gedrehte Schuss- oder Mulegarn her, aus der lang-
faserigen, das stärker gedrehte Kett- oder Watergarn.
Zwischen beiden steht Medio- oder Halbkettgarn. Das
Garn wird, falls es nicht sofort als Cops, d. i. eine Auf-
machung in birnförmiger Gestalt, die ohne weiteres in
die Webschützen hineinpasst, zum Verweben gelangt,
in Strähne verwandelt, gewogen und sortirt. Je geringer das Gewicht eines Strähns von bestimmter
Länge ist, um so feiner das Garn. Nach der Anzahl
Strähne, die auf ein Pfund gehen, bezeichnet man die
Nummer des Garnes. In Deutschland ist bisher noch die
englische Bezeichnungsweise üblich. Die Garnnummer
wird durch die Zahl ausgedrückt, die angiebt,
wie viel Strähne zu 840 yard (768 m) ein eng-
lisches Pfund (453 g) wiegen. Am meisten zur
Verwendung gelangen Mulegarne in den Nummern 4
bis 16, Watergarne in den Nummern 4 bis 30. Man
spinnt bis Nr. 300. Die Qualität des Garnes wird
durch einen farbigen „Fitzfaden" angedeutet, mit welchem ein Strähn in Gebinde (1 Strähn = 7 Gebind)
eingetheilt wird. Jede Spinnerei bezeichnet die Garn-
qualitäten in verschiedener Reihenfolge nach den Farben
des Fitzfadens, sodass also z. B. Blaufitz bald die eine,
bald die andere Qualität bezeichnet.

Physikalisches Verhalten: Die Länge der
Baumwollfaser beträgt 15—60 mm, der Durchmesser
0,010—0,040 mm. Man pflegt, wie bei der Wolle, von
einem Stapel der Baumwolle zu sprechen und bezeichnet
hiermit die mittlere Faserlänge einer Sorte. Baumwoll-

sorten, die durchschnittlich unter 20 mm Faserlänge besitzen, nennt man kurzstapelig, mit längerer Faser lang-
stapelig. Ausser der Faserlänge sind Feinheit, Glanz,
Stärke, Elasticität und Reinheit die Merkmale, wonach
die Baumwolle beurteilt wird.

Die Baumwollfaser bildet eine einzige, sehr lang
gezogene Zelle. Bei jeder Zelle unterscheidet man die

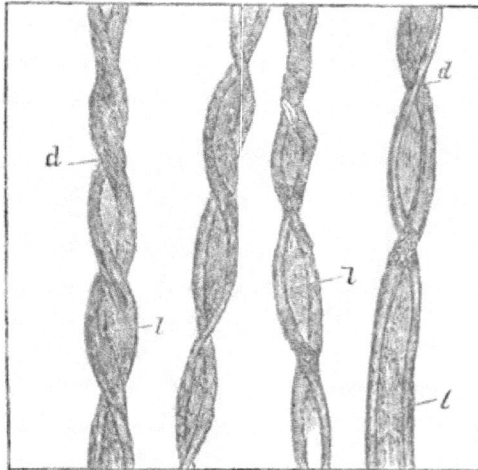

Fig. 3. Baumwolle. l Lumen, d Drehungsstellen.

Zellwand und den innern Hohlraum, der mit Luft er-
füllt ist und das „Lumen" der Faser genannt wird. Die
Zellwand ist von einem zarten Häutchen, der Cuticula,
umgeben. Während die Zellwand sich bei Einwirkung
einer ammoniakalischen Lösung von Kupferoxyd auf-
löst, bleibt das Häutchen hierbei ungelöst zurück. Es
ist dies ein charakteristisches Merkmal für Baumwolle, da der Vorgang bei keiner anderen Pflan-

zenfaser stattfindet. Unter dem Mikroskop erscheint
die Faser als ein unregelmässiges, zusammengewundenes
Band, die Zellwand als wulstiger Rand und das Lumen
beträchtlich gross, etwa $2/3$ des ganzen Durchmessers be-
tragend. (Fig. 3.) Die dünne Zellwand erklärt wohl auch die
Fähigkeit der Baumwolle, besser als alle andere Pflanzenfasern, die Farbstoffe aufzunehmen, und dauerhafte
und schöne Färbungen zu geben, indem das Osmose-
vermögen stärker ist, infolge dessen die Faser leichter
viele lösliche Substanzen, wie Tannin und Metallsalze
aus ihren Lösungen absorbiren und zurückzuhalten vermag.[1]) Der Querschnitt der Faser zeigt sich zuweilen
kreisrund, meistens unregelmässig länglich und oval.
Bei der unreifen Baumwolle fehlt das Lumen. Die Faser
ist fast zweimal breiter als im reifen Zustand und weist
eine grosse Anzahl von Längs- und Querfalten auf.
Der Querschnitt ist sehr schmal und zeigt keine innere
Höhlung.

Hygroscopicität: Die Fähigkeit der Faser, Feuchtigkeit aus der Luft anzuziehen, ist ziemlich bedeutend.
Im trockenen Zustand beträgt der Wassergehalt 6,66%,
der in mit Wasserdampf gefüllten Raume auf 21%
steigen kann. In der Konditioniranstalt zu Verviers
hat man für Baumwollgarn $8\frac{1}{2}$% als beim Garnhandel
zulässige Wassermenge festgesetzt.

Chemische Zusammensetzung: Die Baumwoll-
faser besteht aus Cellulose, $C_6 H_{10} O_5$, einer, in allen be-
kannteren Lösungsmitteln, mit alleiniger Ausnahme
einer Lösung von Kupferoxydammoniak, unlöslichen Substanz aus der Gruppe der Kohlenhydrate, also nahe ver-

---

[1]) Witt, Technol. der Gespinnstfasern, S. 127.

wandt mit Traubenzucker, Stärke, Dextrin. Aus dem
Verhalten gegen Reagentien ist Cellulose als ein drei-
atomiger Alkohol anzusehen: $C_6 H_7 O_2 (OH)_3$. Die
Baumwollfaser enthält gegen $91^0/_0$ Cellulose, unreife
Baumwolle nur $87^0/_0$. Wichtig ist auch die Kenntniss
der die Faser verunreinigenden Substanzen, wie Fette,
Wachs, stickstoffhaltige Bestandtheile (Protoplasma-
reste) und einige, allerdings in geringer Menge vorkommende Farbstoffe. Der Bleichprozess läuft darauf
hinaus, die letzteren Bestandtheile zu entfernen. Durch
Kochen mit Sodalösung oder verdünnter Natronlauge
verliert die Baumwolle gegen $5^0/_0$ ihres Gewichts. Die
chemische Beschaffenheit bedingt auch das Verhalten der Baumwolle gegen Farbstoffe, die in ihrer
Mehrheit nicht ohne weiteres von der Faser aufgenommen werden, sondern ein die Aufnahme vorbe-
reitendes Mittel, eine Beize, erforderlich machen.

Chemisches Verhalten gegen Säuren: Bei
längerer Einwirkung von concentrirter Schwefelsäure
wird die Baumwolle gelöst, unter Bildung von Dextrin.
Das Zwischenprodukt ist das sogenannte Amyloid, ein
dem Stärkekleister ganz ähnlicher Körper von der Zusammensetzung $C_{12} H_{22} O_{11}$ (2 Cellulose $+$ Wasser),
wahrscheinlich durch Wasseraufnahme aus Cellu-
lose entstanden, unter dem Namen Hydrocellulose
Gegenstand zahlreicher Untersuchungen. Die Hydrocellulose ist sehr oxydirbar und die Ursache
des Mürbewerdens säurehaltiger pflanzlicher Gewebe.
(Karbonisation der halbwollenen Lumpen oder von
Klettenwolle). Kocht man die mit Wasser verdünnte
Lösung von Baumwolle in concentrirter Schwefelsäure, so verwandelt sich Dextrin in Traubenzucker.

Durch Einwirkung von concentr. kalter Salpetersäure auf
Baumwolle, namentlich bei Gegenwart von Schwefelsäure erhält man Nitrocellulose und zwar je nach der
grösseren oder geringeren Concentration der Säure
bildet sich das unlösliche Pyroxylin oder die Schiessbaumwolle, ein äusserst explosiver Körper, der in Alkohol und Aether unlöslich ist oder es bildet sich das
in Alkohol und Aether lösliche Pyroxylin oder Collo-
dium, welches beim Verdunsten eine dünne, durchsichtige Haut zurücklässt. Kocht man Cellulose mit
60%iger Salpetersäure, so geht sie in Oxycellulose über.
Conc. Salzsäure oder Phosphorsäure verhalten sich ähnlich wie Schwefelsäure. Die Wirkung ist indessen
nicht so energisch. Die verdünnten Mineralsäuren haben
wenig Wirkung, nur dürfen sie nicht auf der Faser ein-
trocknen und hierdurch genügend concentrirt werden,
um dennoch die Haltbarkeit der Faser beträchtlich zu
beeinflussen. Die Wirkung wird eine schnellere und
zugleich zerstörend, wenn die mit verdünnter Mineralsäure getränkte Faser erhitzt wird, aus welchem Grunde
die Bleicher die Waaren stets in verdünntem kalten
Säurebad behandeln. Die organischen Säuren, wie
Essigsäure, Weinsäure, Citronensäure haben wenig
Wirkung auf die Haltbarkeit der Faser. Die stärkste
Wirkung hat Oxalsäure, die sich wie Mineralsäure
verhält.

Verhalten gegen Alkalien: Eine merkwürdige
Veränderung zeigt die Faser bei Einwirkung starker
Lösungen von Kali und Natron. Versuche dieser
Art wurden zuerst von John Mercer in Oakenshaw ge-
macht. Nachdem das Gewebe einige Minuten in der
alkalischen Lösung gelegen, dann gut in Wasser ge-

waschen, ist dasselbe viel dichter und fester geworden. Beim Färben lässt sich das Gewebe leichter behandeln, indem viele Farbstoffe schneller aufziehen und die Farben selbst glänzender und intensiver ausfallen. Nach dem Erfinder wird das Verfahren das ‚Merceriren‘ der Baumwolle genannt. Der Verdichtungsprozess scheint mehr mechanischer als chemischer Natur zu sein, indem die Faser unter dem Mikroskop nicht mehr flach und spiralförmig, sondern stark aufgequollen, aufgedreht und gerade erscheint. Die Fasern sind, wie der Querschnitt erkennen lässt, cylindrisch geworden. Verdünnte alkalische Lösungen haben keine Wirkung auf die Faser. Nur wenn in solcher Weise behandelte Baumwolle längere Zeit der Luft ausgesetzt wird, zeigt es sich, dass sie leicht morsch wird, wahrscheinlich infolge einer eintretenden Oxydation. Aus diesem Grunde beachtet man auch beim Bäuchen der Baumwolle, die Faser stets unter der Oberfläche der alkalischen Flüssigkeit zu halten. Auch beim Kochen mit Kalklösung werden die Gewebe merklich angegriffen, wenn nicht gleichzeitig für vollständigen Luftabschluss gesorgt und das Gewebe stets unter der Oberfläche der Flüssigkeit gehalten wird. Man nimmt in beiden Fällen die Bildung von Oxycellulose an ($C_{18} H_{26} O_{36}$), eines noch ungenügend untersuchten Körpers. Basische Anilinfarbstoffe, gegen welche unveränderte Cellulose unempfindlich ist, werden von Oxycellulose direkt aufgenommen.

Wenn in dieser Weise der Sauerstoff der Luft allein schon Veränderungen hervorruft, so ist es wohl auch erklärlich, wenn Bleichmittel, wie Chlorkalk und Wasserstoffsuperoxyd, nicht wirkungslos bleiben. Die Lösungen von unterchlorigsauren Salzen bewirken je nach Temperatur, Concentration und Dauer der Einwirkung eine grössere oder geringere Schwächung der Faser. Werden die Gewebe in schwacher Lösung gekocht, so werden sie morsch, dagegen werden in kalter verdünnter Lösung nur die Farbstoffe der Faser zerstört oder gebleicht. Girard schreibt die zerstörende Wirkung des Chlorkalks der Bildung von Salzsäure zu, welche die Cellulose in Hydrocellulose überführt. Die Baumwolle wird auch morsch, wenn sie feucht in eine Chloratmosphäre gebracht und hierauf dem Sonnenlicht ausgesetzt worden ist.

Salzlösungen bringen keine Veränderungen hervor. Saure Salzlösungen wirken wie schwache Säuren, wenn das Gewebe in solchen gekocht wird. Das Morschwerden bei längerer Aufbewahrung scheint ebenfalls auf einer langsamen Oxydation zu beruhen. Bekanntlich zersetzt sich ferner Baumwolle bei Gegenwart leicht in Gährung übergehender Substanzen, wenn Stärke, Gummi u. s. w. durch die Appretur auf die Faser gelangt sind, in eine Masse ohne allen Zusammenhalt. Sodann ist ein Selbstentzünden der Baumwolle beobachtet worden, wenn dieselbe mit Oel getränkt war. Solche Stoffe dürfen deshalb nie an warmen Orten aufgehoben werden. Es gilt dies also für Gewebe oder Garne, die mit Türkischrothöl getränkt worden oder für Putzfäden, die mit Maschinenöl beladen sind.

Ueber die Widerstandsfähigkeit baumwollener Gewebe hat Albert Scheurer jüngst Versuchsresultate veröffentlicht.[1]) Hiernach vermindert Wasser, welches 1—8 Stunden bei 150° einwirkt, wesentlich die

---

[1]) Färber-Zeitung 1890. S. 149.

Widerstandsfähigkeit der gebleichten Baumwolle, ohne
diejenige der rohen Baumwolle zu beeinträchtigen. Luft
allein, auf 150⁰ getrieben, scheint nicht mehr einzu-
wirken als Wasser. Aetznatron in Mengen von 10—80 g
pro Liter verwendet, hat rohe Baumwolle bei 150⁰ und
8 stündiger Berührung nicht angegriffen. Salzsäuregas
vermindert die Widerstandsfähigkeit der gebleichten
Gewebe fast um die Hälfte nach einstündiger Berührung.
Die Einwirkung gasförmiger Salpetersäure ist unter denselben Umständen viel schwächer. 2 g Schwefelsäure
pro Liter Wasser bei 90⁰ während $^1/_2$ stündiger Berührung
vermindert die Widerstandsfähigkeit auf $^1/_6$; ein weiteres
Behandeln mit Soda bewirkt einen Widerstandsverlust,
welcher mit der Dauer des Durchziehens durch Schwefelsäure zunimmt.

II. Flachs.

Die Flachspflanze: Die Flachs- oder Leinpflanze,
Linum usitatissimum, seit ältesten Zeiten bekannt und
in allen Kulturstaaten angebaut, bildet ein krautartiges
Gewächs mit dünner, spindelartiger Wurzel. An dem
oben sich verzweigenden Stengel sitzen zerstreut die
lanzettförmigen Blätter und die hellblauen Blüthen. Aus
den letzteren entwickeln sich zehnfächerige Kapseln mit
je einem Samenkorn in jedem Fach. Man unterscheidet
den Dresch- oder Schliesslein und den Spring- oder
Klanglein. Die Samenkapseln der letzteren Varietät
springen zur Zeit der Reife unter Knistern von selbst
auf, während beim Schliesslein die Kapseln durch Dre-
schen geöffnet werden müssen. Die Aussaat erfolgt in
den Monaten März bis Juni, die Ernte drei Monate später

und zwar kurz bevor die Pflanze in ihr Reifestadium eintritt, der Stengel nämlich eben beginnt sich gelb zu färben und die Kapseln eine braune Farbe annehmen. Wartet man die volle Reife ab, so wird eine rauhere und steifere Faser erhalten.

Flachssorten: Den feinsten und besten Flachs liefert Belgien und Irland. Wichtige Handelssorten sind ausserdem u. a. der russische, livländische, holländische, schlesische und westfälische (Werther) Flachs. Den Leinsamen liefern fast ausschliesslich die russischen Ostseeprovinzen.

Gewinnung des Flachses: Nachdem die Pflanzen aus dem Erdboden „gerauft" worden, werden sie zum Trocknen auf Feldern ausgelegt. Hierauf erfolgt das Trennen und Absondern der Samenkörner durch das Riffeln d. i. das Durchziehen der Flachsbündel durch den Riffelkamm. Die wichtigste Operation ist die folgende Rotte oder Röste. Die Flachsbündel werden eine Zeit lang

Leinpflanze.

Fig. 4.

Fig. 5.

Fig. 4. Zur Fasergewinnung.
Fig. 5. Zur Samengewinnung.

in fliessendes oder stehendes reines, weiches Wasser eingelegt (Wasserrotte). Durch die bald eintretende Gährung
werden gewisse klebrige Substanzen, die wesentlich aus
Pectose bestehen und die Bastfasern zusammenleimen,
zersetzt und gelöst. Die Fasern werden gleichzeitig von
dem holzigen Kern des Stengels losgelöst und können
somit leichter durch die nachfolgende Operation entfernt werden. Während des Röstprozesses wird die
Pectose in lösliches Pectin und unlösliche Pectinsäure
zerlegt. Die Fasern behalten hierbei ihre Eigenschaft,
ohne sich zu verändern oder zu zersetzen. Sie leiden
nur, wenn der Gährungsprozess zu stürmisch verläuft
oder zu lange dauert. Bei der Gährung entwickeln sich
Gase von unangenehmem Geruch. Neben Kohlensäure
und Wasserstoff treten auf Ammoniak, Sumpfgas,
Schwefelwasserstoff und Stickstoff. In einzelnen Theilen
Russlands, weniger in Deutschland, wendet man neben
dieser ältesten und wohl auch besten Methode die
Tauröste an, bei welcher die Bündel 3—8 Wochen je
nach der Witterung, am besten bei feuchtem Klima auf
Feldern ausgebreitet werden, wo ebenfalls ein Gährungsprozess eintritt. Weniger in die Praxis gelangt sind
die verschiedenen vorgeschlagenen künstlichen Rösten,
wie die Warmwasserrotte, auch amerikanische Rotte,
bei welcher die Flachsbündel innerhalb 66 Stunden bei
32⁰ C fertig rösten oder die chemische Rotte, bei welcher die Fasern ein bis zwei Tage in verdünnte Salzsäure gelegt werden.

Nach Beendigung der Röste wird der Flachs gespült und getrocknet. Die Faser ist dunkler geworden,
als im rohen Zustand. Der Gewichtsverlust beträgt oft
bis $3/4$ des ursprünlichen Gewichts. Die sich anschliessen-

den Verrichtungen: Klopfen oder Botten, Brechen, Schwingen, Ribben und Hecheln bezwecken die anhaftenden Holzstückchen gänzlich zu zerkleinern und zu entfernen. Das beim Hecheln abfallende Material nennt man Werg.

Verarbeitung des Flachses zu Garn: Der gereinigte Flachs geht zur Spinnerei, woselbst zunächst ein Flachband aus parallelen Fasern gebildet wird. Durch Strecken und Ausziehen wird das Band immer feiner, bis schliesslich ein dicker, locker gedrehter Faden, Vorgespinnst genannt, entstanden. Weiteres Strecken und Drehen ergiebt das fertige Garn des Handels. Wenn der letzte Vorgang, das Feinspinnen, unter Zuhilfenahme von Wasser, durch welches der Faden läuft, vorgenommen worden ist, so erhält man „Nassgesponnenes Garn", welches sich von „Trockengesponnenes Garn" wesentlich unterscheidet. Das letztere besitzt mehr Festigkeit, während durch Nassspinnen besonders hohe Garnnummern erhalten werden können. Beide Garn-Arten sind leicht durch ihr Aeusseres zu unterscheiden. Werg wird in ähnlicher Weise zu Werggarn versponnen. Die Garne sind von den Flachsgarnen bei einiger Uebung bald zu erkennen.

Das Leinengarn wird zu Strähnen gehaspelt und diese zu Bündeln zusammengepackt. Jedes Bündel besteht aus 20 Strähnen, von welchen jeder wieder in 10 Gebinde von je 300 yard oder 273,6 m Länge untergetheilt wird. Die Garnnummer wird durch die Zahl ausgedrückt, die angiebt, wie viel Gebinde auf das Gewicht eines englischen Pfundes (453 g) gehen. Mit Zwirn oder Sewing bezeichnet man zwei oder mehrere durch Drehen vereinigte Fäden. Man spinnt den Flachs in Deutschland trocken von Nr. 16

bis Nr. 30, nass bis Nr. 80, in Belgien und Schottland
bis Nr. 200 d. i. ein Garn, von welchem 60000 yard
oder 54720 m ein englisch Pfund oder 120 m ungefähr 1 g wiegen. Werg spinnt man trocken von Nr. 6
bis Nr. 20, nass bis Nr. 35. Die letzteren Garne dienen
zu geringeren Geweben als Kette, mit loser Drehung
und im gebleichten Zustande als Schuss für Halbleinen.

Physikalisches Verhalten: Die Faserlänge
beträgt 4—66 mm meist 25—30 mm, der Durchmesser
0,012—0,026, meist 0,015—0,017 mm. Die Faser ist
desto geschätzter, je grösser die Länge bei gleicher
Feinheit beträgt. Die Farbe der besten Flachssorten
ist lichtblond; ebenso geschätzt ist die silber- oder stahl-
graue Farbe. Die durch Tauröste gewonnenen Sorten
sind grau und nur bei vorhandenem Regenfall hellgelb.
Unbrauchbar sind Flächse von braunrostiger oder auch
grünlicher oder schwärzlicher Farbe. Der Glanz stei-
gert sich bei den besten Flächsen bis zum Seidenglanz,
der gewöhnlich von Weichheit, Milde und Schmiegsam-
keit begleitet ist. Die Festigkeit ist das Zeichen eines
gesunden, richtig behandelten Flachses.

Unter dem Mikroskope erscheinen die Bastzellen
der Faser als lange, gerade, durchsichtige Röhren,
deren innerer Hohlraum, das Lumen, sehr gering
ist, meistens nur als dunkle Linie erscheint, manchmal
gar nicht sichtbar ist. Die Wände der Zellen sind also
ausserordentlich dick. Die Faser ist glatt oder längst
gestreift, häufig mit querliegenden Sprunglinien und
Verschiebungen versehen, welche gewöhnlich als Knötchen bezeichnet werden. Die Enden der Fasern sind
scharfspitzig und meist weit ausgezogen.[1]

---

[1] v. Höhnel, Mikroskopie der Fasern. 1889.

Hygroscopicität: Das Vermögen Wasser aus der
Luft anzuziehen ist etwas geringer als bei Baumwolle.
Im lufttrockenen Zustand enthält Flachs 5,7 % Wasser.
Die grösste aufzunehmende Wassermenge beträgt 13,9
bis 23,6 %. Die Reprise, d. h. der im Handel zulässige
Feuchtigkeitsgehalt ist auf dem Congress zu Turin (1875)
auf 12 % festgestellt worden. Die Elasticität und die Bieg-

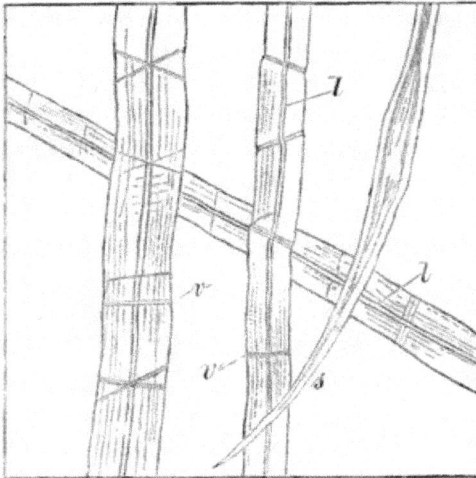

Fig. 5. Leinenfaser. l Lumen, v Verschiebungen, s Spitze.

samkeit ist geringer als bei Baumwolle, die Festigkeit
grösser. Letztere Eigenschaft ist wohl auf die dicken
Zellwände zurückzuführen. Flachs ist ein besserer
Wärmeleiter als Baumwolle, aus welchem Grunde Leinen-
gewebe sich stets kalt anfühlen.

Chemische Zusammensetzung: Gehechelter
Flachs besteht aus 82,5—89 % Cellulose. Die übrigen

Bestandtheile sind Gummi und Pectinsubstanzen, Wachs, Harze, ätherische Oele und Wasser (5,7—7,22 %).

Neben Cellulose ist eine geringe Menge Lignin oder Holzsubstanz vorhanden, deren Gegenwart durch gelöstes schwefelsaures Anilin, mit einem geringen Ueberschuss an Schwefelsäure, nämlich durch Eintritt einer Gelbfärbung, nachgewiesen wird. Lignin ist mit Cellulose nach Bevan und Cross chemisch zu Bastose verbunden und nicht, wie man bisher annahm, bloss mechanisch in den Fasern eingelagert.

Chemisches Verhalten: Die Einwirkung der verschiedenen Reagentien auf die Faser gleicht der auf Baumwolle. Im allgemeinen wird die Leinfaser leichter angegriffen, namentlich durch Alkalien. Durch wiederholtes Kochen mit denselben, gelingt es die braune Farbe der Faser gänzlich zu entfernen, worauf durch Einwirkung von Chlorkalk oder anderer unterchlorigsaurer Salze die Faser sehr leicht gebleicht werden kann. Nach Untersuchungen von Kolb in Amiens werden beim Bleichen hauptsächlich zwei Stoffe entfernt, namentlich ein beim Rösten des Flachses entstandener Stoff und die Pectinsäure. Zum Bleichen wendet man meistens noch eine gemischte Bleiche, eine Vereinigung der Chlorkalkbleiche mit der Rasenbleiche an. Der graue Körper wird oxidirt und die Pectinsäure in gelöster Form entweder als freie Säure oder in Gestalt von Arabinsäure entfernt.

Bleichen und Färben der Leinfaser ist schwieriger auszuführen als bei Baumwolle. Beim Bleichen verliert die Faser fast 30—42% ihres ursprünglichen Gewichts. Die geringere Verwandschaft zu den Farbstoffen ist möglicherweise auf den Ueberrest an Pectinstoffen, die

durch Bleichen nicht gänzlich entfernt werden, zurückzuführen.

III. Hanf.

Die Hanfpflanze: Hanf ist der langfaserige Bast
der Hanfpflanze (Cannabis sativa), die wie Flachs in
allen gemässigten Klimaten, be-
sonders in Deutschland, Öster-
reich, Russland und Italien, angebaut wird. Der Hanf trägt
männliche und weibliche Blüten
auf verschiedenen Pflanzen. Die
männliche Pflanze, Sommer-
hanf oder Staubhanf genannt,
liefert eine feinere Faser als
die weibliche Pflanze, die den
Namen Winterhanf, Saathanf
oder Bästling führt und besonders zur Gewinnung des Samens
dient. Die Pflanzen erreichen
eine Höhe von 1,8—2,5 m. Die
Aussaat findet im Mai, die Ernte
im August und September statt.

Lufttrockenes Hanfstroh
der männlichen Pflanze ent-

Fig. 6. Hanfpflanze.

hält 26 %, der weiblichen 22 % Bast. Der getrocknete Bast besteht zu 67—70 % aus reiner Faser.
Der Bast der männlichen Pflanze liefert Garn zu Geweben wie Segeltuch und Packleinen, während der Bast
der weiblichen Pflanze nur zu Seilerarbeiten geeignet ist.

Gewinnung der Faser: Die Gewinnung gleicht

2*

genau der des Flachses. Man gewinnt als „Reinhanf"
eine Faser von 1—1,75 m Länge. Der nach einer gering abweichenden Methode gewonnene „Schleisshanf"
wird der Reinheit und Länge wegen besonders geschätzt.
Die beim Hecheln abfallende Faser nennt man Hanf-
werg oder Tors.

Die besten Hanfsorten kommen aus Italien und
sind von heller, weisslich glänzender Farbe. Die

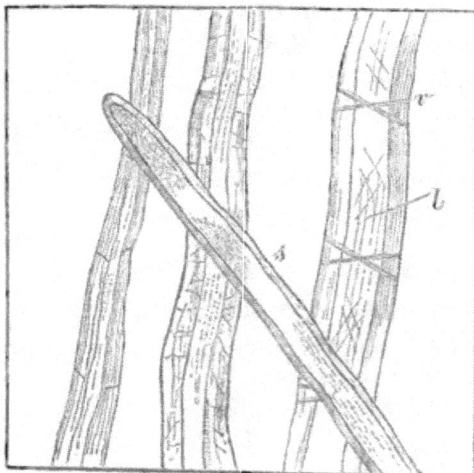

Fig. 7. Hanffaser. l Lumen, v Verschiebungen, s Spitze.

grösste Länge zeigt der afrikanische Riesenhanf, dessen
Fasern über 3 m lang werden. Grosse Mengen Hanf liefern
sodann Baden, Elsass, Preussen und Oesterreich. Die
grösste Menge, wenn auch nicht von so feiner aber fester
Beschaffenheit liefert Russland. Nur der feinste Hanf
wird zu Garn für Gewebe verarbeitet, gebleicht und
gefärbt. Die Hauptmenge dient zur Herstellung von
Seilerarbeiten u. s. w.

Physikalisches Verhalten: Die Faser hat bei grosser Länge einen geringen Durchmesser. Die Breite beträgt 0,016—0,050 mm, meistens 0,022 mm. Die Bastzelle ist cylindrisch und langgestreckt, jedoch nicht so regelmässig gebaut wie die Zelle des Flachses. Die Enden der Faser sind stumpf, häufig verzweigt. Das Lumen ist meistens breit und beträgt etwa $1/3$ des Zelldurchmessers. Eine Parallelstreifung tritt namentlich bei der versponnenen Faser auf. Häufig sind auch Querstreifen, jedoch finden sich keine Knotenbildungen wie bei Flachs. (Fig. 7.)

Die Faser ist schwach verholzt und wird mit Jod und Schwefelsäure grünlich gefärbt, mit schwefelsaurem Anilin mehr oder minder gelb.

Chemische Zusammensetzung: Die Bastzelle besteht nicht aus reiner Cellulose, sondern aus einem Gemisch von Cellulose mit Bastose. Die Analyse eines italienischen Hanfs ergab:

Cellulose 77,77 $^0/_0$, Wasser 8,88 $^0/_0$, wässeriger Extract 3,48 $^0/_0$, Fett und Wachs 0,56 $^0/_0$, Asche 0,82 $^0/_0$, Intracellularsubstanz und pectoseartige Körper 9,31 $^0/_0$. (Hugo Müller). [1]

IV. Jute.

Die Jute-Pflanze: Die Pflanze, Corchorus capsularis, zeichnet sich durch ihren Bastreichthum aus und ist in Indien heimisch, wo sie dieselbe Stellung einnimmt, wie Hanf und Flachs in Europa. Nach Europa wird sie seit dem Jahre 1854 importirt, als infolge

---

[1] Witt, Techn. d. Gespinnstfasern. 1888, S. 149.

des Krimkrieges den Engländern der Bezug von russi-
schem Flachs und Hanf erschwert wurde. Sie ist
zwischenzeitlich eine gefährliche Nebenbuhlerin von
Hanf und Flachs geworden, wird sogar vielfach für

Fig. 8.   Jutepflanze.

Stoffe verwendet, für welche man früher Baumwolle gebrauchte. Mit Baumwolle, häufig mit Wolle und Seide
vermischt, werden gröbere Garne erzeugt, die für
Teppiche, Vorhänge, Tischdecken u. s. w. verwebt werden. Veranlassung hierzu gibt neben der Billigkeit des

Materials der weiche Griff und reiche Glanz der aufgedruckten oder aufgefärbten Farbtöne. Das gröbere
Material dient zur Herstellung von Sack- und Pack-
leinwand, Segeltuch u. s. w.

Jute, auch Calcuttahanf, Indian grass, Gunny fibre
genannt, gedeiht am besten im warmen, feuchten Klima.
Hauptgewinnungsort ist Britisch-Ostindien, mit dem Aus-
fuhrplatz Calcutta. In den Monaten Februar bis April wird
gesäet und drei Monate später geerntet. Sie erreicht
eine durchschnittliche Höhe von 3,5—4,5 m, manchmal
bis zu 6 m. Der spinnbare Faserstoff, der Bast, liegt
zwischen der Oberhaut und dem Stengel. Der Abschnitt
erfolgt in der Blüthezeit, weil dann die Faser glänzender
und der Stengel weniger holzig ist. Zur Abscheidung
werden die Pflanzen ähnlich wie Flachs in stehendem,
besser jedoch in fliessendem Wasser geröstet, gespült,
an der Luft getrocknet und gelangen in Ballen fest verpackt in den Handel. Die gewonnene Faser ist meist
1,5—2,5 m lang. Nach den Gegenden, aus denen
sie stammt, unterscheidet man Serajgunge, Nerajg-
gunge, Dacca u. s. w. Die langen und ganz feinen
Jutesorten werden in Schottland, Belgien und Frankreich, seit einiger Zeit auch in Deutschland (Magde-
burg) zu Jute line oder feine Jutegarne, wie Flachs, verarbeitet, die andere Sorten zu Jute tow oder Jutehede-
garn, in ähnlicher Weise wie Werg und Hede versponnen.
Die ersten Qualitäten verwendet man zu Kettgarn, die
zweiten Qualitäten zu Schussgarn. Um der spröderen
Jute vor dem Spinnprozess die nöthige Geschmeidigkeit
zu geben, wird sie mit einer Mischung von Thran und
Wasser durchtränkt. Es geschieht dies auf der Quetsch-
maschine oder dem Softener. Dann folgen die übrigen,

den Flachsverarbeitungsmaschinen ähnlichen Spinn-
maschinen.

Die Garnnummer der Jute wird in England und
in Deutschland durch die Zahl ausgedrückt, die angiebt,
wie viel Pfund englisch ein Dundee Spyndle von
14400 yard wiegt. Die Untertheilung ist wie folgt:
1 Spyndle à 8 Strang à 6 Gebind à 120 Fäden à 2½
yard = 14400 yards. Man spinnt im allgemeinen von
No. ½ bis No. 12. Die höchste Spinnnummer ist No. 24.

Physikalisches Verhalten: Die besten Jutesorten haben eine weisslichgelbe, manchmal auch
silbergraue Farbe, die mittleren Sorten zeigen dunklere,
bräunliche Farbe. Der seidenartige Glanz der Faser
ist noch stärker als bei Flachs und Hanf. Ein Fehlen
des Glanzes lässt auf Mangel an Festigkeit schliessen.
Beim Anfühlen zeigt die Jutefaser eine gewisse Weichheit und Glätte. Die Faserlänge beträgt durchschnittlich
2—3 m. Nasse Jute in Ballen gepresst, zerfällt nach
kurzer Zeit, insbesondere wenn Seewasser hinzugetreten.
Eigenthümlich ist ein schwacher Geruch der Rohfaser,
während der Geruch des Garnes von dem oben erwähnten Zusatz von Thran beim Spinnen herrührt. Die
Faser zeigt im Gegensatz zu Baumwolle und Flachs
einen starken Grad der Verholzung (Ligninsubstanz),
woraus sich die Veränderung der Farbe der Jute, nach
dem sie nur kurze Zeit dem Licht ausgesetzt war, erklären lässt.

Die Jute-Faser ist keine einfache Pflanzenzelle
wie Baumwolle, sondern besteht wie Flachs und Hanf
aus Zellenbündel, in welchem die Zellen dicht aneinander gereiht erscheinen. Die Hohlräume der Zelle sind
verschieden gross; unter dem Mikroskop erblickt man ein

äusserst wechselndes Lumen. (Fig. 9.) Die Breite der Zellen beträgt im Mittel 0,022 mm, die Länge derselben im Mittel 2 mm, also verhältnissmässig kurz, worin vielleicht auch ein Grund für die geringere Festigkeit der Jute liegt.

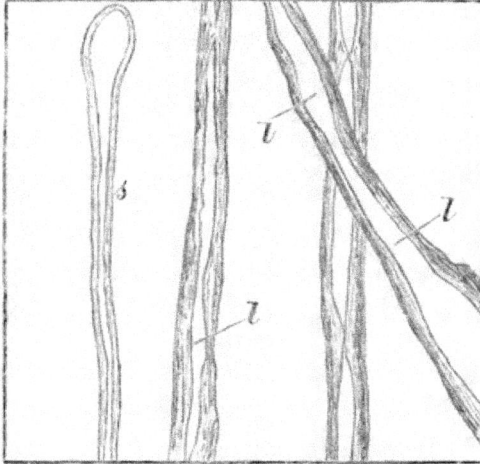

Fig. 9. Jutefaser. l Lumen, s Spitze.

Das Wasseraufnahmevermögen steigt von 14 zu 34,25 %. Lose Jute verändert am schnellsten das Gewicht, Garn und Gewebe langsamer. Die zulässige Reprise beträgt 13,75 % (Conditionir-Anstalt Verviers).

Hinsichtlich der Festigkeit kommt Jute dem Flachs und der Baumwolle nahe. Die Garne sind weniger fest, als nassgesponnene Flachsgarne oder als Nesselgarne, aber auch weniger spröde, also dehnbarer als diese. Vom trocken gesponnenen Flachsgarn werden sie jedoch in jeder Weise erheblich übertroffen.

Chemisches Verhalten: Die Jute enthält nach den Untersuchungen von Cross und Bevan eine chemi-

sche Verbindung von Cellulose mit Lignin oder einer ähnlichen Substanz, Bastin und eine die Faser aufbauende
Verbindung des Bastins mit Cellulose, Corcherobastose
genannt. Wie die Bastose, hat letztere in vorzüglichem
Maasse die Eigenschaft, sich ohne weiteres mit basischen
Farbstoffen zu färben, gerade wie Baumwolle, die mit
Tannin gebeizt worden, zeigt aber zugleich die höchst
nachtheilige Eigenschaft, unter Einwirkung von Luft,
Licht und Feuchtigkeit mürbe und brüchig zu werden.

Es liegt die Annahme nahe, dass Jute aus Cellulose
besteht, wovon ein Theil durch die ganze Masse der
Faser hindurch in eine gerbstoffhaltige Substanz
verwandelt worden. Denn es kann durch Alkalien eine
Spaltung in unlösliche Cellulose und lösliche gerbstoffähnliche Stoffe erreicht werden.

Eine Analyse fast farbloser Jute ergab folgendes
Ergebniss: Cellulose 64,24 %, Inkrustirende Substanz
und pectoseähnliche Körper 24,41 %, Fett und Wachs
0,39 %, Wasser 9,93 % Wasserextract 1,03 %, Asche
0,68 % (Hugo Müller).

Gegen chemische Einwirkung ist Jute zugänglicher
als manche andere Faser. Die oben erwähnte Zersetzung der Jute, wenn solche im nassen Zustand verpackt wird, ist die Folge einer eingetretenen Gährung,
bei welcher sich die Fasersubstanz in Säuren, die der
Pectinsäure ähnlich sind und in gerbstoffähnliche Körper spaltet.[1]) Gebleichte Jute erweist sich in dieser
Beziehung haltbarer.

Verhalten gegen Alkalien: Mit alkalischen
Mitteln wird gewöhnlich die Jute für den Bleichprozess
vorbereitet. Empfohlen wurde das Kochen in Natron-

---

[1]) Hummel-Knecht, Färberei und Bleicherei, 1888. S. 15.

lauge, in Kalkmilch, in schwacher Seifenlösung, in einem
alkalischen Bade von Hydrosulfit, in Sodalösung, in
Wasserglaslösung (Cross und Bevan). Kali- und Natronlauge wirken ziemlich gleichartig. Eine 20 % ige
Lösung bewirkt nach kurzer Zeit eine Aufquellung der
Faser, die aber nach zweimonatlicher Berührung nicht
mehr zunimmt. Ammoniak, Natronwasserglas, Soda,
Potasche, Kalkwasser bewirken eine schwächere Aufquellung bei gewöhnlicher Temperatur, jedoch erst nach
einigen Wochen; Kali- und Natronseifen sowie Türkischrothöl bewirken auch in concentrirter Auflösung keine
Aufquellung. Alle vermögen mehr oder weniger von
der Jutesubstanz aufzulösen, am stärksten Kalilauge,
dann Natronlauge, Kaliseife und Natronseife, Potasche
und Türkischrothöl. Weniger leicht lösend wirken Soda,
Natronwasserglas, Ammoniak und Kalkwasser, wenn der
Gehalt 5 % nicht übersteigt. In der Wärme geht die
Lösung des Abzugs sehr rasch und vollständig vor sich,
in der Kälte dagegen selbst nach 14 Tagen nur langsam und unvollständig. Am besten wirkt eine 5 % ige
Türkischrothöllösung. Bei Anwendung von Seife oder
Türkischrothöl wird noch der Glanz der Jute erhöht, was
sonst nicht der Fall ist. Kalkwasser und Ammoniak
machen die Faser leicht brüchig. Die Festigkeit wird
durch richtige Behandlung in alkalischen Bädern nicht
vermindert, sondern erhöht.

Die genaueren Untersuchungen von Schoop[1]) lieferten
folgende Ergebnisse:

1. Natronolivenölseife (Marseillerseife). Die Festigkeit wurde bei 2 stündigem Erwärmen auf 70° C mit

---

[1]) Pfuhl, die Jute und ihre Verarbeitung. 1888.

einer 5 %igen Seifenlösung nicht beeinträchtigt. Es war
das beste Ergebniss, mit bezug auf Schonung der Faser,
gute Reinigung und Erhaltung des Glanzes. Die Seife
hat die Eigenschaft, eine grosse Zahl von Körpern,
Harz, Fett u. s. w. zu lösen, ohne sich mit diesen chemisch zu binden. Zur innigen Berührung der Lösung
mit der Faser ist eine mechanische Bearbeitung, ein Hin-
und Herführen durch die Lösung erforderlich. Das Seifenbad war trübe und hellbraun gefärbt, an der Oberfläche
eine ölige Schicht von Mineralöl. Das Garn hatte die
Farbe nicht verändert, dagegen an Glanz zugenommen.
Gewichts-Verlust = 10,9 %.

2. Kaliolivenölseife und Kalirübölseife. Eine drei-
stündige Abkochung mit 8 % Kaliseife hatte keinen
Einfluss auf die Festigkeit der Faser. Das „Abziehen"
ging nicht so gut vor sich, wie vorhin. Vielleicht ist
eine verdünnte Lösung empfehlenswerter. Das Seifenbad war dunkelbraun gefärbt. Das Garn war etwas heller
und lebhafter grau geworden und zeigte mehr Glanz. Gewichtsverlust = 6,4%.

3. Natronwasserglas. Eine ½%ige Lösung hatte
während einer Stunde bei 70°C keinen Einfluss auf die
Festigkeit der Faser. Das Garn war ziemlich unverändert geblieben. Die Lösung hatte sich dunkelbraun
gefärbt. Gewichtsverlust = 2,3%.

4. Soda. Das Garn hatte 14 Tage lang in
5 %iger Sodalösung gelegen und eine schwachröthliche
Färbung angenommen, während die Lösung braun gefärbt war.

5. Aetznatronlösung. Das Garn war 2 Stunden lang
in einer 1 ½ igen Aetznatronlösung erwärmt worden. Die
Lösung hatte eine schwarzbraune, das Garn eine braune

Färbung angenommen. Das Bleichen ging später nicht
so leicht vor sich, dagegen war die Festigkeit erhöht
worden. Den Glanz hatte die Faser verloren. Gewichtsverlust = 13,3%.

6. Kalkwasser. Das Garn lag 8 Tage lang in dem
30 fachen Gewicht des gesättigten Kalkwassers (1,3 g
gebrannten Kalk auf 1 l Wasser). Die Lösung war
gelb gefärbt, das Garn zeigte eine schwache Veränderung der Farbe nach rothbraun. Die Faser wird leicht
brüchig.

7. Ammoniak. Das Garn wurde 6 Tage lang in
1,7 % Ammoniakflüssigkeit gelegt. Die Lösung wurde
hellbraun, die Jute blieb unverändert. Die Festigkeit
war nicht merklich verändert worden. Die Faser wird
leicht brüchig. Gewichtsverlust = 10,1%.

Verhalten gegen Säuren: Der alkalischen Behandlung geht häufig eine Vorbehandlung mit Säuren
voran, um eine leichtere Entfernung der Schlichte zu
bewirken und um einen Theil der in Säuren leichter
löslichen Verunreinigungen wegzunehmen. Man schlägt
auch das umgekehrte Verfahren ein und säuert nach
der alkalischen Behandlung, um anhängendes Alkali zu
neutralisiren. Beide Wege sind vorgeschlagen worden.
Aus den nachstehenden Versuchen von Schoop geht
hervor, dass Jute überhaupt nicht mit Mineralsäure behandelt werden darf.

1. Concentrirte Salzsäure (36%). Die Faser färbt
sich etwas grün. Nach 48 Stunden war der grösste Theil
gelöst, die Faser also ganz brüchig und spröde geworden.

2. Concentrirte Schwefelsäure. Löst die Jute-Faser
sofort auf. Die Lösung hat eine schmutzig dunkel-
violette Farbe. Nach einer Stunde ist die Lösung braun-

roth, nach einer Woche scheiden sich schwarze Flocken ab. Beim Neutralisiren mit Kalilauge geht die braunrothe Farbe in Gelb über.

3. Rauchende Salpetersäure. Löst Jute nicht auf. Die Faser wird zähe und quillt auf. Es bildet sich ein Nitroprodukt.

4. Eisessig. Als organische Säure ohne Einwirkung. Ebenso werden sich die übrigen organischen Säuren, wie Oxalsäure, Weinsäure u. s. w. verhalten.

5. Verdünnte Salzsäure (3,7 %). Die Faser färbt sich nach einigen Wochen röthlichgelb und wird mürbe.

6. Verdünnte Schwefelsäure (8%). Wirkt nicht so auffallend wie verdünnte Salzsäure, indem die Faser sich erst nach Monaten gelb färbt. Die Faser wird indessen ebenfalls mürbe. Ein Versuch von Schoop zeigte, dass nach 3 stündiger Abkochung der Jute mit 1,5 %iger Schwefelsäure, die Jute eine Einbusse an Festigkeit von etwa 20% erlitten. Gewichtsverlust = 1,9%.

7. Schweflige Säure (1,5%). Uebt während einer 14 tägigen Einwirkung keinen Einfluss auf die Haltbarkeit aus. Gewichtsverlust = 8,3%.

Verhalten gegen Farbstoffe: Wie schon erwähnt, zeigt Jute ein ganz besonderes Verhalten beim Färben. Die Baumwolle besitzt fast gar keine Fähigkeit sich mit Farbstoffen, ausgenommen die Benzidinfarben, ohne weiteres zu verbinden. Nur im halbgebleichten Zustand, in welchem die Cellulose in Oxycellulose übergegangen, zeigt sie ein geringes Bestreben die Farbstoffe anzuziehen. Jute kommt indessen in ihrem Verhalten der Seide sehr nahe, ja scheint sogar noch eine grössere Zuneigung als diese zu haben, wie beispielsweise Naphtolgelb nicht auf Seide, wohl aber auf Jute, wenn auch nicht sehr intensiv auffärbt. Diese wichtige Eigenschaft wird weder durch Vorbehandlung mit Alkalien noch durch Bleiche beeinflusst.

V. Nessel.
(Chinagras, Rhea, Ramié).

Seit den ältesten Zeiten verwendete man die aus den verschiedenen Nesselarten (Urticaceen) erhaltenen Bastfasern. Zur Gewinnung der Faser dienen die Nesselarten in China und Japan, auf deren Anbau viel Sorgfalt gelegt wird, während die wildwachsende deutsche Brennnessel vorläufig keine Bearbeitung zulässt. Es soll zwar schon um das Jahr 1725 in Leipzig eine Nesselgarn - Manufactur bestanden haben und auch in andern Ländern sollen Nesseltuche angefertigt worden sein. Das Auftreten der Baumwolle scheint diese Industrie ganz in Vergessenheit gebracht zu haben. Erst als die Baumwollkrisis in den 60er Jahren eintrat, tauchte dieser Spinnstoff wieder auf und zwar zuerst als Ersatz für Leinen, das damals ebenfalls bedeutend im Preise gestiegen war. Die Isolirung des Bastes, das zwischen dem Kernholz und der rindenartigen Oberhaut sitzt, ist mit vielen Schwierigkeiten verknüpft. Ein Röstprozess wie bei Flachs kann nicht angewandt werden. In Ermangelung geeigneter Maschinen wird die Bastschicht gleich nach der Ernte durch Handarbeit von den Stengeln gezogen. Die gewonnene Rohfaser ist wegen ihrer Festigkeit ein

vorzügliches Material für die feineren Seilerwaaren. Um
Garn erzeugen zu können, muss das Rohmaterial sodann
noch einen besonderen Aufbereitungsprozess durchmachen.
Die Faser wird 24 Stunden in warmes Wasser eingeweicht, dann 4—5 Stunden in Natronlauge von 2—3⁰ B.
unter Druck von mehreren Atmosphären gekocht, ge-

Fig. 10.   Chinagraspflanze.

waschen und wenn nöthig noch mit Chlorkalklösung gebleicht.   Nach der chemischen Behandlung erfolgt die
mechanische Bearbeitung, wobei das Material auf eigens
construirten Kämm- und Streckmaschinen, die den für die
Flachsspinnerei gebrauchten ähneln, zunächst zu einem

langen, schön glänzenden Band, einem „Zug" herge-
richtet wird. Leider verschwindet beim folgenden weiteren Verspinnen der Glanz. Auch ist die Rauheit des
fertigen Garnes noch ein Uebelstand, indem der Faden
ohne vorheriges Absengen nicht zu verweben ist. Das
Garn ist indessen ausserordentlich stark und übertrifft
hierin alle anderen Fasern, eingeschlossen die Seide.
Ein angestellter Versuch mit dem Kraftmesser ergab,

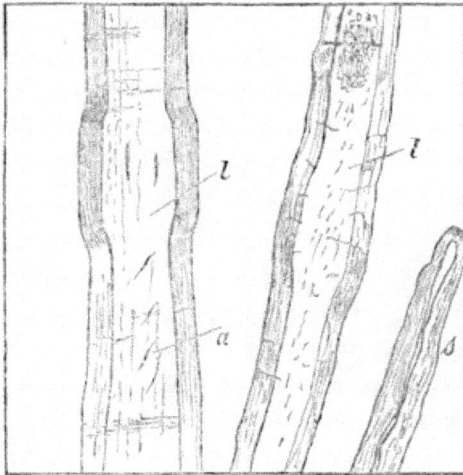

Fig. 11. Chinagrasfaser.
l Lumen, s Spitzen, a Spalten in der Wandung.

dass russischer Hanf 80 kg, Nesselgarn dagegen 120 kg
gebrauchte, bevor das Zerreissen eintrat. Es lässt sich
vorzüglich bleichen und färben und durch geeignete
Appreturmittel erreicht man solchen Seidenglanz, dass
das Garn statt Chappeseide als Effectfaden Verwendung
gefunden hat. Durch Mangeln und starkes Pressen

wird der Glanz eines Gewebes besonders gehoben. Nach einer Analyse von Hugo Müller enthält Chinagras: 78,07 % Cellulose, 9,05 % Wasser, 6,10 % Intracellularsubstanz und pectoseartige Körper, 2,87 % Asche, 6,47 % Wasserextract, 0,21 % Fett und Wachs.

Physikalisches Verhalten: Die Bastzellen sind besonders gross, 60—250 mm, meist 120 mm lang und bis 80 mm, meist 50 mm breit[1]), unregelmässig cylindrisch, an den Enden stumpfkegelich abgerundet. Das Lumen ist sehr breit und deutlich sichtbar. Im Querschnitt erscheint das Lumen länglich und flach zusammengedrückt. Eine Verholzung der Faser lässt sich nicht nachweisen. Die geringe Menge Intracellularsubstanz ist gegen Reagentien sehr empfindlich, aus welchem Grunde die Bleiche der Faser schnell und leicht von statten geht. Sie ist es aber auch, welche die Wasserröste ausschliesst. Nach sehr kurzer Wirkung der Röste zerlegt sich der Bast vollständig in seine Zellbestandtheile, so dass er sich nicht mehr als zusammenhängendes Ganzes gewinnen lässt.

Garn-Nummerirung: Die Nummer der Nesselgarne wird metrisch bestimmt, durch die Zahl, welche angiebt, wieviel Strähne von 1000 m Länge das Gewicht von 1 kg haben. In der Feinheit entspricht die Nesselnummer 18, der Leinengarnnummer 30, der Baumwollgarnnummer 11 Water. Bei gleicher Feinheit ist also der Nesselfaden schwerer, wie der entsprechende Baumwollfaden und leichter wie der entsprechende Leinenfaden.

---

[1]) von Höhnel, Mikroskopie der Faserstoffe. 1887. S. 42.

VI. Wolle.

Die Wolle und ihre Arten: Unter Wolle versteht man die Haarbedeckung gewisser Säugethiere, besonders diejenige der Schafe. Die Haardecke besteht im allgemeinen aus zweierlei Haar, dem gröbern, steifern und längern Oberhaar, Grannenhaar oder Borstenhaar und dem meist hierunter verborgenen, feinern und viel kürzerem Unterhaar, Grundhaar oder Flaumhaar. Wilde Schafe, wie das Moufflon, sowie einige gezüchtete Rassen ostindischer und südamerikanischer Schafe tragen beide, während die Merinoschafe feines Flaumhaar und kein Grannenhaar aufweisen, bei dem englischen Cheviotschaf dagegen das Oberhaar das Unterhaar gänzlich unterdrückt hat. Die Wollen der verschiedenen Schafrassen unterscheiden sich durch Länge und Gestaltung. Das deutsche Merinoschaf und die demselben verwandten Rassen in Australien, Südafrika u. s. w. tragen eine kurze, meist unter 15 cm lange Wolle, die stets stark gekräuselt, fast ausschliesslich zur Herstellung von Tuch- oder Streichgarn verwendet wird, denn die zahlreichen Kräuselungen verleihen der Wolle die Eigenschaft, bei passender Behandlung einen dichten Filz aus dem losen Gewebe zu geben. Die Herstellung von Streichgarn geschieht auf sogenannten Krempelmaschinen, welche die Kräusel der Wolle schonen. Die beste Tuchwolle liefert das Merinoschaf, ursprünglich nur in Spanien gezüchtet, seit Ende vorigen Jahrhunderts nach Deutschland, Frankreich, Russland, Australien und dem Kap der guten Hoffnung verpflanzt. Die zwei bedeutendsten Merinorassen sind die Elektoral- und Negrettirasse. Auch die

Wolle des deutschen Landschafes rechnet man zu den
Tuchwollen, obgleich dieselbe nicht stark gekräuselt, dabei trocken und spröde ist. Eine verhältnissmässig lange
und dabei schlichte, fast gar nicht gekräuselte Wolle,
sogenannte Kammwolle liefert das englische Cheviotschaf, das Marschschaf an der unteren Elbe und Weser,
das Haidschnukenschaf im Lüneburgischen, das Zackel-
schaf in Ungarn. Die letztgenannten Wollen können
nicht zu Streichgarn verarbeitet werden. Die Faserlänge der Kammwollen beträgt 18—45 cm. In einer
ganz abweichenden Spinnart, werden diese Wollen zu
Kammgarn verarbeitet, indem mit Hilfe von höchst
sinnreich erbauten Kämmmaschinen der Wolle die Kräusel
genommen werden und ein glatter fester Faden, frei
von hervorstehenden Füserchen, wie letztere bei Streichgarn stets vorkommen, erhalten wird.

Ausser der Schafwolle werden, wenn auch in be-
deutend geringerem Maasse, die Wollen einiger Ziegen
und Kameele technisch verwendet. Zunächst ist es die
Wolle der Angoraziege, die unter der Bezeichnung
Mohairwolle oder als Mohairgarn aus Kleinasien uns
zugeführt wird. Aus derselben Heimath stammt die
Wolle der Kaschmirziege. Sehr selten kommt die
Wolle des amerikanischen Schafkameels Vicunna oder
Vigogne in den Handel. Was unter diesem Namen
meistens vorkommt, ist ein Gemisch von einem grossen
Prozentsatz Baumwolle mit Schafwolle. Mehr im Gebrauch ist dagegen die Wolle des Schafkameels Pako
oder Alpacca, die namentlich in England zu Kammgarn
versponnen wird. Ein aus einem Gemisch von Mohair
und Alpacca hergestellter gasirter Zwirn wird Genappe genannt. Durch das Prof. Jäger'sche Woll-

system ist in den letzten Jahren ferner die Kameelwolle zu einiger Verbreitung gelangt.

Die Schafe werden entweder ein- oder zweimal im
Jahre geschoren, wonach man Einschur- und Zwei-
schurwolle unterscheidet. Die Schur- oder Mutterwolle
ist wesentlich in ihren Haupteigenschaften verschieden
von derjenigen Wolle, die von der Haut getödteter
Thiere durch Gerben, unter Zuhilfenahme von Kalk,
abgetrennt und Gerber- oder Raufwolle genannt
wird. Weniger zum Färben geeignet und von geringer
Elastizität ist die Wolle, welche von kranken oder ge-
fallenen Thieren gewonnen wird, sog. Sterblingswolle.
Mit Lammwolle bezeichnet man die Wolle, welche von
Schafen, die noch nicht ein Jahr alt sind und zum
ersten Male geschoren werden, herrührt. Sie ist weich
und seidenartig, aber ohne Elastizität und Festigkeit
und wird selten zu Tuch verwendet. Stichel- oder todte
Haare sind Wollfasern, die nicht den normalen Bau der
Wollfaser aufweisen. Sie zeigen ein scharfes Hervortreten des Markkanals und geringe Schuppenbildung,
besitzen weniger Stärke und Glanz, filzen und färben
sich schlecht. Stichelhaare kommen sowohl in groben
wie in feinen Sorten vor und machen die Wolle minder-
werthig.

Unter Kunstwolle versteht man die aus gebrauchten
Lumpen- oder Spinnerei-, Wirkerei- und Webereiabfällen
wieder gewonnene Wolle. Man unterscheidet eine kurz-
haarige Kunstwolle oder Mungo und eine langhaarige oder
Shoddy. Die erstere dient zum Vermischen mit guter
Wolle, die letztere wird für sich allein versponnen. Extraktwolle ist die aus halbwollenen Lumpen, in wel-

chem die pflanzlichen Theile durch Karbonisation zerstört worden sind, erhaltene Wollfaser.

Der Wollschweiss: Die der rohen Wolle beigemischten Stoffe, welche vor der weiteren Verarbeitung entfernt werden müssen, nennt man den Wollschweiss, das Ausscheidungsprodukt der Haare und der Schweissdrüsen der Haut, vermischt durch von aussen hinzugekommene Verunreinigungen, wie Staub, Faserreste, Klettentheile, Kothreste u. s. w. Der Gehalt der verschiedenen Wollen an Wollschweiss beträgt 20 – 70% der ungewaschenen Wolle. Im allgemeinen enthalten die feinern Wollen den grössern Gehalt an Wollschweiss. Zur quantitativen Bestimmung des Wollschweisses wird eine abgewogene Menge Wolle nacheinander mit Aether, mit Alkohol, mit Wasser und mit verdünnter Salzsäure extrahirt. Staub, Sand und sonstige unlösliche Bestandtheile, die dann noch zurückbleiben, werden beim Auseinanderreissen der Wollproben mit der Hand und Ausklopfen herausfallen. Man erhält zuletzt das Gewicht der reinen Wollfaser. Nach zahlreichen Untersuchungen hat man im Wollschweisse gefunden:

I. Im Wasser, zum Theil auch im Alkohol lösliche Bestandtheile, sogenannte Schweisswässer, bestehend aus einer Anzahl Kalisalze organischer Säuren, wie Essigsäure, Valeriansäure, Oelsäure und andere Fettsäuren, ferner eine geringe Menge Chlorkalium, schwefelsaures Kalium etc.

II. In Aether lösliches Fett (Wollfett), ein Gemenge von Cholestrinäthern und Isocholestrin.

Neben der Quantität des Wollschweisses ist für die Wäsche die Qualität, in bezug auf Leicht- und Schwerlöslichkeit, ob gutartiger oder bösartiger Schweiss, von grösster Wichtigkeit. Der gutartige Schweiss überzieht das Haar mit einem milden, öligen Fett. Der Schweiss vertheilt sich gleichmässig durch die ganze Masse der Wolle, die sich selbst sanft anfühlt. Die Farbe ist in der Regel hellgelb, zuweilen rostgelb oder braun. Der bösartige Schweiss ist durch kalte Wäsche gar nicht zu entfernen und widersteht mehr oder weniger sogar alkalischen und anderen Waschflüssigkeiten. Nach den äusseren Eigenschaften unterscheidet man orangegelben Schweiss, der mildeste von den schwerlöslichen Schweissarten, wobei die Strähnchen sich nicht ölig, sondern klebrig anfühlen, ferner harzigen Schweiss mit schmutzig orange-gelber oder rothgelber Farbe, zäher und schwerer löslich als der vorige und wachs- oder pechartiger Schweiss, der im kalten Wasser ganz unlöslich und selbst in heissen alkalischen Lösungen nur schwer zu entfernen ist. Die Qualität des Schweisses ist meistens dem Thiere ererbt und ist es dann Aufgabe des Schafzüchters, durch bessere Auswahl der Aufzucht auf die Verbesserung des Schweisses hinzuwirken.

Die reine Wollfasser: Die Wolle lässt sich von allen anderen Fasern schnell und scharf unterscheiden. Die Faser stellt einen Cylinder dar, der von aussen mit Schuppen von mehr oder weniger unregelmässiger Gestalt, die wie Dachziegel übereinanderliegen, bedeckt ist. Bei Merinowolle erscheint die Wollfaser wie eine Reihe ineinander gesteckter, am oberen Rande unregelmässig ausgezackter Trichter. Die Schuppen spielen in gewissen Fabrikationsstadien eine grosse Rolle, indem sich die Haare, wenn sie unter Anwendung einer das Haar weich und geschmeidig machenden alkalischen

Flüssigkeit, einem gleitenden Drucke unterworfen werden, wie dies beim Walkprozess geschieht, in der Richtung der Schuppen ineinanderschieben und den Filzprozess beschleunigen. Unter dem Mikroskop erblickt man ferner zuweilen feine Längsstreifen, besonders nach dem Vorbehandeln der Faser mit verdünnter Schwefelsäure. Es sind dies die schmalen Zellen der

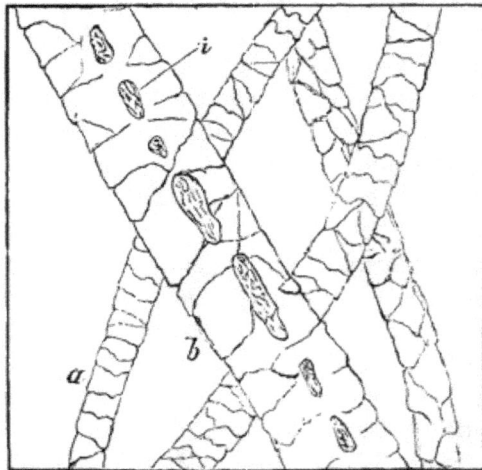

Fig. 12. Schafwolle.
a Merinowolle, b Leicesterwolle (Grannenhaar), i Markzelleninseln.

Rindensubstanz, die die bemerkenswerthe Eigenschaft haben, Farbstoffe stärker anzuziehen. Durch ihre Form und innige Verwachsung bedingen sie die Zugfestigkeit des Wollhaares. In vielen Wollsorten sieht man manchmal noch dunkle Linien, welche einen zentralen Kanal andeuten, der mit Luft oder einer Flüssigkeit angefüllt ist. Dieser centrale oder markige Theil macht die Faser

steif und zerbrechlich. Bei den besten Wollsorten sind
Markzellen unsichtbar. Der Querschnitt der Wollfaser
ist unregelmässig und nähert sich in seiner Form dem
Kreis oder der Ellipse.

Der Durchmesser schwankt zwischen 0,010—0,060
mm, die Länge zwischen 40—500 mm, beide wesent-
liche Unterscheidungsmerkmale für die verschiedenen
Wollsorten. Der Durchmesser wird mit Hilfe besonderer Wollmesser nach Dolland, Pilgram, Vogtlän-
der u. a. oder auch eben so schnell durch ein Mikroskop, das mit Objektiv- und Okularmikrometer versehen
ist, festgestellt. Das wichtigste Unterscheidungsmittel
bilden die Kräuselungsbogen, deren Form und Zahl
ausschlaggebend ist. Die Kräuselungsmesser nach Block,
Dolland, Köhler, Hartmann u. a. nehmen nach der Anzahl Kräuselungen pro Längeneinheit (englischer Zoll
oder Centimeter) 6—12 Wollsorten an. Bequem in
der Anwendung ist hier wohl auch die in der Weberei
gehandhabte kleine Lupe oder der Fadenzähler.

Man beurtheilt die Wolle ferner nach ihrer Elasti-
zität und Geschmeidigkeit, nach Sanftheit und Milde,
nach Farbe und Glanz, nach Festigkeit und Stärke.
Mit Treue bezeichnet man die Eigenschaft des Haares
auf seiner ganzen Länge, denselben Querschnitt zu zeigen.
Vorkommende Abweichungen lassen auf unregelmässige
Ernährung oder auf Krankheit schliessen, wodurch die
Festigkeit des Haares verringert wird.

Hygroscopicität: Eine grössere Beachtung ver-
dient auch die Eigenschaft der Wollfaser, eine grössere
Menge Feuchtigkeit aus der Luft aufzunehmen, ohne
ein feuchtes Ansehen zu erhalten. Die gereinigte
Wolle vermag nach vorherigem Trocknen an feuchter

Luft bis zu 40 % Feuchtigkeit aufzunehmen. Nur durch langes Liegen in einem trockenen Raume vermindert sich wieder dieser hohe Wassergehalt. Nach Märker ist der Wassergehalt gut gelagerter, fabrikgewaschener Wolle ziemlich konstant 15—17 %. Käufern von gewaschener und gekämmter Wolle wird gewöhnlich eine Vergütung von 18,35 % bewilligt, wonach man also annimmt, dass die Wolle aus 84,56 % reiner Wolle und 15,44 % Feuchtigkeit besteht. Die Feuchtigkeitsaufnahme ist abhängig vom Fettgehalt. Je grösser der Fettüberzug, um so geringer die Feuchtigkeitsaufnahme. Bei gefärbter Wolle hat man folgende Reihenfolge für die Abnahme dieser Eigenschaft aufgestellt: Schwarz, blau, roth, grün, gelb, weiss.

Konditioniren der Wolle: Um den Wassergehalt zu bestimmen, nimmt man Wollproben von je 100 g aus der Mitte, von den Seiten und dem Grunde des Wollballens und verfährt wie beim Konditioniren der Seide. Man trocknet 2 Proben bis zur Gewichtskonstanz bei 108° C. und bestimmt das Gewicht. Der Schweissgehalt der Wolle wird in Roubaix wie folgt bestimmt: Man wendet nacheinander an warmes Wasser von 30° C., verdünnte Salzsäure, warmes Wasser, Soda- und Seifenlösung, warmes Wasser. Hierdurch wird Schweiss und Fett entfernt. Nach dem Trocknen bei 108° C. wiegt man die Proben und bestimmt den Verlust. Beim Konditioniren des Garns wird ausser dem Feuchtigkeitsgehalt noch die Nummer des Garnes durch Wiegen einer bestimmten Länge festgestellt.

Chemische Zusammensetzung der Wolle: Der chemischen Zusammensetzung nach, gehört die Wolle zu den Proteinkörpern und besteht aus Keratin (Hornsubstanz), einem Körper, der seiner Natur nach noch wenig erforscht ist. Die Zusammensetzung ist 50% Kohlenstoff, $15-17,7\%$ Stickstoff, 7% Wasserstoff, $1,3-3,4\%$ Schwefel und $21-23\%$ Sauerstoff. Beim Erhitzen auf dem Platinblech schwillt die Faser auf, verbreitet den bekannten Horngeruch und hinterlässt eine voluminöse, schwer verbrennliche Kohle. Die Menge der Asche schwankt zwischen $0,03-3,3\%$, enthaltend kieselsauren Kalk, Eisen, ferner kohlensaures, phosphorsaures, schwefelsaures Kali, Natron, Calcium und Aluminium, zuweilen auch Magnesia. Der Schwefel scheint nur lose gebunden zu sein, denn er kann durch vorsichtiges Behandeln der Wolle mit schwachen alkalischen Lösungen stark vermindert werden, ohne dass die Wolle eine nachweisbare Veränderung erleidet. Als unmöglich hat es sich erwiesen, den ganzen Schwefelgehalt zu entziehen, ohne die Struktur der Faser zu verändern. Es ist vorgeschlagen worden, den Schwefelgehalt zum Färben zu benutzen. Durch Behandeln der Wolle mit einer Lösung von essigsaurem Blei und darauf folgendes Kochen mit Kalkmilch sollen Drap- und Olivefarben erzielt werden. Die Anwesenheit des Schwefels bringt nach Hummel mehrere praktische Nachtheile mit sich. Die Wolle kann unter gewissen Umständen dunkel gefärbte Flecke erhalten, aus welchem Grunde die Berührung derselben während des Färbens und Waschens mit Metallflächen von Blei, Kupfer oder Zinn zu vermeiden ist. Beim Beizen mit Zinnchlorür und Weinstein, besonders bei Anwendung eines Ueberschusses der Beize wird die Wolle leicht fleckig durch Bildung von Zinnsulfür.

Chemisches Verhalten gegen Alkalien: Gegen
kaustische Alkalien ist die Wolle wenig widerstandsfähig.
Natron- und Kalilauge wirken schon in verdünnter Lösung
derart, dass man solche zum Waschen nicht gebrauchen
darf und andere Waschmittel, wie Seife etc., auf das
Fehlen dieser Stoffe zu prüfen sind. Auch beim Färben
darf man selbstverständlich solche Alkalien nicht in
Berührung mit Wolle bringen. Die Oberfläche wird in
kurzer Zeit schleimig und bei längerer Einwirkung,
schneller beim Erhitzen oder bei Anwendung concentrirter Lösungen wird die Wolle unter Ammoniakent-
wickelung aufgelöst. Die gelbgefärbte Lösung entwickelt auf Säurezusatz Schwefelwasserstoff und es
bildet sich ein gelatinöser Niederschlag, der aus Albu-
min bestehen soll, während in der Flüssigkeit ein pep-
tonartiger Körper gelöst bleibt. Die Löslichkeit der
Wolle in Alkalien bietet übrigens auch ein Mittel zur
Bestimmung der Wolle in gemischten Geweben. Wird
ein von Appretur vorher gereinigtes und gewogenes
Stück Gewebe mit Natronlauge behandelt, so löst sich
die Wolle und der unlösliche Rückstand ergiebt die
Menge des Gewebes an Pflanzenfaser. Nicht so stark
wirken die kohlensauren Alkalien, Soda- und Potaschelösung, so wie Seifenlösung und Ammoniak, wenn dieselben nicht concentrirt und nicht über 60° C. warm
angewandt werden. Seifen und kohlensaures Ammoniak
wirken am wenigsten schädigend, während Soda- und
Potaschelösung der Wolle einen gelblichen Ton geben
und die Faser etwas rauh und weniger elastisch machen.
Kaliseifen, die als Fälschungsmittel einen Zusatz von
Stärkemehl oder Wasserglas enthalten, sind indessen zu
verwerfen. Die Stärkemehle des Handels zeigen näm-

lich alkalische Beschaffenheit. Wasserglas zersetzt sich
und scheidet Kieselsäure aus, welche als Schleifmittel
die Oberhautschuppen der Wollfaser zerreisst und dieselben geeigneter machen, bei hartem Wasser gebildete
Kalk - und Magnesiaseifen festzuhalten, worin die
Fleckenbildung in der fertigen Waare wesentlich begründet liegt.

Verhalten gegen Metallsalze: Kalk wirkt
schädigend, wie die kaustischen Alkalien, wenn
auch etwas geringer, indem der Schwefel der Wolle
entzogen wird, wodurch die Wollfaser brüchig wird
und an Walkfähigkeit Einbusse erleidet. Milder ist die
Wirkung von Barytwasser. Keine Wirkung zeigen
neutrale Salze, wie Borax, Kochsalz, schwefelsaures
Natron u. s. w. Gegen die Lösungen anderer Salze,
z. B. von schwefelsauren, salpetersauren und Chloriden
der Thonerde, des Zinns, des Kupfers, des Eisens, des
Chroms u. s. w. zeigt die Wolle die Eigenschaft, beim
Kochen dieselben zu zersetzen. Ein kleiner Theil des
Metalls wird als Hydrat oder als basisches Salz auf
der Faser fixirt, während ein saures Salz oder neben
dem normalen Salz freie Säure in Lösung bleibt. Es
beruht hierauf der Beizprozess der Wolle, der sich
hierin von dem der Baumwolle, die keine Zersetzung bewirkt, unterscheidet. Die Salze werden hartnäckig von
der Faser festgehalten, sodass sie selbst durch anhalten-
des Waschen nicht mehr zu entfernen sind. Auf derselben Eigenschaft beruht auch die Beobachtung von
Bolley, dass Wolle eine Weinsteinlösung in der Weise
zersetzt, dass sie freie Weinsäure in sich aufnimmt,
während neutrales, weinsaures Kali in Lösung bleibt.
Auch andere Säuren, wie Schwefelsäure werden von

der Wollfaser absorbirt und von derselben hartnäckig zurückgehalten.

Verhalten gegen Säuren: In kalter, selbst concentrirter Schwefelsäure bleibt die Wolle unverändert, nur die Oberhaut wird angegriffen und bei längerer Einwirkung gebräunt und die Wolle selbst nimmt ein rauheres Gefühl an. Beim Kochen in concentrirter Schwefelsäure zersetzt sich die Wolle, wobei die Lösung rothbraun gefärbt wird. Es entstehen Ammoniak, Schwefelwasserstoff, Leucin, Tyrosin, Asparaginsäure und Glutaminsäure. Aehnlich verhält sich die Wolle gegen conceutrirte Salzsäure. Verdünnte Säuren, nicht stärker als 7⁰ Bé sollen bei mässiger Wärme, statt den Zusammenhang der Faser zu lockern, die Zugfestigkeit erhöhen. In allen Fällen wirken die Säuren bedeutend weniger zerstörend auf Wolle als auf Baumwolle. Die Unempfindlichkeit der Wolle gegen verdünnte Säuren wird beim sogenannten Karbonisationsprozess in der Kunstwollfabrikation bei Herstellung der Extraktwolle praktisch ausgenutzt, wo es sich um Entfernung der den halbwollenen Lumpen beigemengten Pflanzenfasern, hauptsächlich Baumwolle, handelt. Ebenso beruht die Entfernung von anhaftenden Klettentheilen in loser Wolle, in Garnen und in fertigen Geweben auf dieser Eigenschaft (siehe später).

Salpetersäure wirkt in den meisten Fällen wie die genannten Säuren. Sie färbt indessen die Wolle gelb und löst sie langsam auf. Die Gelbfärbung rührt von der Bildung von Xanthoproteïnsäure her. Verdünnte Salpetersäurelösungen dienen öfters dazu, gefärbte Wolle wieder zu entfärben, wenn zu dunkel oder fleckig gewordene Wolle umgefärbt werden soll. Man darf indessen die Säure nicht stärker als zu 2—3⁰ Bé anwenden und nur ganz kurze Zeit, mehrere Minuten, einwirken lassen.

Concentrirte Essigsäure oder Eisessig bewirken eine Aufquellung und allmähliche Zerstörung der Wollfaser. Die Unempfindlichkeit der Wolle gegen verdünnte Säure zeigt auch einen Weg zur Bestimmung der Wolle in einem gemischten Gewebe. Das Gewebe wird so lange mit verdünnter Schwefelsäure gekocht, bis die Pflanzenfaser vollkommen zerstört ist. Der gewaschene und getrocknete Rückstand ergiebt die Wollsubstanz.

Schweflige Säure ist ein Bleichmittel für Wolle, indem sie der Wolle den gelblichen Stich benimmt. Um die hartnäckig zurückbleibende, durch Einwirkung der Luft aus schwefliger Säure entstandene Schwefelsäure, welche beim spätern Färben hinderlich und die Faser auf die Dauer mürbe machen würde, vor dem Bleichen aus der Wolle zu entfernen, taucht man sie in verdünnte Sodalösung oder auch in Chlorkalklösung. Im ersteren Falle wird vorhandene schweflige Säure oder Schwefelsäure neutralisirt, bei Anwendung von Chlorkalk wird jedoch die Faser angegriffen. Nach dem Vorschlag von Lunge wird die Wolle nach dem Bleichen mit schwefliger Säure, mit Wasserstoffsuperoxyd nachbehandelt, wobei die letzten Spuren zurückgebliebener schwefliger Säure zu Schwefelsäure oxydirt und durch späteres Spülen entfernt werden.

Verhalten gegen Chlor: Ein eigentümliches Verhalten gegen Wolle zeigt Chlor. Trockenes Chlorgas wird von Wolle begierig aufgenommen, unter gleichzeitiger Zersetzung der Faser. Eine wässerige Lösung von Chlor aber giebt bei ihrer Einwirkung auf Wolle ihren gesammten Chlorgehalt an diese ab, ohne dass die Faser in ihrem Ansehen eine merkliche Veränderung erleidet, vorausgesetzt, dass die Chlorlösung genügend verdünnt war, um den Prozess langsam und gleichmässig vor sich gehen zu lassen. Das absorbirte Chlor verbindet sich mit der Wollsubstanz und verändert deren Eigenschaft, die Wolle fühlt sich hart an und zeigt beim Zusammendrücken das der Seide eigenthümliche Knirschen. Auch hat die Wolle ihre Krimpfähigkeit eingebüsst, der Glanz ist erhöht worden, sowie auch die Hinneigung für viele Farbstoffe. Gechlorte Wolle löst sich in Ammoniak unter Stickstoffentwickelung leicht auf. Man hat versucht das Verhalten gechlorter Wolle praktisch für Färberei und Druckerei zu verwerthen. Wolle lässt sich indessen niemals vollständig mit Chlor sättigen, sondern durch Tränken mit Chlorkalklösungen, Nachbehandlung mit verdünnter Salzsäure wird nur die Oberfläche der Wolle chlorirt.

Verhalten gegen Farbstoffe: Gewisse Farbstoffe, wie Fuchsin, Azofarbstoffe, Indigokarmin, Orseille u. s. w., verbinden sich mit Leichtigkeit direkt mit der Wolle, besonders bei gleichzeitiger Anwendung von Wärme. In anderen Fällen wird ein Ansieden der Wolle vorgenommen.

Verhalten gegen Wärme: Die Wirkung der Wärme wäre schliesslich noch besonders zu erwähnen. Bei 130° erhitzt, beginnt die Wolle sich zu zersetzen, unter Entwickelung von Ammoniak, bei 140—150° entweichen schwefelhaltige Gase. Die Wollfaser verbrennt unter Aufschwellung und Abgabe des bekannten

Horngeruchs und hinterlässt eine voluminöse, schwer verbrennliche, aschenhaltige Kohle.

Bei langem, anhaltendem Kochen in Wasser erreicht man eine geringe Zersetzung und Lösung der Wollsubstanz. Beim Erhitzen unter Druck auf 200° tritt völlige Lösung ein. Auch wirkt das kochende Wasser formverändernd, indem die Wolle rauh und matt und die Zugfestigkeit des Haares geringer wird. Man soll deshalb beim Waschen und Färben das Kochen auf das geringste Mass beschränken. Wolle, welche durch allzulanges Erhitzen ihren Glanz und ihre Tragfähigkeit eingebüsst, bezeichnet man als verbrannte Wolle.

Wollgarn-Nummerirung: Die Nummer wird durch die Zahl ausgedrückt, welche angiebt, wieviel Strähne von 1000 m Länge ein Kilogramm wiegen. Man spinnt bis zu No. 160 (160 mm). Zur Bleicherei und Färberei gelangen verschieden benannte Wollgarne, hauptsächlich Streichgarn, für Walkwaaren ausschliesslich benutzt, und Kammgarn. Die Zwirne, aus zwei oder mehreren Wollgarnfäden bestehend, dienen vornehmlich zu Wirkereizwecken, zum Sticken etc.

VII. Seide.

Die Seidenzucht: Unter Seide versteht man den glänzenden, feinen als verhältnissmässig festen Faden, welchen die Raupen verschiedener Seidenspinner erzeugen, wenn sie sich zur Verpuppung einspinnen. Die grösste Seidenmenge liefert der Maulbeerseidenspinner, Bombyx mori, der sich ausschliesslich von den Blättern

des weissen Maulbeerbaums ernährt. Der Schmetterling ist klein und von weiss-grauer Farbe. Die Heimath
desselben ist wahrscheinlich China; ausserdem wird er
in grossen Mengen, in Japan, Vorderindien, besonders
auch in Südeuropa, in Italien, Südfrankreich, Griechen-
land und Kleinasien gezüchtet. Der Schmetterling

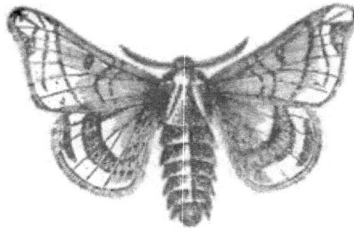

Fig. 13.   Seidenschmetterling (Bombyx mori).

legt grau - weisse Eier (grains), von denen etwa
1350 Stück ein Gramm wiegen. Die Eier können über-
wintern. Sobald die Blätter des Maulbeerbaumes genügend entwickelt sind, was gewöhnlich im April der
Fall ist, so dass sie das nöthige Futter liefern können,
werden die Eier ins Brutzimmer gebracht und bei einer
Temperatur von 18—26º C. ausgebrütet. Nach 12—14
Tagen kriechen die Räupchen aus, deren Anzucht sorgfältig betrieben werden muss. Reichliches, stets frisches
Futter, richtige Einhaltung der Temperatur, die 37ºC. nicht
übersteigen darf und passende Ventilation sind Hauptbedin-
gungen zur Erzielung gesunder Raupen beziehungsweise
einer schönen Seide. Die Lebensdauer der Raupe beträgt 4 Wochen. Während dieser Zeit nimmt dieselbe
um das 4—5 tausendfache Gewicht zu. Den zum Verspinnen nöthigen Seidenstoff sammelt sie in zwei, längs

der Unterseite ihres Körpers gelegenen Drüsen. Inzwischen hat die Raupe 4 mal ihre Haut abgeworfen,
wird schliesslich unruhig, verändert die Earbe, hört auf
zu fressen und sucht sich einzuspinnen. Aus den
Drüsen tritt der angesammelte Seidenstoff in Form
zweier Eäden, die sich beim Austritt vereinigen, hervor
und mit Hilfe dieses Fadens bildet die Raupe höchst

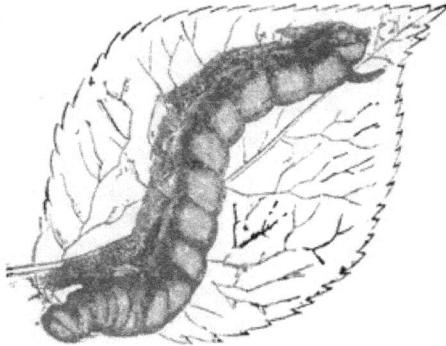

Fig. 14.   Seidenraupe auf Maulbeerblatt.

regelmässig um sich herum wellenförmig geordnet,
den eigentlichen Kokon von 33—36 mm Länge und
20—25 mm Durchmesser. Das Einspinnen ist nach
3—4 Tagen beendet. Innerhalb des Kokons streift die
Raupe zum letzten Male ihre Haut ab und erscheint
als Puppe. Die Länge des Fadens soll ungefähr 3700 m
betragen, wovon zur Verarbeitung jedoch selten mehr
als 600 m zu verwerthen sind. Der Faden ist beim Beginn des Einspinnens stärker, erst später erfolgt ein
gleichmässigerer Faden. Hinsichtlich der Brauchbar-
keit des Kokonfadens kann man an dem Kokon selbst

drei Schichten unterscheiden. Zunächst besitzt er eine
lose Umhüllung, die Wattseide, welche nicht abgewickelt werden kann und gewöhnlich gleich bei der
Ernte entfernt wird. Sodann kommt eine Hülle von
der Dicke eines Kartenblattes, welche die wirklich ab-
haspelbare Seide enthält. Unter dieser endlich befindet
sich ein pergamentähnliches Häutchen, das zwar von
derselben Zusammensetzung,
wie die darüberliegende Seide
ist, in welchem aber der
Faden so fest zusammen-
klebt, dass dieser Theil
wiederum nicht abgewickelt
werden kann. Dies Häut-
chen umschliesst den Raum,
in welchem sich die Puppe befindet. Die Form des
Kokons lässt gleich einen Schluss auf das Geschlecht
des zukünftigen Schmetterlings zu. Während der weibliche Kokon eiförmig rund ist, erscheint der männliche
Kokon mehr cylindrisch und in der Mitte eingeschnürt
Häufig vereinigen sich auch zwei Raupen zur Bildung
eines einzigen Kokons. Solche Doppel-Kokons, durch
ihre Grösse erkenntlich, bestehen aus zwei unentwirr-
baren Fäden, und sind zur Seidengewinnung nicht
brauchbar. Hinsichtlich des Gewichts wiegen 540 Kokons
durchschnittlich ein Kilogramm. Die Farbe der Kokons ist entweder weiss oder gelb. Die prozentische
Zusammensetzung des Kokons ist ungefähr die fol-
gende: Seide 14,3 $^0/_0$, Seidenabfall 0,7 $^0/_0$, Puppe 16,8$^0/_0$,
Feuchtigkeit 68,2$^0/_0$.

Zwei bis drei Wochen nach Vollendung des Kokons verlässt der inzwischen ausgebildete Schmetterling

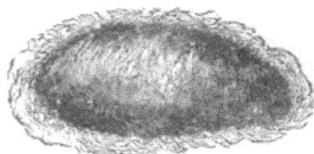

Fig. 15.   Kokon.

die Hülle, indem er durch eine aus dem Munde fliessende
Flüssigkeit den die Seidenfäden verkittenden Leim löst
und die Fäden mit den Vorderfüssen auseinander schiebt.
In wenigen Stunden ist der Schmetterling flugfähig und
schreitet dann zur Paarung. Die weiblichen Schmetter-
linge legen schon am zweiten Tage Eier und beide Ge-
schlechter sterben bald ab. Die Eier werden vorsichtig
getrocknet und in Glasflaschen an einem dunklen Orte
bis zum nächsten Frühjahr aufgehoben. Aus 65—80
halb männlichen, halb weiblichen Kokons erhält man
10 g Eier oder eine Summe von 13—14000 Stück,
aus welchen man 9—10000 Raupen erzielen kann, die
350—500 kg Maulbeerblätter verzehren. Aus diesen
Raupen erzielt man 15—20 kg Kokons. 20 kg Kokons
liefern etwa 1,6—2 kg reine Seide.

Gewinnung der Rohseide: Zur Nachzucht
werden eine bestimmte Anzahl schönster männlicher und
weiblicher Kokons ausgesucht und aufbewahrt. Die
übrigen werden den Seidenhaspeleien (Filatorien) zur
Gewinnung der Rohseide übergeben.

Tödten der Puppen im Kokon: Um das Auskrie-
chen des Schmetterlings zu verhüten, werden zunächst die
Puppen im Innern der Kokons getödtet. Es geschieht dies
entweder durch trockene Hitze in einem Backofen bei
60—75° C., während 2—3 Stunden oder mittelst
Wasserdampf. Im letzteren Falle genügen meist 10—12
Minuten. Bei letzterer Methode, die am häufigsten angewandt wird, kommt leicht ein Zerplatzen der Puppen
vor, wodurch das Innere nicht nur beschmutzt, sondern
die Flecken häufig nach aussen treten und die Kokons
entwerthen. Der Tödtungsprozess ist zu Ende, wenn das
von den Puppen verursachte Geräusch verstummt ist.

Nach dem Dämpfen lässt man die Puppen noch 5—6
Stunden in heissen Tüchern eingewickelt liegen, damit
sie sich nicht etwa wieder erholen. Hierauf breitet
man sie zum Trocknen auf einen langen Tisch aus, um
das Schimmeln zu verhüten. Versuche, die Puppen
durch Schwefelwasserstoff, durch schweflige Säure oder
durch Leuchtgas zu ersticken, haben keine besonderen
Vortheile ergeben.

Sortiren: Nach dem Tödten werden die Kokons
sorgfältig sortirt, um beim späteren Haspeln eine möglichst gleichartige Seide zu geben. Man sortirt nach
Farbe und Gestalt, wobei die unvollendeten, durchlöcherten und fleckigen Kokons, sowie die Doppelkokons
und die von Raupen angefressenen Kokons entfernt
werden. Die schönsten, seidenreichsten, festesten, welche
den feinsten und glänzendsten Faden enthalten, dienen
zur Herstellung der Kettseide oder Organsin, während die Kokons von mittlerer Güte, mittelschwachem
Faden und von glatter Oberfläche zu Schussseide oder
Trame benutzt werden.

Haspeln: Während alle anderen Webmaterialien
aus kurzen, elementaren Fädchen bestehen, die durch
Drehung zu einem einzigen Faden verbunden werden,
ist der Seidenfaden von beträchtlicher Länge und erhält beim Haspeln fast gar keine Drehung. Es rührt
daher wohl auch die grosse Stärke der Seide. Um den
Faden von den Kokons abhaspeln zu können, muss zunächst der die Fäden zusammenhaltende Leimüberzug
gelöst werden. Dies Erweichen geschieht in einem
Becken mit warmem Wasser von 28° C., in welches
die Kokons vor dem Haspeln eingelegt werden. Eine
Arbeiterin sucht mit einem Reisigbesen das Ende zweier

oder mehrerer Kokonfäden, je nach der Stärke des
spätern Fadens, vereinigt dieselben und bringt sie auf
die Haspelmaschine. Die einzelnen Fäden haften durch
den erweichten und unterdessen sich wieder verhärtenden
Leimüberzug aneinander. Der Haspel hat einen Durchmesser von 1,5—2,4 m und macht 110—250 Umdrehungen in der Minute. Die frischgetödteten Kokons
sind am leichtesten abhaspelbar, schwieriger die länger
gelagerten und stark ausgetrockneten. Beim Haspeln
ist besonders darauf zu achten, dass der Faden überall
gleiche Stärke erhält. Die gehaspelte Seide nennt man
Rohseide oder Grège (seda cruda, raw silk). Sie soll
einen runden, überall gleich dicken Faden von ge-
hörigem Glanze und ohne Knötchen darstellen.

Zwirnen: Zu den meisten Verwendungen werden
zwei, drei oder mehrere Rohseidenfaden zusammengedreht.
Dem einzelnen Faden giebt man oft eine besondere
Vordrehung (filé), die dann der Drehung beim Zwirnen
entgegengesetzt ist (tors). Die erste Drehung erfolgt
meist nach rechts, die zweite nach links. Die so in
den Handel gelangende Seide nennt man filirte oder
moulinirte Seide. So wird Kettseide oder Organsin
aus 2 oder 3 Fäden gezwirnt, wovon jeder Faden aus
3—8 Kokonfäden besteht. Die Schussseide oder Trame
kennzeichnet sich durch bedeutend geringere Drehungen,
so dass der Gesammtfaden weicher und flacher ausfällt.
Aus letzterem Grunde wird auch die Drehung des einfachen Fadens, die Vordrehung, wie die Drehung beim
Zwirnen, bei Trame nach einer Richtung, nach rechts,
ausgeführt, während bei Organsin die Vordrehung nach
links, die Zwirnung nach rechts erfolgt. Auf ähnliche

Weise unterscheiden sich Maraboutseide, Pèleseide, Näh-, Stick- und Strickseide, cordonnirte Seide etc.

Titrirung der Seide: Die Feinheitsbestimmung geschieht entgegengesetzt, wie bei den übrigen Gespinnsten. Die Feinheit wird durch das Gewicht eines Probesträhns von bestimmter Länge festgestellt. Dieses Gewicht nennt man den Titer der Seide. Je höher der Titer steigt, oder mit anderen Worten je grösser das Gewicht des Probesträhns ist, desto gröber wird die betreffende Seide sein. Umgekehrt wird die Feinheit anderer Gespinnste festgestellt. Bei Baumwolle- oder Wollgarn legt man ein bestimmtes Gewicht, ein Pfund englisch oder ein Kilogramm, zu Grunde und bestimmt die Nummer nach der Anzahl Längeneinheiten oder Strähne, die auf dies Gewicht gehen. Je höher die Nummer bei Wolle und Baumwolle wird, desto feiner ist das Garn. Das bei Seide zu wiegende Probesträhnchen hat eine Länge von 11 400 m oder 9600 aunes; als Gewicht dient der Denier (d) = 1,26 g. Der einfache Kokonfaden wiegt 2—3,8 d; im übrigen schwankt der Titer zwischen 11—90 d. Die metrische Titrirung, wonach die Feinheit der Seide nach der Anzahl Gramm festgestellt wird, die ein Faden von 10 000 m Länge wiegt, findet erst in neuester Zeit allmählich Eingang.

Verwerthung der Seidenabfälle.

Florett, Fleuret, Schappe: Die reichlichen Abfälle beim Sortiren, Haspeln und Zwirnen werden durch einen wirklichen Spinnprozess in Fadengestalt gebracht. Als Rohmaterial dienen die oben genannten, beim Sor-

tiren ausgeschiedenen Kokons, ferner die Flockseide
(frisons), der Abfall beim Abhaspeln (strusa) und beim
Zwirnen oder Muliniren (strazza). Die Verarbeitung
nimmt in Kürze folgenden Lauf: Das Material wird zunächst einem Fäulnissprozess unterzogen, dann abwechselnd mit warmem und kaltem Wasser gewaschen
und hierauf getrocknet. Auf einer Dreschmaschine
wird das Material aufgelockert, auf der Fillingmaschine
zu einer Watte formirt, durch eine Kämmmaschine
gekämmt und durch Anlegemaschine, Bandmaschine,
Vor- und Feinspinnmaschine zu Garn fertig gesponnen.
Die gesponnene Seide (spun silk) kommt meist unter
der Bezeichnung Chappe (chaper = Fäulen) vor. Die
besseren Sorten dienen zu Einschlag, aber auch zur
Kette für mancherlei halbseidene Stoffe. Die schönsten
Seidengarne erreichen jedoch an Glätte, Glanz und
Festigkeit nicht die gehaspelte, filirte Seide. Die Garn-
Nummerirung geschieht nach metrischem System wie
bei Wolle. Die Herstellung von Chappe ist eine Nachbildung des Flachsbereitungsprozesses. England und die
Schweiz haben das Verfahren wesentlich vervollkomm-
net. Eine erhebliche Verbesserung ist auch die in Crefeld seit 1870 eingeführte Einrichtung, die bereits gefärbte Chappe in besondern Räumen zu gasiren oder
zu sengen, wodurch der Faden einen erhöhten Glanz
erhält. In genanntem Orte wird Chappe besonders zu
Sammt verwandt. Der Preis beträgt ungefähr die Hälfte
der Seide.

Bourette: Der Abfall der Florettspinnerei wird
zuweilen ebenfalls weiter versponnen. Unter dem
Namen Bourettegarn dient das Garn namentlich zu
Schuss in Damenkleiderstoffen, sowie als Phantasiegarn.

Physikalisches Verhalten der echten Seide:
Die Seide ist von weisser, blassgelber oder hochgelber
Farbe, zuweilen stark ins Röthliche spielend. Der Farbstoff befindet sich in der obersten Schicht, so dass nach
Entfernung derselben eine weisse Farbe
erscheint. Unter dem Mikroskop erblickt
man jeden Kokonfaden, bestehend aus
zwei einzelnen Fäden, von einer glatten
mehr oder weniger körnigrauhen Hülle,
dem Seidenleim oder Seidenbast umgeben, der stellenweise fehlt, da er
im trockenen Zustande spröde ist und
leicht abspringt. Durch Seifenlösung
wird der Bast gelöst und die beiden
ursprünglich vorhandenen Fäden werden
getrennt. Der einfache Faden erscheint
durchsichtig und ohne jede Struktur,
nicht vollständig cylindrisch sondern
plattgedrückt. (Fig. 16.) Der Durchmesser
des Fadens schwankt zwischen 0,013—
0,026 mm. Die Festigkeit beträgt beinahe ein Drittel eines gleichstarken
Eisendrahtes. Ein Seidenfaden von
1 □ mm Querschnittsfläche trägt gegen

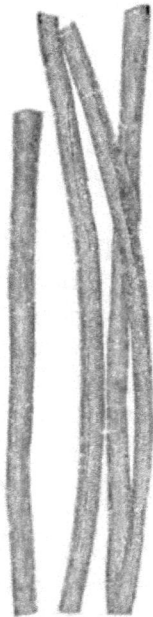

Fig. 16. Seide.

44 kg. Zum Zerreissen ist also eine
fast dreimal so grosse Kraft erforder-
lich, als zum Zerreissen eines gleich dicken Flachs-
fadens und eine zweimal so grosse Kraft als zum Zerreissen eines entsprechenden Hanffadens. Die Elastizität
verhält sich ähnlich. Ein Seidenfaden kann um $^1/_7$—$^1/_5$
der ursprünglichen Länge gestreckt werden, ohne zu
zerreissen. Auf dieser letzten Eigenschaft beruhen ver-

schiedene Operationen, die die Seide durchzumachen hat,
wie das Strecken, um der Seide ein gleichförmiges
Aussehen zu geben, das Chevilliren oder Pflöcken und
das Lüstriren, um den Glanz der Seide bedeutend zu
erhöhen (siehe später). Feuchte Seide ist elastischer
als trockne Seide. Abgekochte Seide hat an Zähigkeit
und Elastizität um $^1/_3$ eingebüsst. Dasselbe ist bei beschwerter Seide der Fall. Je höher der Grad der Erschwerung, je geringer wird die Zähigkeit und Elastizität.

Eine besondere Eigenschaft ist das K r a c h e n , K n i-
s t e r n oder R a u s c h e n der Seidenstoffe oder eines Seiden-
strähnes, wenn derselbe stark gewunden wird. Diese be-
liebte Eigenschaft zeigt sich nicht bei roher, selbst abgekochter Seide, sondern nur nach einer bestimmten Schluss-
behandlung der Seide beim Färben. Nach Beendigung
des Färbens lässt man nämlich die Seide ein schwaches
Seifenbad passiren und hierauf ein schwaches Bad mit
Säure, wozu häufig Citronensäure genommen wird.
Eine genügende Erklärung für das so erlangte eigenthümliche Verhalten ist noch nicht gegeben worden.

D a s   s p e c i f i s c h e   G e w i c h t der Seide beträgt
1,367. Seide ist ein schlechter Leiter der Elektrizität,
wird durch Reibung leicht elektrisch und beharrt sehr
beständig in diesem Zustande. Erhitzt man Seide bis
110° C., so verliert sie alle natürliche Feuchtigkeit,
bleibt sonst jedoch unverändert. Wird das Erhitzen
auf 170° fortgesetzt, so tritt Zersetzung und Verkohlen
ein. Beim Verbrennen wird nicht der unangenehme
Geruch wie beim Verbrennen der Wolle hervorgerufen.

Eine für den Handel sehr beachtenswerthe Eigen-
schaft ist die H y p r o s c o p i c i t ä t der Seide, d. i. das

Vermögen der Seide eine beträchtliche Menge Feuchtigkeit bis zu 30% ihres Gewichts aus der Luft aufzunehmen, ohne sich feucht anzufühlen. Dies führte zur Errichtung sogenannter Konditioniranstalten, deren Zweck darin besteht, das Gewicht der Seide auf einen bestimmten, zulässigen Gehalt zu reduziren oder mit anderen Worten das Normalgewicht der Seide zu bestimmen. **Der zulässige Feuchtigkeitsgehalt ist in Preussen auf 11% festgestellt worden.** Hiernach wird das Handelsgewicht eines Ballens bestimmt.

Konditioniranstalten bestehen in allen Hauptzentren des Seidenhandels wie Lyon, Paris, Marseille, Mailand, Florenz, Wien, Zürich, Basel, Krefeld, Elberfeld u. s. w. Die Apparate, in welchen der Wassergehalt bestimmt wird, sind meist nach einem System eingerichtet, welches von Talabot in Lyon 1831 erfunden worden ist.

Aus den zur Konditionirung eingelieferten Ballen werden eine Anzahl Strähne aus dem Innern und andere aus der Nähe der Oberfläche gezogen, gewogen und in drei Theile getheilt. Jede Partie wird besonders gewogen. Zwei solcher Proben gelangen in 2 Trockenkästen und werden bei einer Temperatur von 105—120° getrocknet. Nach je 20 Minuten wird das Gewicht bestimmt.

In den Konditioniranstalten werden auch Versuche über künstliche Beschwerung, über Bastgehalt, über Dehnbarkeit und Stärke, über Fadenlänge einer bestimmten Gewichtsmenge und über Drehung der Fäden angestellt. Die wasserlösliche Beschwerung wird ermittelt durch Auslaugen einer Probe von 20—25 g mit heissem Wasser von 50 - 60°, in welcher die Seide etwa $1/2$ Stunde eingelegt wird; sodann wird sie herausgenommen, mit einer neuen Menge warmen Wassers behandelt, in frischem Wasser gespült, abgerungen und getrocknet[1]). Eine Eisenbeschwerung lässt sich, falls sie nicht über $25\,^0/_0$ vom Gewichte des Fadens beträgt, vollständig durch $^1/_4$ stündiges Kochen mit 3 bis $5\,^0/_0$ iger Salzsäure entfernen. Die Farbe des Fadens erscheint nachher kastanienbraun. Die Bastmenge wird bestimmt durch Abkochen von 20—25 g Rohseide in einer Lösung von Marseiller Seife ($5—7\,^1/_2$ g pro Liter). Bei gelber Seide wird eine geringe Menge krystallisirter Soda zugesetzt. Das Abkochen dauert etwa $^1/_2$ Stunde. Dann folgt Spülen, Abringen, Trocknen. Die Dehnbarkeit und Stärke bestimmt man mit Hilfe des Serimeters, in welchem ein Faden von $^1/_2$ m Länge durch ein bestimmtes Gewicht bis zum Zerreissen angespannt wird.

Chemisches Verhalten: Der von der Seidenraupe gesponnene Faden besteht hauptsächlich aus zwei Substanzen. Den Hauptbestandtheil bildet der Seidenfaserstoff oder das Fibroin, erhalten durch aufeinanderfolgende und abwechselnde Behandlung mit kochendem Wasser, absolutem Alkohol, Aether und heisser Essigsäure. Die Seide enthält gegen $66\,^0/_0$ Fibroin. Die Zusammensetzung nach Kramer ist folgende: $48,6\,^0/_0$ Kohlenstoff, $6,4\,^0/_0$ Wasserstoff, $18,89\,^0/_0$ Stickstoff, $26,11\,^0/_0$ Sauerstoff, woraus sich die Formel $C_{15}\,H_{23}\,N_5\,O_6$ berechnet. Beim Verbrennen bleibt eine poröse Kohle zurück, welche $0,6—1\,^0/_0$ Asche giebt. In der Asche ist Magnesium, Calcium, Natrium, Eisen, Aluminium, Mangan, verbunden mit Chlor, Kohlensäure und Phosphorsäure nachge·

---

[1]) Ausführlicher siehe Dammer, Lexikon der Verfälschungen.

wiesen worden. Königs fand in Rohseide 1,1%, in geschälter Seide 0,77%, in beschwerter Seide bis 14% Asche. Der Seidenfaserstoff ist von der zweiten Substanz, dem Seidenleim oder Serizin eingehüllt, der seiner Zusammensetzung nach als ein Oxydhydrat des Fibroins angesehen wird ($C_{15} H_{25} N_5 O_8$). In untergeordneter Menge sind dann noch vorhanden, ein wachsartiger Körper, ein Glycerid und in der gelben Seide ein Farbstoff, der wahrscheinlich ein mehr oder weniger verändertes Chlorophyll darstellt. Der Seidenleim, mitsammt den zuletzt genannten Theilen, die den Ueberzug der Seide ausmachen, werden durch das sogenannte Degummiren oder Entschälen der Seide mittelst Seifenlösung, das vor dem Beginne des Seidenfärbens vorgenommen wird, entfernt.

Die Seidenfaser ist nicht nur sehr hygroskopisch sondern sie absorbirt rasch andere Flüssigkeiten, wie Alkohol und Essigsäure und hält sie hartnäckig zurück. Diese Absorptionsfähigkeit zeigt sie ferner gegen Salzlösung, wie z. B. gegen Zucker, Tannin und einige Metallsalze und zu den meisten Theerfarbstoffen. Weniger Affinität zeigt die Seide zu den natürlichen Farbstoffen. Kocht man die Faser längere Zeit mit Wasser, so entzieht man einen Theil des Ueberzugs des Seidenleims, nicht aber werden die umhüllenden Wachsfetttheile und Farbstoffe entfernt. Dabei wird besonders bei langandauerndem Kochen die Stärke des Fadens stark beeinträchtigt.

Aehnliche lösende Einwirkung zeigen alle Flüssigkeiten, weshalb man die Seide in nicht zu heisser Lösung beizen und beim Färben so niedrige Temperaturen als nur möglich anwenden soll. Concentrirte

Lösungen der Aetzalkalien und der kohlensauren Alkalien greifen die Seide heftig an, namentlich wenn solche heiss angewandt werden, zerstören den Seidenleim und die Seidensubstanz. In stark verdünntem Zustande wird nur der Seidenüberzug gelöst, jedoch Glanz und Farbe beeinträchtigt. Unschädlich ist neutrale Seife, die man deshalb auch zum Entschälen der Seide verwendet. Bei längerer Einwirkung in der Siedehitze wird durch Seifenlösung jedoch auch der Faden selbst, wenn auch langsam, angegriffen werden. Ammoniak greift im reinen Zustand, selbst in der Wärme die Seidenfaser nicht an. Dagegen lösen die Ammoniakverbindungen einiger Metalle, z. B. Kupferoxydammoniak und Nickeloxydammoniak die Faser leicht auf. Die Lösung wird durch Säuren gefüllt. Kalk und Baryt greifen den Seidenleimüberzug an, erweichen und lösen ihn auf, wobei jedoch gleichzeitig die Salze selbst von dem Fibroin absorbirt, durch verdünnte Salzsäure indessen wieder entzogen werden. Folgt dann noch ein Seifenbad, so zeigt sich, dass das Fibroin unangegriffen geblieben und nur an natürlichem Glanze Einbusse erlitten. Durch längere Behandlung mit Kalkwasser wird die Seidenfaser auch brüchig und schliesslich ganz zerstört. Eine bessere Wirkung üben Borax und Wasserglas aus, die ebenfalls den Seidenleim lösen, ohne das Fibroin anzugreifen. Beide wurden als Entschälungs- oder Degummirungsmittel vorgeschlagen.

Concentrirte Salzsäure und concentrirte Schwefelsäure lösen das Fibroin schnell zu einer braun bis violett gefärbten, klebrigen Flüssigkeit auf. Beim Verdünnen mit Wasser erhält man eine klare Lösung, aus welcher durch Gerbsäure das Fibroin niedergeschlagen

wird. Im verdünnten Zustand greifen diese Säuren das
Fibroin nicht an. Der Seidenüberzug wird dagegen zum
Theil entfernt, namentlich aber wenn die verdünnte
Säure etwas erwärmt wird. Concentrirte Salpetersäure wirkt zerstörend, während sie verdünnt die Seide
wenig angreift, jedoch durch Bildung von Xanthopro-
teinsäure dauernd gelb färbt. Arsensäure und Phosphorsäure greifen den Seidenleim, nicht aber das Fibroin an, aus welchem Grunde diese beiden Substanzen ebenfalls als Degummirungsmittel vorgeschlagen
worden sind.

Uebermangansaures Kali wirkt oxydirend auf
die Faser, indem gleichzeitig sich bildendes Mangansuperoxydhydrat auf der Faser niedergeschlagen wird.
Durch Nachbehandlung mit schwefliger Säure lässt
sich der braune Niederschlag entfernen und man erhält eine schöne, weisse Faser. Man wendet zum
Bleichen dennoch nicht übermangansaures Kali an, da
die so gebleichte Seide stets das Bestreben zeigt, bei
Einwirkung von Alkalien einen gelben Stich zu erhalten. Schweflige Säure wird am häufigsten noch zum
Bleichen angewandt. Doppeltchromsaures Kali und
freie Chromsäure werden von der Faser absorbirt und
waschecht befestigt. Eine Reduktion der Chromsäure zu
Chromoxyd tritt nicht ein. Die Seide erhält eine
schwach olivgrüne Farbe. Die unterchlorigsauren
Salze, sowie das Chlor zerstören die Seide leicht und
schnell. Wird die Faser mit stark verdünnten Lösungen
unterchlorigsaurer Salze getränkt und dann der Luft
ausgesetzt, so soll sie eine grössere Anziehungskraft
gegen gewisse Theerfarbstoffe, ähnlich wie dies bei Wolle
der Fall ist, erlangen.

Concentrirte organische Säuren, wie Eisessig Oxalsäure, Citronensäure verändern die Faser kaum merklich in der Kälte; bei höherer Temperatur sollen sie die Faser leicht brüchig machen und vollständig auflösen.

Die Salze der schweren Metalle, wie Blei, Zinn, Kupfer, Eisen, Thonerde, werden von der Faser meistens in grosser Menge absorbirt und theilweise zersetzt. Es bleiben weniger lösliche basische Salze auf der Faser zurück. Bei einigen Salzen wie Zinnoxyd und bei Eisenbeizen wird gleichzeitig durch die Befestigung der basischen Salze ein hoher Grad der Beschwerung, oft das drei- bis vierfache Gewicht erreicht.

Einen besondern Einfluss übt Chlorzinklösung aus. Seide wird durch sie in grosser Menge zu einer dicken, klaren Flüssigkeit aufgelöst. Auch ist Seide in einer Flüssigkeit, hergestellt aus Kupfersulfat, Glycerin und Natronlauge löslich, eine Mischung, die zum Nachweis der Seide verwendet werden kann, indem Wolle und Baumwolle nicht aufgelöst wird.[1]

Die wilden Seiden.

Neben der Seide des Maulbeerbaumspinners versuchte man in Japan und China schon sehr frühe die Seide anderer Insekten zu gewinnen. Es war dies in Europa zwar bekannt, aber erst als in den 60er Jahren Krankheiten unter den Raupen ausbrachen, wurde die Frage nach Seide von fremden Spinnern wieder rege, zumal die wilde Seide sich als dauerhaft und billig in der Gewinnung erwiesen und einen geringern Verlust beim Färben beziehungsweise Entschälen ergeben hatte. Der Nachtheil

---

[1] Muspratt, Techn. Chemie, Band I. S. 1936. 4. Aufl. 1888.

bestand nur darin, dass sie meist dunkel gefärbt vorkommt und der Farbstoff durch Entschälen sich nicht
entfernen liess. Durch Verwendung des Wasserstoffsuperoxyd als Bleichmittel scheint indessen auch diese
Schwierigkeit gehoben. Die wichtigste aller wilden
Seiden ist die Tussah-, Tusser-, Tasar- oder Tussore-
seide, das Produkt der Raupe von Antheraea mylitta,
die über ganz Indien und Südchina verbreitet ist und
von den Blättern verschiedenster Pflanzen sich nährt.
Die Raupe lebt 40—45 Tage, erreicht eine Länge von
140 mm und eine Dicke von 25—30 mm. Der Kokon
ist von beträchtlicher Grösse, eiförmig und von brauner
Farbe. Vier bis sieben Wochen nach der Verpuppung

Fig. 17.   Tussahspinner.

kriecht der Schmetterling aus, der etwa 6 mal grösser als
Bombyx mori und von brauner Farbe ist. (Fig. 17.) Der
Tussahseidenfaden ist bedeutend gröber und rauher als
derjenige der echten Seide. Der mittlere Durchmesser beträgt etwa 0,052 mm. Die Seide ist von hellbrauner Farbe
und von glasartigem Glanze. Unter dem Mikroskop erscheint sie nicht wie echte Seide, bestehend aus zwei nebeneinander laufenden strukturlosen Röhren, sondern jeder

Faden besteht aus einem ganzen Bündel sehr feiner Fäden (Fibrillen), welche als längsparallele Streifung sich mar-

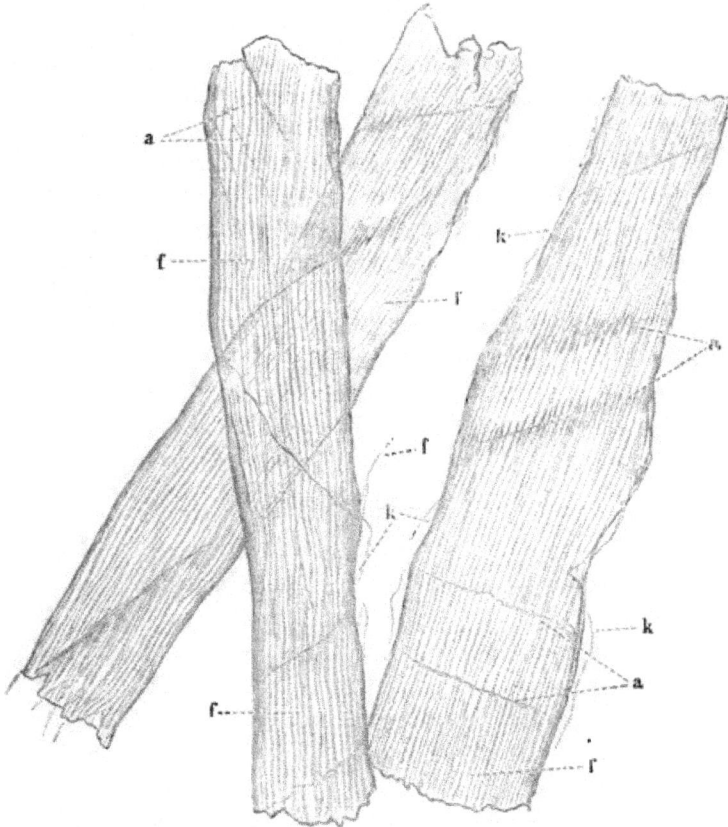

Fig. 18. Tussahseide. f Fibrillen, k den Fäden anhängende Lappen verkitteten Leims, a abgeplattete Stellen.

kiren.[1]) (Fig. 18.) Der Querschnitt ist nicht rund, sondern

[1]) Witt, Techn. d. Gespinnstfasern. S. 71.

länglich viereckig. Sodann scheint die Tussahseide auch chemisch von der echten Seide unterschieden zu sein, da sie sich nur schwierig in Chlorzinklösung und in Kupferoxydammoniak löst. Ebenso verhält sich die Seide gegen halbgesättigte Chromsäurelösung, die echte Seide löst, Tussahseide nicht. In kochender Salzsäure löst sich echte Seide innerhalb einer halben Minute, Tussahseide erst nach einigen Minuten. Auch gegen Farbstoffe verhält sich die Tussahseide anders als die echte Seide.[1]) Die Tussahseide findet immer grössere Verwendung zu Gespinnsten aller Art, namentlich zu Plüsch und Krimmerstoffen, sowie für Teppiche und Vorhangstoffe. Die Titrirung geschieht wie bei der echten Seide, d. h. nach „denier“. Auch unterscheidet man Tussah-Organsin (Kettseide) und Tussah-Trame (Schussseide). Der Denier schwankt zwischen 40 und 300 d.

Künstliche Seide.

Wiederholt sind Versuche zur Herstellung künstlicher Seide gemacht worden. Graf de Chardonnet hat ein Verfahren patentiren lassen, wonach zur Herstellung Nitrocellulose, Schiessbaumwolle, gelöst in einem Gemisch von 38 Theilen Aether und 42 Theilen Alkohol, genommen und unter Druck von mehreren Atmosphären durch feine Kapillarröhren von der Dicke eines Seidenfadens gepresst wird, worauf der hervortretende Faden in einen Wasserbehälter eintritt, sofort erhärtet und auf Spulen aufgewickelt wird. Die Fäden werden wie Kokonseide verarbeitet und hierauf durch verdünnte Salpetersäure

---

[1]) Journ. f. pract. Chemie 103. 364. Polytechn. Journal 246. 465.

denitrirt. Schliesslich wird die Cellulose gelatinös und ausserordentlich geeignet, durch Endosmose verschiedene Substanzen, besonders Farbstoffe und Salze zu absorbiren. Die Lösungsmittel des Kollodiums sind wirkungslos und die Fäden sollen ihre Explosionsfähigkeit verloren haben, sodass sie für die meisten Anwendungen, besonders mit andern Textilstoffen gemischt, benutzt werden können. Die Seide zeigt den Glanz der natürlichen, steht aber an Widerstandsfähigkeit hinter derselben zurück. Nach den gewöhnlichen Verfahren kann, wie bei Kokonseide, gefärbt werden, nur darf nicht zu stark erhitzt werden. Zur Herabminderung der Verbrennlichkeit der Faser, kann man sie, nach Verlassen des Salpetersäurebades mit phosphorsaurem Ammon tränken[1]).

Die Versuche von Hosemann gehen dahin, Pflanzenfasern mit einer Seidenlösung zu tränken, um denselben einen seidenartigen Charakter zu geben. Die Seide wird in Alkalien gelöst und die genetzte Pflanzenfaser in die concentrirte Seidenlösung gebracht, dann geht man während 2 Stunden in ein concentrirtes Schwefelsäurebad ein und spült zum Schluss. Die Garne und Stoffe, in dieser Weise behandelt, sollen sich, wie Seide, bleichen und färben lassen.

---

[1]) Auf der Pariser Ausstellung 1889 waren eine Reihe Gewebe, Stoffe und Bänder ausgestellt, die theils ganz aus künstlicher Seide, theils aus einem Gemisch von natürlicher und künstlicher Seide, die erstere als Kette der Gewebe, die letztere als Schuss, ausgestellt.

Die Praxis des Bleichens.

Die Gespinnstfasern gelangen in unversponnenem Zustand, als Garn oder als Gewebe in die Färberei oder auch direkt in den Handel.

In den meisten Fällen ist es indessen erforderlich, die Fasern von mehr oder weniger innig anhaftenden Verunreinigungen, die theils natürlich vorkommen, theils durch die Bearbeitung beim Spinnen, Schlichten u. s. w. hineingekommen, zu befreien, um sie zur Aufnahme der Beizen und Farbstoffe geeigneter zu machen, die gewünschte Farbe selbst im reineren Tone erscheinen oder die · weisse Farbe des Rohmaterials hervortreten zu lassen. Die hierzu erforderlichen Arbeiten fasst man gemeiniglich unter der Bezeichnung „Bleichen" zusammen.

Durch das Bleichen, dem stets eine gründliche Vorreinigung der Faser voraufgeht, werden die Verunreinigungen durch Harz und fettähnliche Substanzen, vornehmlich eine Anzahl färbender Stoffe, über deren Natur wir noch wenig wissen, zerstört, farblos gemacht und gänzlich entfernt.

Die im vorangehenden Abschnitte angeführten wesentlichen Unterscheidungsmerkmale für Pflanzenfaser und Thierwollen nach physikalischer und chemischer

Richtung hin, bedingen wesentlich die Natur des an-
zuwendenden Bleichmittels wie auch den Gang der
mechanischen Arbeiten des Bleichens selbst.

I. Bleichen der Baumwolle.

Das Bleichen der Baumwolle geschah früher ausschliesslich durch die Rasenbleiche, also durch die Einwirkung des Lichts und der Feuchtigkeit. Man weichte
die Stoffe mehrere Tage in heisses Wasser oder in verdünnte Natronlauge, hergestellt durch Ausziehen von
Holzasche mit Wasser und nannte dies „Bäuchen".
Nachdem die Zeuge gewaschen, wurden sie 2—3 Tage
auf dem Rasen ausgelegt, hierauf nochmals in schwache
Lauge getaucht, gewaschen und ausgelegt. Diese Arbeiten wurden 4—5 mal wiederholt. Zuletzt setzte
man die Gewebe der Einwirkung einer schwachen
Säure aus, wozu man saure Milch nahm, in welche man
sie 2—3 Wochen einlegte. Das Bleichen der Baumwolle
erforderte $1^1/_2$—3 Monate, Leinen die doppelte Zeit.
Zu Anfang dieses Jahrhunderts ging man zur billigeren
Schwefelsäure über, wodurch eine bedeutende Zeitersparniss erreicht wurde. Die Entdeckung des Chlors jedoch
sowie des Chlorkalks und die Einführung derselben in
die Praxis der Bleicherei führte ein gänzlich verändertes Verfahren herbei. Die Rasenbleiche für Baumwolle
wurde gänzlich verlassen, da Chlorkalk einen schöneren
Bleicherfolg in bedeutend kürzerer Zeit ergab. Auch
wurde man nunmehr unabhängig von der Jahreszeit
und den lokalen klimatischen Verhältnissen. Im Jahre

1837 wurde das Bäuchen mit Aetznatron durch die Anwendung von doppeltkohlensaurem Natron und Potasche ersetzt. Schon einige Jahre später wich dieser
Prozess einer mehr wissenschaftlich durchdachten Methode, nämlich dem sogenannten „amerikanischen Prozess", der zuerst in Schottland sehr schnell sich ein-
bürgerte und bewährte, bestehend im wesentlichen aus
einer Kalkabkochung, welcher ein Spülen in Salzsäure
und eine gewisse Zahl von Laugenabkochungen mit
Soda, die sich nach dem gewünschten Weiss richte-
ten, folgten. Sämmtliche öligen und fettigen Substanzen
werden vollständig verseift, ohne dass eine Schwächung
des Materials eintritt. Eine weitere wichtige Verbesserung (1840) war die Einführung der Harzseife, welche
die Zahl der Laugeabkochungen verminderte und ein
schönes Weiss erzeugte. Durch die Einführung des
Abkochens unter Druck wurde dann noch weiter die
Zeitdauer der Kochungen abgekürzt. (1844.)

Aus derselben Zeit stammen auch die meisten Ver-
besserungen der zur Anwendung gelangenden Apparate
und Maschinen. Im Jahre 1854 begann Fries-Callot in
Gebweiler das Breitbleichen und im Jahre 1883 gelang es
Horace Köchlin eine Methode aufzufinden, ohne Kalk-
kochung zu bleichen, nur durch die Wirkung von Aetz-
natron und Harz unter 2 stündigem Einfluss von Dampf.
Im Jahre 1886 erschien das Bleichverfahren von Mather-
Thompson, wo nach besonderer Kochmethode und bei
Verwendung von Kohlensäure in Verbindung mit Chlor-
kalk eine sehr schnelle und gute Bleiche erzielt wird.
(Siehe später.)

Das Bleichen der Baumwolle zerfällt in eine Vorreinigung, in den eigentlichen Bleichprozess und eine

Nachbehandlung. Durch die Vorreinigung sollen nicht nur die harz- und fettartigen Stoffe der Rohfaser, sondern auch die durch den Verspinnungsprozess und durch das Weben aufgenommenen Bestandtheile, wie Schweiss, Schmutz, Fett und Oel, sowie Schlichte, mit welcher die Kette auf dem Webstuhl getränkt worden, um die Widerstandsfähigkeit zu erhöhen, entfernt werden. Diese Vorbehandlung erfolgt durch abwechselndes Behandeln mit Wasser, Kalklösung, Säuren und Alkalien.

Das eigentliche Bleichen geschieht mit Chlorkalk. Da wir die Zusammensetzung und den Charakter der färbenden Bestandtheile der Baumwolle, welche durch den eigentlichen Bleichprozess beseitigt werden sollen, noch nicht genügend kennen, so lassen sich auch die chemischen Vorgänge beim Bleichen nicht genügend erklären. Die Rasenbleiche oder die Bleichmittel sollen die Farbstoffe in farblose Verbindungen überführen. Die Wirkung der atmosphärischen Luft scheint darin zu bestehen, dass ihr Gehalt an Ozon, eine Modifikation des Sauerstoffs erzeugt durch die Wirkung des Lichts, die Farbstoffe oxydirt und so eine Zerstörung herbeiführt oder durch die Oxydation die Farbstoffe in eine ungefärbte Verbindung, in einen Zustand überführen, wo dieselbe in Wasser oder alkalischen Laugen löslich sind. Der reine Sauerstoff der Luft hat diese Wirkung nicht. Bei Anwendung eines oxydirend wirkenden Bleichmittels tritt der Sauerstoff in „nascierendem" Zustand auf und wirkt dann auf die Farbstoffe. Die bleichende Wirkung des Chlors wird gewöhnlich als eine indirekte bezeichnet, indem Chlor sich mit dem Wasserstoff des Wassers zu Salzsäure verbindet, wobei ebenfalls der Sauerstoff in statu nascendi, d. h. im Augenblick des Freiwerdens wirkt.

Der letzte Theil der Bleicherei begreift die Nachbehandlung der gebleichten Faser oder die Fort-
schaffung der farblos gewordenen oder zerstörten Farbstoffe der Faser durch abermalige Behandlung mit Alkalien und Säuren.

A. Bleichen der losen Baumwolle.

In neuerer Zeit wird vielfach loses Fasermaterial
mit walkechten Farben gefärbt, um u. a. mit Wolle zu-
sammengemischt, zu Vigogne-Garn versponnen zu werden. Sehr selten wird Baumwolle jedoch in dieser
Form gebleicht, indem nicht nur das Material sich zu
sehr verwirren würde, sondern das Bleichen selbst
schwierig auszuführen und schliesslich unnütz ist. Die
einzige Behandlung, die lose Baumwolle erfährt, ist ein
Abkochen mit Wasser, um sie für Aufnahme von Beizen und Farbstoffen geeigneter zu machen. Will man
später helle Farben auffärben, so dürfte eine Vorbehandlung mit einer alkalischen Lösung und nachfolgendem gründlichen Waschen angebracht sein.

B. Bleichen des Baumwollgarns.

Baumwollgarn wird nur dann einer Bleiche unterzogen, wenn dasselbe entweder weiss bleiben soll oder
wenn helle Farben aufgefärbt werden. Bei dunklen Farben genügt ein einfaches Abkochen mit Wasser, um das
Garn weich zu machen und vollständig zu netzen. Das
Kochen dauert etwa eine Stunde, worauf die Garne bis
zum folgenden Tage im Abkochwasser liegen bleiben.

Vor dem Abkochen werden die Garne gefitzt d. h. jedes
Pfund Garn wird mit einer Kordel, dem Fitzfaden, strang-
weise durchflochten. Das Fitzen dient zur Erkennung
der Garnnummer und zur leichteren Hantirung des
Garns beim Bleichen und Färben.

Das Garn, namentlich Zwirn, wird behufs Abkochens
dann noch Pfundweise zusammengedreht, das Knudeln
genannt. Im „Knudel" sitzt infolge dessen der Faden
etwas gestreckt, wodurch beim Abkochen das Kräuseln
verhindert wird, andernfalls später Schwierigkeiten bei
der Herrichtung der Webketten auftreten. Der Bleichprozess lässt sich in 3 Abschnitten darstellen.

1. Das Abkochen oder Bäuchen (für 100 kg).

In grossen Kesseln, die entweder verschlossen, um
einen schwachen Druck hervorzurufen oder offen sind,
werden die Garne 12—14 Stunden mit Kalklösung gekocht. Die Lösung wird hergestellt durch Eintragen
von 1 Kilo gelöschten Kalk in 400 Liter Wasser, dem
man 1 k Soda zugesetzt hat. Nach 12 stündigem Absitzen wird die klare Lösung in den Bäuchkessel gebracht. Nach dem Kochen kann in demselben Kessel
gewässert werden, indem man Wasser aufgiesst, die
Garne ³/₄ Stunden darin ruhen, dann das Wasser ablaufen lässt, und fortfährt bis ganz ungefärbtes klares
Wasser abläuft. Waschen und Abwinden.

Nach Hummel werden die Garne im Bleichkessel
zuerst eine Stunde lang mit Dampf behandelt, dann mit
verdünnter Natronlauge 10—12 Stunden lang
gekocht.

Die offenen Bäuchkessel, die selten noch in kleinen Betrieben angetroffen werden, besitzen im Innern des

Kessels einen eisernen Siebboden, auf welchen das Garn
zu liegen kommt. Verschlossen wird mit einem leichten
Deckel, der mit einem Charnier versehen ist und durch
ein Gegengewicht mit Ketten leicht herunter und her-
aufgezogen werden kann. Der Dampf tritt von unten
in den Kessel ein (s. Leinengarnbleiche).

Seit Anfang der fünfziger Jahre baut man fast
ausschliesslich Bäuchkessel für Hochdruck und
zwar in gleicher Construction für Garne wie Gewebe
(siehe später).

2. Das Bleichen mit Chlorkalk.

Das folgende Chloren geschieht in einer kalten alkalischen Chlorkalklösung von 1—2⁰ Bé, in welcher die
Garne 2—3 Stunden umgehaspelt werden. Hierauf wird
gewaschen. Letzteres kann in ähnlicher Weise wie
vorhin geschehen, indem die Chlorkalklösung abgelassen
und wiederholt frisches Wasser zum Spülen der Garne
in den Bottich eingebracht wird.

In den grösseren Bleichereien sind besondere
Apparate für die Vorbereitung und Auflösung des
Chlorkalks im Gebrauch.

Chlorkalkmühle (C. G. Haubold jun., Chemnitz,
Zittauer Machinenfabrik). Die Maschine dient zum Zer-
kleinern und Pulvern des Chlorkalks. Ein an vertikaler
Axe drehbarer Kegel wird von einem entsprechenden
Gehäuse umgeben, über welchem sich ein Fülltrichter
zur Aufnahme des Chlorkalks befindet. Der Chlorkalk
wird von eisernen Kugeln zermahlen und kann zwischen
Kegel und Gehäuse austreten. Neuerdings wird die
Maschine so gebaut, dass der Kegel mit der Grund-
fläche nach oben, mit der Spitze nach unten gerichtet

ist. Die Maschine setzt völlig lufttrockenen Chlorkalk voraus, andernfalls das Zermahlen nicht glatt von statten geht.

Chlorkalkauflöser (C. G. Haubold jun., Chemnitz, Zittauer Maschinenfabrik, C. H. Weissbach, Chemnitz.) Geeigneter für die Praxis ist es wohl, den Chlorkalk gleich in Wasser zu lösen, als ihn allzulange Zeit, wie dies bei der Chlorkalkmühle der Fall ist, der Einwirkung der Luft auszusetzen.

Man bedient sich nachstehend beschriebener Vorrichtung, durch welche die Theile des Chlorkalks in Lösung gehen, welche die Bleiche vollziehen sollen. In einem gusseisernen mit Bleiblech ansgeschlagenen offenen Kasten (Fig. 19) dreht sich eine schmiedeeiserne, stark verzinnte und verbleite durchlochte Trommel. Die Axe der Trommel besitzt ausserhalb des Kastens eine Fest- und Losscheibe zum Antrieb. Die Trommel hat eine Einfüllöffnung und enthält einige grosse Kieselsteine, welche bei langsamer Umdrehung den Chlorkalk zerreiben. Der Kasten ist mit Ablasshahn versehen, der jedoch, damit nur reine Lösung und kein Bodensatz abfliessen kann, nicht an der tiefsten Stelle des Kastens angebracht ist, während für die vollständige Entleerung des Kastens am Boden desselben ein Ventil vorhanden ist.

Chlorrührer (C. G. Haubold jun., Chemnitz, Zittauer Maschinenfabrik, E. Welter, Mülhausen). Diese Maschine dient dazu, grössere Mengen von Chlorkalk zu lösen. (Fig. 20.) In vier- oder sechseckigen schmiedeeisernen Kasten von 1—1,7 m Höhe und Breite, die mit Blei ausgelegt sind, werden zwei oder drei, um eine oder zwei vertikale Axen drehbare Rührer oder Rechen in Bewegung versetzt, um die Masse durcheinander zu

Fig. 19. Chlorkalkauflöser.

rühren. In gewisser Höhe über dem Boden befinden sich 2 Ablassbähne, am tiefsten Punkte des Kastens ist

Fig. 20. Chlorrührer.

noch ein Hahn befestigt zur vollständigen Reinigung des Kastens.

Die gewonnene klare Chlorkalklösung wird, mit Wasser verdünnt, zum Bleichen angewendet. Dass die Lösung vollkommen klar sei, ist ein wichtiger Umstand, der beobachtet werden muss, andernfalls die nicht gelösten Chlorkalktheilchen sich auf die Ware festsetzen und beim nachfolgenden Säuren so stark auf die Stoffe wirken, dass an den Stellen, auf welche die Theilchen gefallen, das Gewebe vollständig zerstört wird.

3. Das Säuren.

In getrennten Gefässen wird das Garn nunmehr in verdünnter Schwefelsäure von 1^0Bé oder entsprechender Salzsäure abgesäuert. Das Garn wird $^1/_2$—$^3/_4$ Stunden eingelegt, dann gespült und gewaschen. Letzeres wird zumeist auf der Waschmaschine vorgenommen.

Garnwaschmaschine (Wever & Co. Barmen, Weissbach, Chemnitz). Mit dieser Waschmaschine können sehr schnell grosse Quantitäten Garn in kurzer Zeit gründlich gewaschen werden. Die Strähne werden, ähnlich wie mit der Hand, hin- und hergeschwungen, während der grössere Theil der Strähne im Wasser hängt. Die Maschine ruht auf einem gemauertem Fundament, welches gleichzeitig einen Wasserkanal bildet. Ueber zwei Scheiben bewegt sich ein endloser Riemen, welcher 24—30 Spulen doppelseitig angeordnet trägt. In der Mitte der beiden Scheiben ist die Antriebswelle gelagert, welche seitlich ein Schwungrad enthält und gekröpft ist, um mittelst Kurbelstange die eine der Scheibenwellen zu ziehen. Beide Wellen sind auf Sectoren gelagert, sodass sie hin- und herschwingen können. Es wird hierdurch das ganze Band mit sämtlichen Spulen über dem ca. 6 m langen und 3 m breiten Bottich hin- und hergeschwungen.

Durch Wechseln von Zahnrädern wird das Garn 33 oder 27 oder 22 mal im Wasser geschweift. Sodann erhalten die Spulen, die mit ihren Köpfen auf Schienen laufen, eine rotirende Bewegung, womit erreicht wird, dass die Strähne auf ihrer ganzen Länge gewaschen werden. Die Spulen werden in den Bottichen, entgegengesetzt der Waschflüssigkeit bewegt. Das Wasser strömt durch ein Rohr an der linken Seite in das Bassin und fliesst durch einen Ueberfallschützen aus. Zum Betriebe sind an jeder Seite je 2 Arbeiter erforderlich, zum Aufhängen des zu waschenden Garns und Abnehmen des gewaschenen Strähns. Es soll ein Quantum von 2000 Pfund pro Stunde bewältigt werden können.

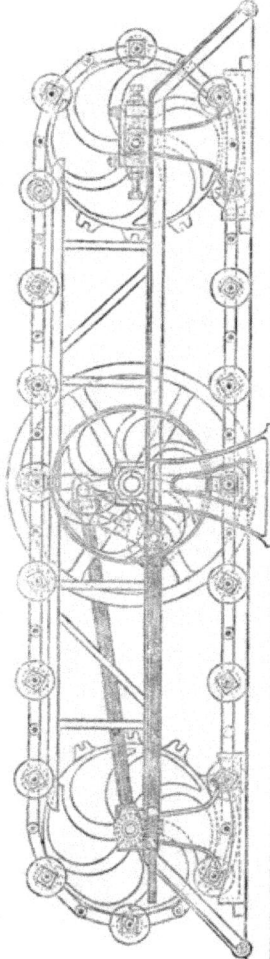

Fig. 21. Continuewaschmaschine.

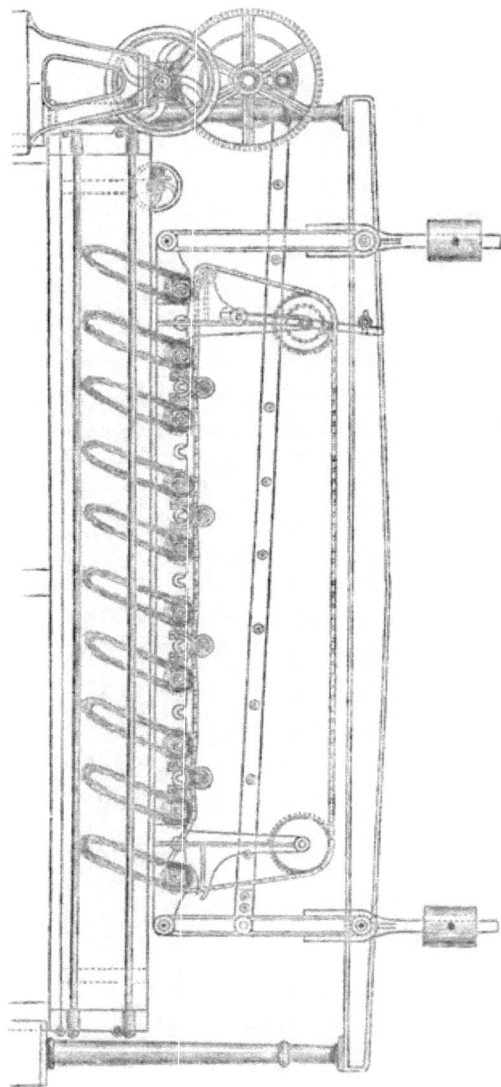

Fig. 22. Garn-Waschmaschine ohne Rundlauf.

Wasserverbrauch: 600 Liter pro Minute, Kraftverbrauch: 1 Pferdekraft. (Fig. 21.)

Ausser in Bleichereien findet vorstehende Maschine besonders in Türkischrothgarn-Färbereien Anwendung.

Garnwaschmaschine ohne Rundlauf (C. H. Weissbach, Chemnitz). Für mittlere und kleinere Bleichereien und Färbereien eignet sich die nachstehende Maschine. (Fig. 22.) Die Messingspulen liegen zu beiden Seiten der Maschine in einem Rahmen, der schwingend angeordnet ist. Gleichzeitig angebrachte Mechanismen bewirken eine hin- und hergehende und eine drehende Bewegung des Garnes. Unter jeder Spulenreihe ist ein Wasserbassin mit regulierbarem Wasser-Zu- und Abfluss angebracht. Zur Bedienung sind 1—2 Mann erforderlich.

Runde Waschmaschine (Wever & Co., Barmen, Haubold, Chemnitz). Ebenfalls für mittlere und kleinere Be-

Fig. 23. Runde Waschmaschine.

triebe geeignet, indem nur 2 Mann Bedienung und weniger Kraft und Kostenaufwand erforderlich sind. Die Verrichtungen sind dieselben, wie die der oben beschriebenen grossen Maschine. Das Bassin ist eine kreisrunde Rinne mit einer Querwand. Die Spulenaxen sind auf einem Rade gelagert, welches auf einem Zapfen oscillirt. Die Spu-

6*

len sitzen auf den vorstehenden Enden der Axen, alle in einer Höhe über dem Bassin und werden mit dem Rade hin- und herbewegt.

Das Vorrücken der Spulen vom schmutzigen zum reinen Wasser wird durch gleiche Vorrichtung wie bei der beschriebenen Maschine bewirkt. Die Spulen drehen sich um ihre eigene Axe, indem sie auf einer Bahn rollen. Das Wasser fliesst auf einer Seite der Querwand ein, auf der anderen Seite derselben ab. Es fliesst mit Gegenströmung zum Garn. (Fig. 23.)

Das Garn wird an einer bestimmten Stelle aufgehangen, durchläuft den Umfang der Maschine und wird, nachdem es einmal herumgegangen und dadurch fertig gespült worden ist, an derselben Stelle wieder abgenommen.

4. Das Bläuen.

Soll das Garn nicht weiter zur Färberei übergehen, sondern in weissem Zustand auf den Markt gebracht oder verwebt werden, so wird dasselbe nunmehr durch eine heisse Seifenlösung, welcher man Ultramarinblau zugesetzt hat, gezogen, dann abgerungen oder ausgeschleudert und getrocknet.

Von verschiedenen Abänderungen, die von vorstehend beschriebenem Verfahren in der Praxis vorgeschlagen oder vorgenommen wurden, sei nur erwähnt:

Das Bleichverfahren nach Frohnheiser.[1]) Es werden 100 k Garn 8 Stunden lang mit einer Lauge gekocht, dargestellt aus $2^{1}/_{2}$ k calcinirter Soda und $1^{1}/_{2}$ k Chlorkalk (!). Beide Theile sind vorher getrennt gelöst worden und ist die Flüssigkeit erst nach Klä-

---

[1]) Joclet, Bleichkunst. S. 172.

rung der zusammengemischten Mengen zu gebrauchen.
Nach dem Kochen werden die Garne sofort gewaschen,
ohne lange der Luft ausgesetzt zu sein. Man löst sodann 5 kg Chlorkalk und setzt der geklärten Lösung
$^3/_4$ kg Schwefelsäure unter Umrühren zu. Hierin wird
das Garn umgezogen und 6 — 8 Stunden ruhen gelassen. Es folgt das Absäuern durch 6—8 stündiges Einlegen in dasselbe Bassin mit $2^1/_2$ kg Schwefelsäure und entsprechend Wasser. Man hebt mehrere
Male die Garne aus, lässt sodann die verdünnte Säure
ablaufen und fügt warmes Wasser zu. Zuletzt bringt
man die Garne in ein Bäuchfass, worin man sie mit
einer Lösung von $1^1/_2$ kg Potasche oder 2 kg calcin.
Soda, längere Zeit behandelt. Waschen, Schleudern und
Trocknen bilden den Schluss.

Garnbleicherei auf Spulen.

Besondere Vortheile erweist das Bleichen der Garne
auf Spulen oder Kötzer. Es wird das Auf- und Abhaspeln erspart, also Zeit- und Materialverlust vermieden. Zweckmässig erscheint die mechanische Vorrichtung für Kötzerbleicherei von Oswald Fischer in
Göppersdorf bei Burgstädt (D. R. P. Nr. 22674, 29702,
31755), ausgeführt von C. G. Haubold in Chemnitz.

Die Garne werden in einem Bottich mit abgehen-
der Kochlauge eingeweicht, in einem Bäuchkessel mit
Natronlauge gekocht, dann gewaschen und gespült.
Hierauf erfolgt das Bleichen in der mit Blei ausgeschlagenen patentirten Centrifuge. In den inneren Kessel derselben ragt von oben herein ein doppelarmiges Spritzrohr,
welches seitlich geschlitzt ist, sodass mittelst eines kleinen
Blechschiebers eine Reinigung der Austrittsöffnungen

jederzeit, auch während des Betriebes, leicht möglich ist, während durch einen am untern Ende vorgeschraubten Pfropfen auch die Reinigung des ganzen Rohres bequem ausführbar gemacht wird. Diesem Einspritzrohre können durch 3 verschiedene Zuführungen unter Mitwirkung eines Dreiweghahns Chlorkalklösung, Säure oder Wasser zugeleitet werden. Die Centrifuge enthält eine innere Siebwand; zwischen dieser und der äusseren Wand werden die Spulen eingelegt. Sodann wird die Centrifuge in Umdrehung versetzt. Gleichzeitig lässt man die Flüssigkeiten in der entsprechenden Reihenfolge durch das Spritzrohr austreten. Die innere Siebwand sorgt für eine gleichmässige Vertheilung derselben über die Körper und die Centrifugalkraft treibt sie durch diese hindurch. Die Versteifungen des innern Siebs müssen so angeordnet werden, dass die Flüssigkeiten überall hindurch dringen können.[1])

Appretur der Baumwoll- und Leinengarne.

Die zum Verkauf bestimmten Garne und Zwirne erhalten meistens noch eine Nachbehandlung oder Appretur, wodurch das Aussehen gehoben und das Garn auch widerstandsfähiger gemacht wird. Dem Baumwollgarn wird zunächst eine Appreturmasse, z. B. Stärke, zugesetzt, für welchen Zweck eine Garnstärkemaschine benutzt wird. Zum Weich- und Glänzendmachen gelangt das Garn sodann zur Garnmangel. Der Glanz wird ferner durch Strecken, Lüstriren und Bürsten hervorgerufen. Hierzu bedient man sich einer Garnbürst- und Glänzmaschine.

---

[1]) Gebauer, Leipz. Monatsschr. f. Text.-Ind. 1888. S. 173.

C. Bleichen von Baumwollzeug.

Das Bleichen der Gewebe erfordert eine grössere Zahl von Verrichtungen und demzufolge einen grösseren Aufwand von Hilfsmaschinen. Bestimmend für die Einrichtung ist die Waaren-Gattung, wie auch die täglich zu liefernde Bleichmenge. Grundbedingung für jede Bleicherei-Anlage ist reines, weiches Wasser in genügender Menge, um eine klare, reine und weisse Bleiche zu erzielen. Die Räumlichkeiten müssen helles Licht besitzen, damit stets die Waaren unbehindert durch Dampf oder schlechte Ventilation in den verschiedenen Bleichstufen beurtheilt werden können. Die Lage des Gebäudes sei so gewählt, dass im Winter die Kälte nicht allzustark einwirken kann, andernfalls durch Dampfheizung eine gewisse Temperatur eingehalten werden muss. Ferner ist auf die praktische Aufstellung der Maschinen, wie auch auf die Verbindung der einzelnen Bleichräume unter sich zu achten. Im Rohwaaren-Raum sollen die Stücke so aufgestapelt sein, dass stets ein Luftstrom durchgehen kann, der Stock- und Schimmelbildung verhindert. Dieser Raum steht in Verbindung mit dem Sengraum, in welchem aufgestellt sind: Sengmaschine, Scheermaschine, Rauhmaschine, Dämpfapparat und Bürstmaschine. Der Bleichraum selbst enthält die übrigen Maschinen wie Bäuchkessel, Waschmaschinen, Chlor- und Säuremaschinen u. s. w. (Siehe ausführlicher die Zeichnungen ausgeführter Anlagen und deren Beschreibung am Schlusse des Werkes.) Das Bleichverfahren ist in Kürze wie folgt. Das Gewebe wird zunächst auf den Bleichprozess vorbereitet durch Sengen, Entschlichten, Bäuchen in Kalkwasser, Bäuchen in

Natronlauge und Waschen. Auf die von Schmutz und Fetttheilen gereinigte Faser können nunmehr die Bleichmittel einwirken. Es folgt das Bleichen oder Chloren, Waschen, Säuren und nochmalige Waschen. Als Bleichmittel dient nur der Chlorkalk. Alle anderen vorgeschlagenen Mittel haben sich nicht eingeführt. Die Nachbehandlung des Gewebes besteht im Entchloren, Kochen mit Soda, Absäuern, Waschen, Trocknen und Appretiren.

Je nach der Art der späteren Verwendung der Stoffe kann das angedeutete Verfahren abgekürzt werden. Die vollständigste Bleiche, wie sie unten beschrieben wird, ist die Druckbleiche, für Waaren, die später bedruckt werden sollen, zu welchem Zweck die Faser nahezu chemisch rein sein muss.

Fast den gleichen Bleichgrad muss die Waare erhalten, die weiss bleiben soll, was als Marktbleiche bezeichnet wird. Die Bleiche unterscheidet sich von der vorherigen dadurch, dass man das Bäuchen oder Kochen mit Harzseife unterlässt und dass man ferner vor dem Trocknen das Gewebe durch Ultraminzusatz anbläut, um den gelblichen Stich der Ware aufzuheben und ein schönes Weiss zu erzeugen.

Soll aber die Ware später gefärbt werden, so wird das erwähnte Bleichverfahren unter Umständen ganz erheblich abgekürzt. Bei Küpen- und Schwarzfärberei, wie überhaupt bei dunklen Farben begnügt man sich oft mit blossem Waschen der Gewebe, in andern Fällen wird nur ein kochendes Sodabad oder verdünnte Natronlauge zum Reinigen der Gewebe angewandt. Bei Türkischroth nimmt man eine sogenannte Halbbleiche vor, die aus folgenden Verrichtungen besteht: Waschen,

Kochen in Wasser, Bäuchen mit Soda oder Kalk oder
Natronlauge, Absäuern mit Schwefelsäure von 1,5⁰Bé,
sorgfältiges Auswaschen u. Trocknen. Sollen jedoch ganz
helle Farben, wie dies bei Futterstoffen beispielsweise
oft vorkommt, aufgefärbt werden, so wird eine Vollbleiche vorgenommen, die im Wesentlichen mit der
Druckbleiche übereinstimmt.

Vorbereitung zum Bleichen.
1. Stempeln und Zusammenheften.

Um jedes Stück nach dem Bleichen wieder zu erkennen,
wird dasselbe mittelst eines Locheisens oder eines hölzernen Stempels, auf welchem Buchstaben oder Zeichen

Fig. 24. Heftmaschine.

eingeschnitten sind, an beiden Enden gezeichnet. Als
Stempelfarbe bedient man sich des Steinkohlentheers
oder einer Lösung von Steinkohlenpech oder Kautschuk
und Lampenruss in Terpentinöl. Die Farbe lässt sich
später durch starkes Reiben und Waschen mit Seife
wieder entfernen. Feinere Gewebe werden durch Ein-
nähen von farbigen, nicht bleichenden Fäden oder mit einer

Lösung von salpetersaurem Silber, die mit Gummi verdickt ist, gezeichnet. Die betreffende Stelle wird in letzterem Falle vorher mit Sodalösung getränkt und getrocknet.[1]

Nach Grösse und Inhalt der Bleichkessel werden dann 50—100 Stücke zu je 100 m Länge zusammengenäht, für welchen Zweck eine besonders construirte Näh- oder Heftmaschine häufig gebraucht wird.

Eine solche Heftmaschine (C. H. Weissbach, Chemnitz etc.) besteht aus einem eisernen Gestell, in welchen 2 Zahnräder mit eingedrehten Näthen zur Faltenbildung eingelagert sind. Eine bewegliche Nadel dient zum Einziehen des Heftfadens. Die Maschine wird durch eine kleine Kurbel bewegt. (Fig. 24.)

2. Das Sengen.

Das Sengen oder Flämmen bezweckt den Flaum, das sind die Härchen, die auf der Oberfläche des Gewebes ruhen und der gleichmässigen Befestigung der Beizen und Farben hinderlich sein würden, zu entfernen. Nach der ältern Methode geschieht dies in der Weise, dass man die Waare mittelst einer Walze, die sich gleichförmig schnell über eine fast halbkreisförmig gebogene und glühend erhaltene Platte (Plattensengerei) oder über einen gusseisernen sich langsam umdrehenden glühenden, kupfernen Cylinder (Cylindersengerei) gehen lässt. Während man die Plattensenge sowie Cylindersengen noch vielfach für schwere und dicke Stoffe anwendet, braucht man in neuerer Zeit für alle Gewebe, besonders aber für dünne, leichte Gewebe, die Gassengemaschine, bei welcher die Fäserchen durch nichtleuchtende Oel-, Alkohol- oder Gasflämmchen abge-

---

[1] Muspratt, techn. Chemie, Bd. I, S. 1783.

sengt und entfernt werden (Gassengerei). Das Sengen mit hocherhitzter Luft hat sich nicht eingeführt. Ganz verlassen ist die Stabsengerei, bei welcher ein Eisenstab erhitzt und in einen besonderen Apparat eingelegt wurde, der Vorrichtungen besass, das Gewebe über die Fläche fortzuziehen.

Plattensenge (Zittauer Maschinenfabrik etc.). Den Haupttheil bildet ein kupfernes Cylindersegment, welches in die Mitte eines gemauerten Ofens eingesetzt und glühend gemacht wird. Mittelst rotirender Walzen wird das Gewebe sehr schnell über die glühenden Platten weggeführt. (Fig. 25). An den Anfang der Walzen ist zunächst ein Mitläufertuch, ein Stück Leinen befestigt, dann erst folgt das Gewebe. Durch eine angebrachte Vorrichtung wird das Gewebe auf das glühende Cylindersegment herabgedrückt und in demselben Augenblick setzen sich die Walzen in Bewegung. Dieselbe Vorrichtung zum Niederdrücken des Gewebes wird auch beim etwaigen Stillstellen, zum raschen Aufheben der Waare benutzt. Da die Gewebe beim Sengen rauchen und Dampf verbreiten, so ist für zweckmässige Ableitung der Gase vorgesorgt. Um die Faser gut emporgerichtet zur Platte zu bringen, schaltet man Bürstenwalzen ein, welche die Fäserchen aufrichten und aufbürsten. Bevor die gesengte Waare aufgerollt wird, läuft sie auf eine kleine, in Wasser rotirende Walze oder durch einen mit Dampf gefüllten Kasten, wodurch alle Funken rasch verlöscht werden. Es ist ein Haupterforderniss für den Betrieb, die Platten stets in genügender Hitze zu erhalten, indem dieselben durch die darüber geführten Stücke rasch sich abkühlen.

Cylindersenge: Der Halbcylinder oder die Platte ist ersetzt durch eine Eisen- beziehungsweise Kupfer-

Fig. 25. Plattensenge.

walze, die halb in Feuer liegend, langsam sich umdreht und eine glühende Hälfte über die Ofendecke heraushebt.

Gassenge (C. Hummel, Berlin N., C. H. Weissbach, Chemnitz etc.). Das zu sengende Zeug wird von
einer Rolle abgewickelt, läuft über verschiedene Leitrollen hinweg, worauf es mit der Sengvorrichtung
in Berührung kommt. Diese besteht aus einer Anzahl Gasbrenner, welche auf einem horizontalen Gas-
rohr sich befinden und so aneinander sitzen, dass beim
Entzünden das beim Oeffnen des Hahnes entströmende
Gas nur eine einzige, in horizontaler Linie regelmässig

Fig. 26. Gassengemaschine.

fortlaufende Flamme bildet. Das Gewebe wird nun
gegen ein Abstreichmesser gedrückt oder passirt einen
eisernen Kasten mit feuchtem Dampf und wird dann
durch zwei Walzenpaare hindurchgezogen, wobei die
etwa weiter glimmenden Zeugfäserchen auslöschen. Sodann gelangt das Gewebe wiederum auf eine Reihe
Leitrollen, um aufgewunden zu werden. Das zur Ver-

wendung kommende Gas, mag es Steinkohlengas oder
Oelgas sein, wird mit comprimirter Luft, durch ein Roots
Gebläse erzeugt, gemischt, wodurch der Gasverbrauch bedeutend vermindert und eine nicht leuchtende russfreie
Flamme erhalten wird. Die Leitwalzen werden durch
beständigen Wasserzufluss kühl gehalten, um ein Heiss-
werden der Waare zu vermeiden. Die verschiedenen
Gassengen sind nach ihrer Verwendung mit einer, zwei
oder vier Brennerreihen versehen, je nachdem das Gewebe auf einer Seite, auf beiden Seiten oder wiederholt
gesengt werden soll. Für Woll- und Halbwollgewebe
dienen die Sengen mit einer Reihe Brenner, während
feinere Baumwollwaaren, die bedruckt werden sollen,
wiederholt gesengt werden. Die Gassenge ist die prak-
tischste Vorrichtung zur Entfernung der Fäserchen.

3. Das Einweichen, Entschlichten und Waschen.

Zur Erzielung eines guten Bleicherfolgs müssen die
Gewebe zunächst sorgfältig genetzt werden, um die
Weberschlichte zum Theil zu entfernen. Die Waare gelangt nach dem Sengen in grosse Einweichbottiche oder
Ständer, in welche sie eingezogen und mit Füssen eingestampft wird. Etwa 30 cm über dem Boden befindet
sich ein Lattenrost, unter welchem sich die Einweich-
flüssigkeit sammeln kann, um durch eine Centrifugalpumpe wieder nach oben gepumpt zu werden. Ebenso
ist das Gewebe von oben durch einen durchlöcherten
Boden, der festgespannt wird, bedeckt. Die Flüssigkeit
muss die Stücke vollständig überdecken. Durch Einleiten von Dampf wird sie allmählich auf die Temperatur von 35—40° C. gebracht. Innerhalb 36 Stunden

tritt je nach dem Klebergehalt der Schlichte eine Gährung und damit ein Lösen der Schlichte ein. Man darf
die Gährung nicht zu lange fortsetzen, da sonst beim
Uebertritt in die saure Gährung das Gewebe angegriffen und zerstört wird. Zur vollständigen Gährung
genügen im Sommer durchschnittlich 3 Tage, im Winter
4 bis 5 Tage. Nach der Gährung werden die Gewebe gründlich gewaschen. Aber nicht alle Gewebe
brauchen entschlichtet zu werden. Es richtet sich dies
nach dem Grade der Verunreinigung, nach Maassgabe
der früher zugesetzten Schlichte, sowie nach dem End-
zweck, zu welchem die Stoffe verwendet werden sollen.
Viele Bleicher erachten die eintretende Gährung überhaupt für schädlich für die Haltbarkeit des Gewebes und
ziehen ein wiederholtes Bleichen vor. Im allgemeinen
ist man daher dazu übergegangen, gleich nach dem
Sengen das Waschen folgen zu lassen.

Zum Waschen dienen verschiedene Constructionen.
Als die einfachsten, aber auch mit geringster Leistungsfähigkeit, sind die Waschräder zu nennen, die indessen nur
noch zum Waschen feinerer Stoffe dienen, verdrängt
durch die weniger Raum einnehmenden und mit
grösserer Leistungsfähigkeit arbeitenden Walzenwaschmaschinen, welche besonders für die ordinären Gewebe
gebraucht werden. Daneben in Anwendung ist dann
noch die Stampf- und Hammerwaschmaschine.

Waschrad: Das Waschrad besteht aus einer
Trommel von 2 m Durchmesser und $^3/_4$ m Tiefe und
wird durch die Hand oder durch Transmission in Umdrehung versetzt. Durch zwei unter einem rechten
Winkel sich kreuzende Metallsiebe oder durch durchlöcherte Bretterwände ist die Trommel in 4 Theile ge-

theilt. Auf der Vorderseite befinden sich 4 runde oder ovale Oeffnungen, in welche die Stücke eingetragen werden. In jedes Abtheil kommen 1—2 Stück. Auf

Fig. 28. Waschrad.

der Rückseite der Trommel befindet sich für jedes Abtheil ein kreisförmiger Ausschnitt mit Messingstäbchen verschlossen, damit die Waare nicht herausfallen kann.

Auch sind im Umkreise kleine Oeffnungen angebracht. In das Waschrad fliesst fortwährend Wasser, das unten wieder abläuft. Die Bewegung des Rades darf keine zu schnelle, aber auch keine zu langsame sein. Im letzteren Falle gleiten die Stoffe von einer Siebplatte zur andern und geht die Bewegung zu schnell, so wird die Waare durch die Centrifugalkraft an die Peripherie des Rades getrieben und bleibt hier liegen. Wenn jedoch die Geschwindigkeit zutreffend regulirt worden ist, so wird die Waare durch das fortwährende Hin- und Herwerfen binnen 15—20 Stunden vollständig gereinigt. Die Trommel soll etwa 20 Umdrehungen in der Minute machen. Die beanspruchte Zeitdauer für das Waschen ist indessen zu gross, so dass man, wie erwähnt, zu anderen Systemen überging.

Walzenwaschmaschine, Clapotständer. Das zu einem endlosen Bande zusammengenähte Gewebe wird mehrere Male durch Wasser genommen, zwischen jedem neuen Spülen aber zwischen 2 Walzen gepresst, um durch die Reibung die Schmutztheile zu entfernen. Die Maschine besteht aus zwei Walzen, aus Tannenholz angefertigt, von 47 beziehungsweise 63 cm Durchmesser und 2,5 m Länge, über einem Wassertrog montirt, in welchem sich nahe am Boden eine dritte Walze befindet. Zwei Ringe von Glas oder hartem Holz sind an den beiden Seiten der Maschine an beweglichen Haltern angebracht, nach deren Stellung das Zeug mit mehr oder weniger Spannung durch den Apparat gezogen wird. Zwei an jeder Seite befestigte Hebel drücken die obere Walze gegen die untere und je nach der Beschwerung dieser Hebel erleidet das Gewebe bei seinem Durchgang einen grössern oder geringern Druck. Der Lauf des Gewebes ist aus nachstehender Zeichnung ersichtlich.

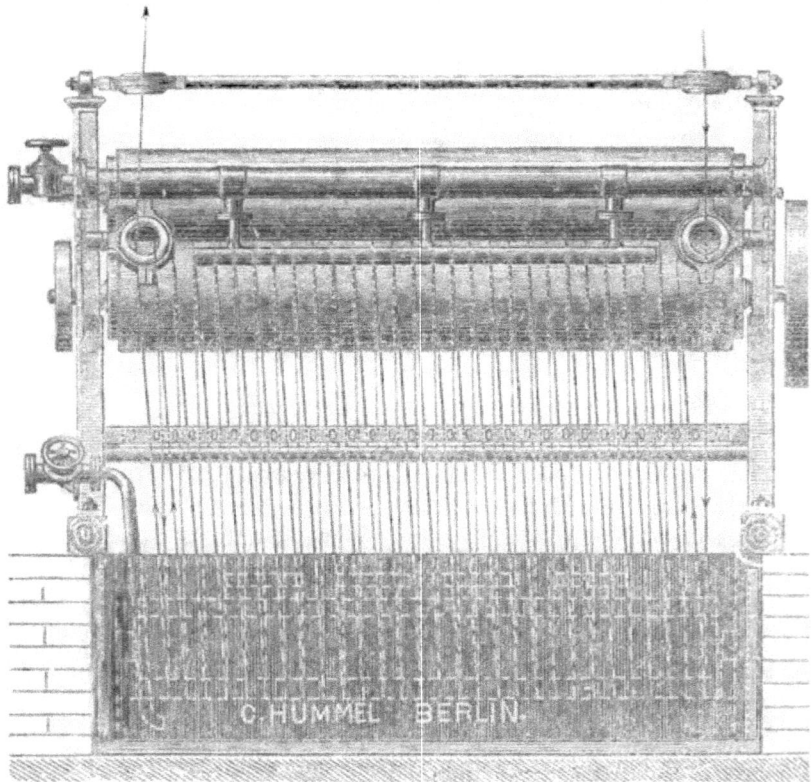

Fig. 29. Walzenwaschmaschine.

Continue - Waschmaschine (Welter). Dieselbe besteht aus 3 Stück sechskantiger Walzen von je 4 m Breite und 50 cm im höchsten Durchmesser aus Eichenholz. Zwei Walzen, nebeneinander in kurzem Abstand

montirt, drehen sich im obern Theile der Maschine,
während die dritte Walze sich unten, bis zu $^2/_3$ ihres
Durchmessers im Wasser bewegt. Das Zeug wird
nicht gestreckt, weil keine Pressung vorhanden ist,
ferner ist wenig Kraft erforderlich und die Falten der
Stränge werden vorzüglich geöffnet.

Waschmaschine mit viereckiger Schlag-

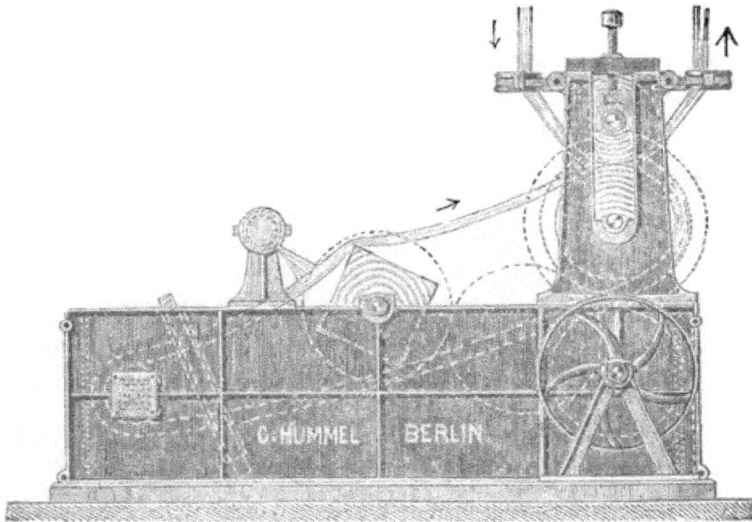

Fig. 30. Waschmaschine mit viereckiger Schlagwalze.

walze (Hummel), dient zum kräftigen Waschen und wird
meist nach Beendigung des Bleichverfahrens benutzt. Die
Stränge werden zwischen 2 Holzwalzen ausgequetscht
und laufen lose über den Haspel im Wasserkasten. In
der Waschmaschine geschieht das Ausquetschen meist
nur durch 2 Rollen. Die in der Mitte der Maschine
angebrachte viereckige Schlagwalze wird durch Räder

betrieben. In der Nähe, etwas über dem Waschkasten
sich erhebend, befindet sich das Spritzrohr zum Ausspülen der Strähne und Zuführen von reinem Wasser.
Ein Rechen dient zur Führung der Strähne. Wegen
des grossen Kraftverbrauchs werden diese Maschinen
häufig durch eigenen Motor betrieben.

Strangwaschmaschine (Weissbach, Haubold etc.).

Fig. 31. Strangwaschmaschine.

Weicht wenig von der beschriebenen Walzenwaschmaschine ab. Sie besteht ebenfalls aus 2 hölzernen Waschwalzen, wovon die obere festgelagert ist, während die

untere durch Doppelhebeldruck an die obere gepresst
wird. Ueber diesen Walzen befinden sich noch 2 Paar
auf schmiedeeisernen Wellen befestigte hölzerne Quetschwalzen, welche durch Schrauben und Hebeldruck gegen-
einander gepresst werden und durch die mittelst Por-
zellanringen der Strang ein- und ausgeführt wird. Um
ein ungleichmässiges Abnutzen der Waschwalzen zu verhindern, ist die Maschine mit einem hin- und herbewe-
genden Strangführungsgitter versehen, durch welche
Einrichtung der Waarenstrang beständig den Umfang
der Walzen wechselt. Gleichzeitig verhindert aber dieses
auch eine Knotenbildung im Strang und falls solche
doch einmal vorkommt, rückt die Maschine sofort
selbstthätig aus. In dem unter den Walzen angebrachten
Wasserbottich befindet sich keine weitere Walze, jedoch
ein Spritzrohr zum Abspülen des Stranges.

Rollenwaschmaschine mit Gegenströmung des

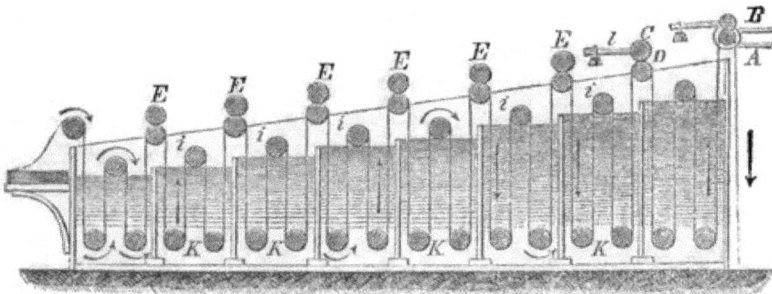

Fig. 32. Rollenwaschmaschine.

Wassers gegen den Gang des Gewebes. Wird nur für
Waaren gebraucht, welche eine sanfte Behandlung erfordern. Ein Wassertrog ist durch Scheidewände, welche

von oben nach unten immer niedriger werden, in 6 bis 10 Abtheile getrennt. In jedem Abtheil befinden sich 2 Walzen nahe am Boden und eine in der Höhe der Scheidewand. Ueber jeder Scheidewand sind 2 Presswalzen oder Quetschwalzen angebracht. In den grössten Behälter fliesst ununterbrochen ein Wasserstrom, während das Gewebe am entgegengesetzten Ende in die Maschine eingeführt, also dem Laufe des Wassers entgegengesetzt, seinen Weg durch die Maschine, über die angeführten Leitrollen und die Quetschwalzenpaare hindurch, nimmt. Diese Maschine, von Bentley 1828 zuerst angegeben, erfuhr vielfache Umgestaltungen. Richardson ersetzte 1851 die Cylinderrollen durch Rollen von quadratischem Querschnitt. Eine besondere Nachahmung und Anwendung erfuhr sie für Stückfärbezwecke (Breitwasch- und Färbemaschine der Zittauer Maschinenfabrik, Hummel, Hauboldt u. A.).

Breitwaschmaschine (Fr. Gebauer. D. R.-P. Nr. 36417). Der Stoff wird über Leitwalzen und Haspeln durch mehrere Wasch- und Spülkästen geleitet, in welchen von rotirenden Centrifugalwaschkörpern sehr energisch ein Wasser- oder Laugenstrahl eingeschleudert wird, der schnell den ganzen Stoff in allen seinen Theilen durchdringt und alle löslichen und unlöslichen Unreinigkeiten mit sich fort in den unteren Theil des Waschkastens, aus welchem die Flotte direct abfliesst, nimmt. Nach Erforderniss ist der Apparat noch mit einem Spülkasten mit oder ohne Schläger versehen. Die Maschine eignet sich als Waschmaschine für alle Gewebe und im besonderen für schwere Baumwollgewebe. (Siehe Fig. 34 auf Tafel II.)

Der Centrifugalwaschkörper ist mit zwei oder mehr

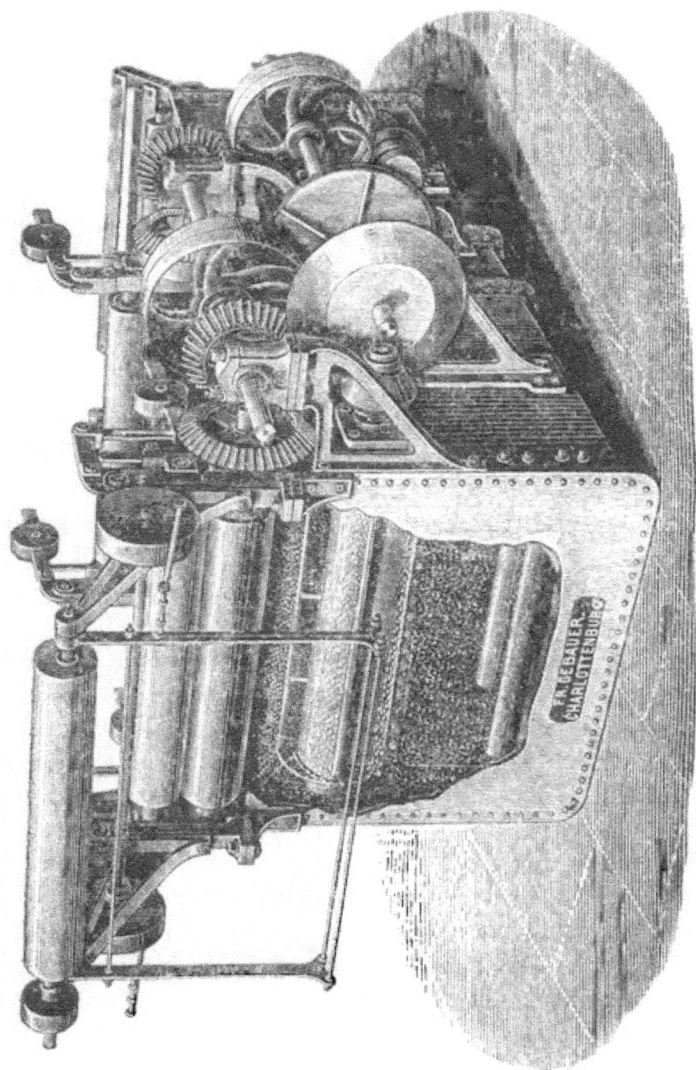

Fig. 33. Breitwaschmaschine.

gekrümmten oder geraden hohlen Flügeln versehen,
die entweder schraubengangförmig oder parallel zur
Achse auf demselben stehen können und ihrer ganzen
Länge nach eine schmale schlitzförmige Oeffnung haben.
Durch die infolge der Centrifugalkraft mit grosser Ge-
walt herausgeschleuderten Flüssigkeitsmassen entsteht
im Hohlraum des Rotationskörpers eine Luftleere, wodurch die benöthigte Flotte durch den Apparat selbst
angesaugt wird. Hierdurch bietet derselbe den Vortheil, ohne Hochreservoir und ohne Pumpe etc. nur
durch Anschluss des Saugrohres an denselben Kasten,
die Flotte fortwährend circuliren zu lassen.

Breitwaschmaschine (Welter) ist der vorstehen-
den Waschmaschine ähnlich. Da dieselbe besonders in
Färbereien und Druckereien angewandt wird, so folgt
Zeichnung und Beschreibung im dritten Theile dieses
Werkes.

Stampf- und Hammerwaschmaschine. Um
den Walzenwaschmaschinen eine intensivere Wirkung
zu geben, verbindet man sie mit Hammer- und Press-
vorrichtungen. Man erhält eine gründlichere Reinigung
und ein leichtes Verfilzen oder Verdichten des Stoffes,
wie dies z. B. bei halbwollenen Kleiderstoffen, Kamm-
wollstoffen, leichten Streichwollstoffen, dichten Baum-
woll- und Leinenstoffen verlangt wird. Die sogenannten
Baumwoll- und Leinenwalken sind mit Hämmern beziehungsweise Stampfen ausgerüstet und lediglich Waschmaschinen. Zuerst wurden sie in der Schweiz, bald
auch in Schottland in Anwendung gebracht, weshalb
man sie Schweizer Walken oder Irische Waschhämmer nennt. Auf die im Walkloch packetartig zu-
sammengelegte Waare, auf die fortwährend Wasser

fliesst, wirken die Waschhämmer durch Schlagen, wodurch die in Wasser gelösten Unreinigkeiten entfernt

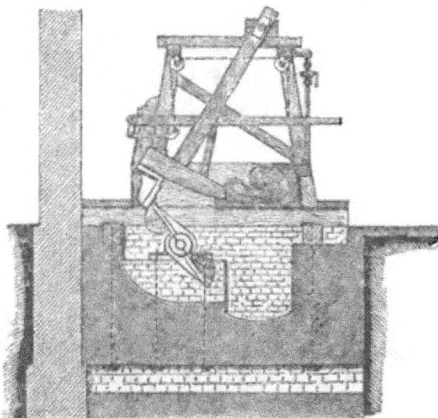

Fig. 35. Stampf- und Hammerwaschmaschine.

werden. Bei der Stampfwaschmaschine wirken abwechselnd 4—6 schwere Holzstampfen auf die auf der Waschtafel gelagerten Gewebe.

4. Das Bäuchen mit Kalklauge oder Kalken.

Die Stücke werden durch gesiebte Kalkmilch, bereitet durch Löschen von frisch gebranntem Kalk mit Wasser, gezogen. Bei feinern Geweben nimmt man 3 %, bei gröbern 5—7 % Kalk vom Gewicht der Waare. Das Durchnehmen der Waare wird in der Kalkpassirmaschine, die der oben beschriebenen Clapotwaschmaschine gleicht, vorgenommen. Für 2000 kg Waare nimmt man 60 kg Kalk, die in 2000 Liter Wasser gelöst werden. Zwischen den Walzen von 1,5 m Breite und einem Durchmesser von 400 beziehungsweise

350 mm, gehen die Gewebe in mehreren Strängen hindurch. Die Lösung wird zum Theil von der Waare
aufgenommen. Besondere Maschinenconstructionen zum
Kalken wie auch zum Chloren, Säuren und Waschen
des Gewebes in Strangform sind folgende:

　　Chlor-Kalk- und Säuremaschine. (Haubold, Gebauer, Weissbach, Welter.) Die Haubold'sche Maschine

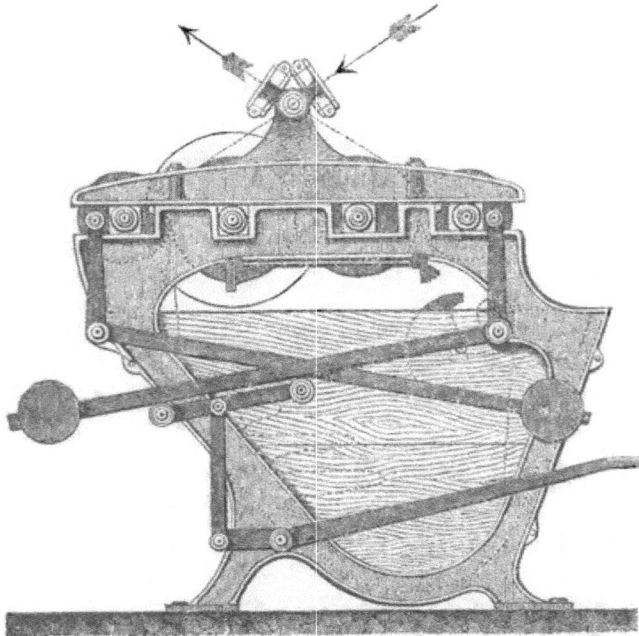

Fig. 36. Chlor-Kalk- und Säuremaschine. (Haubold.) Seitenansicht.

besteht aus starkem Eisengestell mit vier wagerecht gelagerten Holzwalzen, wovon eine festgelagert ist und
den Antrieb erhält. Die beiden mittleren Walzen haben

400 mm, die beiden äusseren je 300 mm Durchmesser und erhalten die letzteren Druck durch Hebel mit Ge-

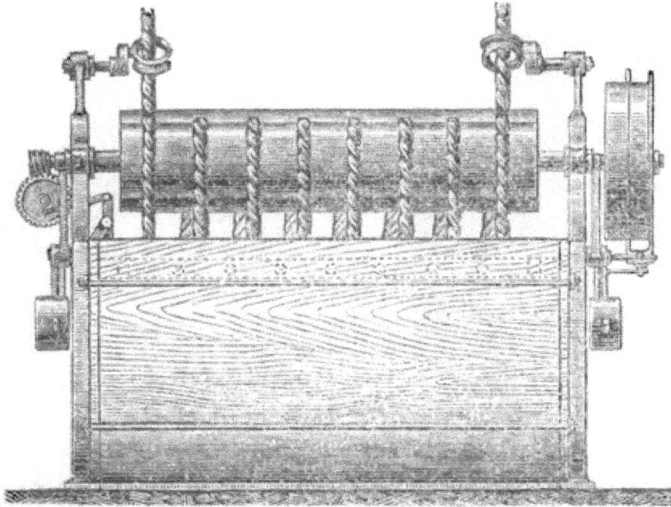

Fig. 37. Chlor-Kalk- und Säuremaschine. (Haubold.)

Fig. 38. Chlor-Kalk- und Säuremaschine. (Weissbach.)

wichtsbelastung. Bei der Gebauerschen Maschine sind nur 3 Walzen nebeneinandergelagert, bei der Weiss-

bachschen liegen 2 Walzen nebeneinander, die mit
einem gemeinschaftlichen Doppelhebel gegen eine starke
Stockholzcentralwalze, auf welcher noch eine Quetschwalze liegt, angedrückt wird. Welter hat zwei Walzen
untereinander konstruirt.

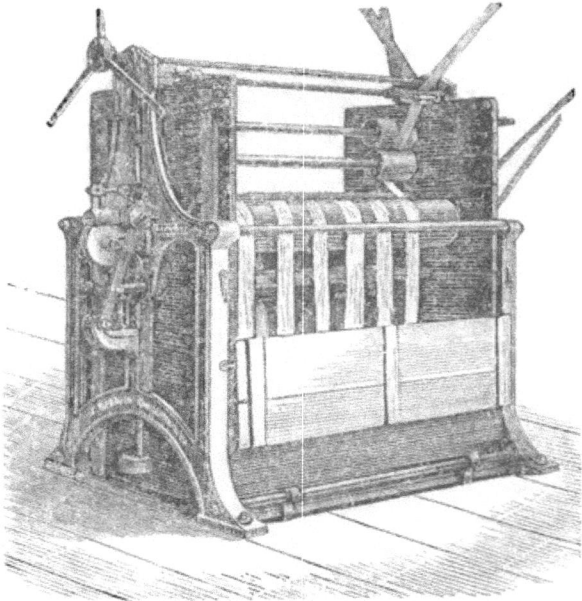

Fig. 39. Chlor-Kalk- und Säuremaschine. (Gebauer.)

Es wird bei diesen Maschinen ein gleichmässiges
Quetschen des Stranges und ein ganz gleiches Imprägniren bei grosser Leistungsfähigkeit bewirkt. Die Belastung kann durch Hebel sofort aufgehoben werden,
wodurch sich auch gleichzeitig die Walzen von einander entfernen. Die Stränge passiren, um gleichmässigen Abstand zu halten, ein Führungsgitter und werden

dabei beständig durch dieses hin- und herbew
durch ein ringförmiges Abnutzen der Walz...
schlossen ist. Bei eintretender Knotenbildung rückt die
Maschine von selbst aus.

Durch einen Haspel leitet man das Gewebe in einen
beziehungsweise zwei grosse Kessel, die Bäuchkessel,
deren Boden mit Gitterwerk von hölzernen Latten versehen und mit grober Sackleinwand überdeckt ist. Die
Waare wird mit den Füssen fest eingestampft und nachdem sie sämmtlich eingebracht ist, mit Packtuch bedeckt und mit eisernem Gitter verstemmt.

Moleskins werden auf hölzerne Rollen gewickelt in
den Kessel eingebracht.

Bäuchkesselsysteme:

Die zum Bäuchen dienenden Kessel sind verschiedentlich gebaut. Ausser Gebrauch gekommen sind,
diejenigen Apparate, welche direct durch Feuer geheizt werden, wobei die Stoffe stets in Berührung mit
der Flüssigkeit blieben und viel an Stärke einbüssten.
Es werden jetzt nur noch geschlossene Kessel
angewandt, bei denen das Bäuchen schneller und
leichter von statten geht. Die Bäuchflüssigkeiten
werden in einem besonderen Gefässe durch Dampf auf
die erforderliche Temperatur gebracht, dann über das
in einem zweiten Gefässe eingepresste Gewebe geleitet,
wo sie eine Zeitlang einwirken, um dann wieder in das
erste Gefäss, wo wieder die nötige Wärme zugeführt
wird, zurückgeführt zu werden. Die Hochdruckbleich-
apparate, wie sie nachstehend in Zeichnung und Beschreibung folgen, werden für 600, 300 und 150 Stück
oder bis zur Aufnahme von 3500 kg Gewebe gebaut.

Der Druck und die Zeitdauer des Kochens sind verschieden, je nach der Einrichtung der Bleicherei. Einige
arbeiten mit einem Druck von $2^1/_2$ Atmosphären, andere mit $3^1/_2$ wieder andere mit 0,75 Atmosphären. Bei
hohen Druck ist auch eine geringere Kochdauer zu
nehmen.

Pendlebury-Hochdruck-Bleichapparat. (Fig.
40.) Dieser Apparat besteht aus einem kleineren Siedekessel und einem grösseren Bäuchkessel, 400 cm
hoch und 250 cm Durchmesser, in welchen die Waare
eingebracht wird. Nach dem Einlegen der Waare wird
das Mannloch verschlossen, ein Auslasshahn geöffnet
und durch einen zweiten Hahn Dampf einströmen gelassen, der die Waare niederdrückt und alle Flüssigkeit,
wie auch alle atmosphärische Luft verdrängt. Nachdem der Auslasshahn etwa $^1/_2$ Stunde geöffnet, entweicht
Dampf, dann schliesst man den Hahn und beginnt mit
dem Einfüllen der Bäuchflüssigkeit, Kalkmilch oder
Harzseifenlösung, die in dem kleineren Kessel durch
directe Dampfeinführung zum Sieden gebracht worden ist. Ist alle Flüssigkeit des kleinen Kessels
hinübergedrückt, so wird der entsprechende Zuführungs-
hahn geschlossen und dann abermals Dampf in den
grösseren Kessel einströmen gelassen. Hat sich dann
nach einigen Minuten der Dampfdruck gesteigert, so
öffnet man einen andern Hahn, wodurch die Bäuchflüssigkeit in den kleinen Kessel wieder zurückgepresst
wird. Am kleinen Kessel muss selbstverständlich gleichzeitig ein Luftventil geöffnet werden, das zur gehörigen
Zeit wieder geschlossen wird. Von neuem wird die
Flüssigkeit mit directem Dampf erhitzt, um abermals
in den grossen Kessel gedrückt zu werden. Das Spiel

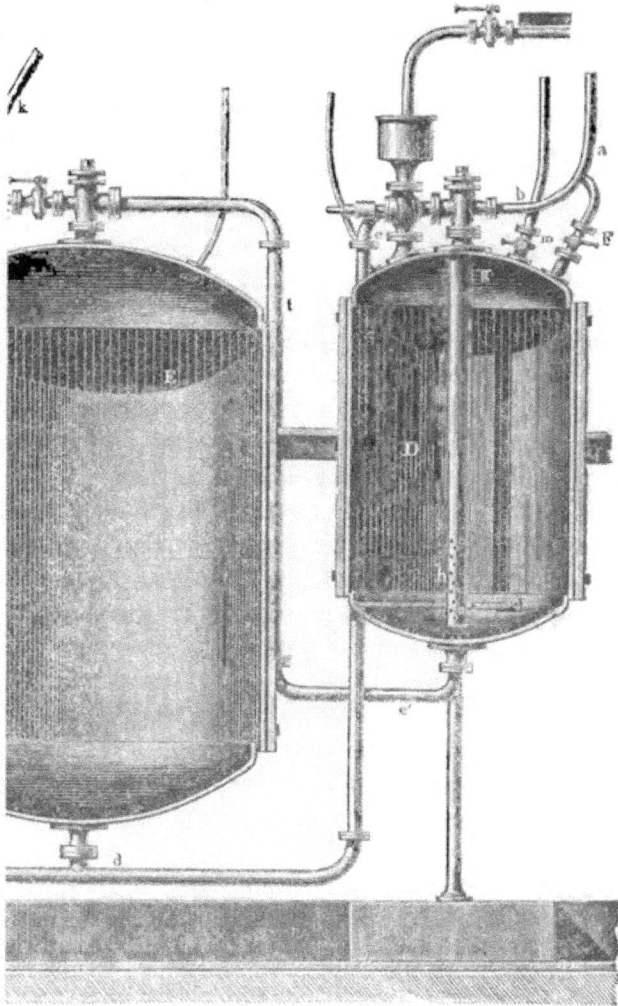

Fig. 40. Hochdruckapparat (Pendlebury.)

wiederholt sich etwa 4 Stunden lang, in welcher Zeit
die Waare hinlänglich ausgekocht wird. Man öffnet
hierauf einen Ablasshahn und nachdem der Dampf die
Flüssigkeit aus dem Bäuchkessel hinausgetrieben, lässt
man denselben noch einige Minuten durchblasen, sperrt
dann ab, öffnet den Lufthahn und sobald kein Druck
im Kessel mehr vorhanden, wird das Mannloch geöffnet,
die Waare mit kaltem Wasser abgekühlt und herausgenommen.

Barlow Hochdruckapparat. (Fig. 41.) Unterscheidet sich vom vorhergehenden System dadurch, dass hier
zwei Kessel vorhanden sind, in welche die Waare eingebracht wird. Die Kessel haben einen Durchmesser von
180 cm und eine Höhe von 300 cm. Die Füllung geschieht so, wie oben beschrieben und ruhen die Gewebe
auf einem schirmförmig gebogenen, am Boden des Cylinders befindlichem Bleche, welches rings an seinem
Umfange mit kleinen Ausschnitten versehen ist. Sind
beide Kessel gefüllt, so werden die beiden Mannlöcher
geschlossen, der Auslasshahn geöffnet und durch Oeffnen
eines andern Hahnes Dampf in einen Kessel eingelassen,
bis alle Flüssigkeit und atmosphärische Luft aus dem
Kessel verdrängt ist. Sobald beim Auslasshahn Dampf
entweicht, wird das Mannloch geöffnet und die Bleichflüssigkeit eingefüllt. Der Kessel darf nicht ganz gefüllt werden, damit die Flüssigkeit während des Kochens
hinreichend Raum zur Ausdehnung hat. Dann schliesst
man das Mannloch, öffnet den Dampfhahn und lässt
Dampf einströmen, um die Bäuchflüssigkeit zum
Kochen zu bringen. Sobald man genügend gekocht hat,
lässt man den Dampf in den anderen Kessel einströmen,
bis aus dem zu diesem Kessel gehörigen Ablass-

hahn ebenfalls Dampf ausströmt. Man lässt nunmehr die Bleichflüssigkeit des ersten Kessels in den

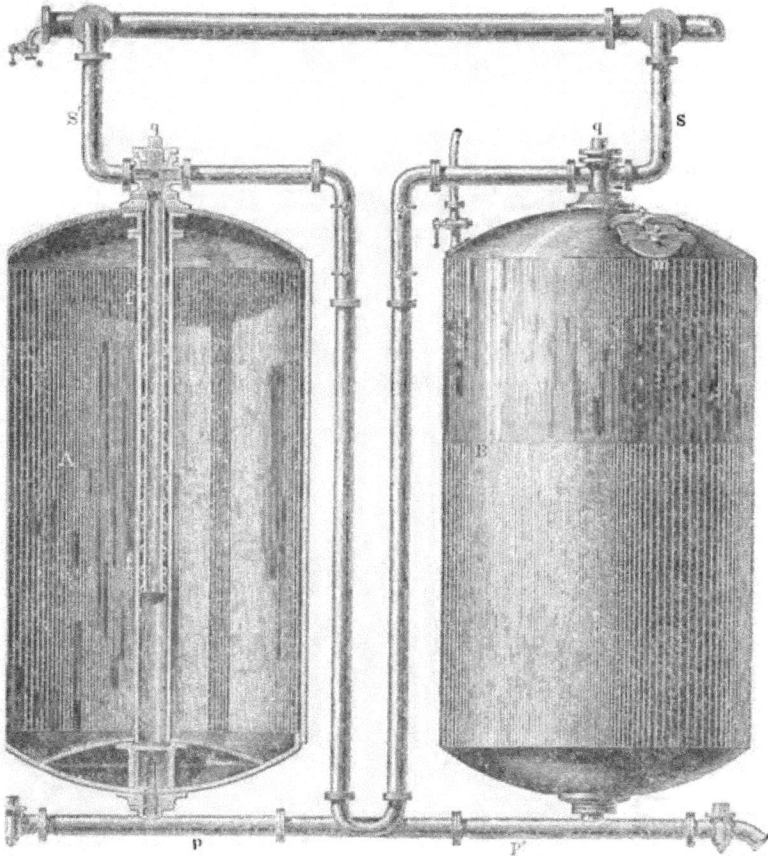

Fig. 41. Hochdruck-Bleichapparat. (Barlow.)

zweiten hinübersteigen und schliesst den Ablasshahn, sobald diesem Bleichflüssigkeit und nicht mehr Dampf ent-

Herzfeld, Färben und Bleichen. II.   8

weicht. Wenn alle Flüssigkeit hinübergedrückt worden
ist, wird wiederum Dampf in die Bäuchflüssigkeit geleitet, die Waare gut ausgekocht, dann jedoch die Flüssigkeit in den ersten Kessel zurückgeführt. Diese Verrichtungen wiederholen sich 3—4 Stunden lang, zuletzt wird
der Abflusshahn geöffnet und durch Dampf die Bäuchflüssigkeit abwechselnd aus beiden Kesseln entfernt und
weiter so verfahren wie oben beschrieben.

Pendlebury-Barlow Hochdruckapparat. (Fig.
42.) Dieser Hochdruckapparat bildet die Verschmelzung

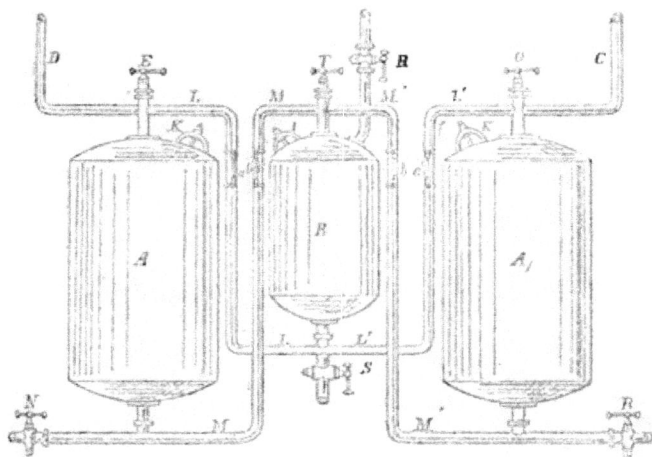

Fig. 42. Hochdruckapparat (Pendlebury-Barlow).

der beiden Vorgenannten, besteht demnach aus zwei
Kesseln und einem Siedekessel. Der Dampf tritt
in den Siedekessel ein und bringt die Bleichflüssigkeit
zum Kochen. Beide Kessel werden gefüllt. In den
einen Kessel wird Dampf eingelassen, bis Luft und

Wasser sich entfernt hat und der Abflusshahn Dampf entweichen lässt. Dann wird aus dem Siedekessel die Flüssigkeit hinübergedrückt und im Kessel selbst durch Dampf zum Kochen gebracht und hierauf in den Siedekessel zurückgeführt. Der Dampf wird nun auf den zweiten Kessel gestellt, um dort ebenfalls Luft und Wasser zu vertreiben, bis der entsprechende Abflusshahn auch hier Dampf anzeigt. Die Bäuchflüssigkeit wird dann in diesen Kessel gedrückt, hier ebenfalls ins Kochen gebracht, um nach kurzer Zeit wieder in den Siedekessel zurückbefördert zu werden. Die wechselnden Verrichtungen werden 4—5 Stunden wiederholt. Das System gewährt eine Ersparniss an Zeit. Während die Waare in dem einen Kessel ausgedämpft wird, kann sie in dem andern ausgekocht werden.

Revolvirender Apparat zum Bleichen, Kochen etc. (Gebauer, D. R.-P. Nr. 47567.) Der Apparat besteht aus einer Anzahl Bleichkessel, die nacheinander gefüllt oder entleert werden können, ohne dass der Betrieb der übrigen eingeschalteten Apparate unterbrochen wird. Die einzelnen Kessel haben nur einen Inhalt für 4—500 kg Waare, wodurch eine geringere Behandlungsdauer und ein ununterbrochener Betrieb erzielt wird. Die Kessel sind auf einer gemeinsamen Drehscheibe angeordnet und besitzen eine gemeinsame Dampf- und Brunnenrohrleitung. In der letzteren ist eine Centrifugalpumpe eingeschaltet, die den Kreislauf der Lauge durch den Kesselinhalt bewirkt.

Hochdruckkessel nach Scheurer-Rott (Weissbach, Pornitz etc.). Ein auf 3 starken, gusseisernen Füssen ruhender, cylindrischer Kessel. Der gewölbte Deckel enthält seitwärts oder in der Mitte das Mann-

loch zum Einlegen der Waare. Im letzteren Falle ist
das Mannloch mit Charnier zum Umklappen eingerichtet. Am Boden befindet sich ein aus mehreren
Theilen zusammengesetzter Siebboden aus Gusseisen.
Die Ausrüstung des Kessels besteht in Sicherheits-

Fig. 43. Hochdruckkochkessel mit Dampfstrahlgebläse
und selbstthätigem Uebergiessapparat.

ventil, Manometer, Probirhähnen, Wasserablasshahn,
Circulationshahn, Speiseventil und Dampfzuleitungs-
ventil. Die Bäuchflüssigkeit wird durch ein in
einem ausserhalb des Kessels angebrachten Rohrsystem
eingeschaltetes Dampfstrahlgebläse oder durch eine

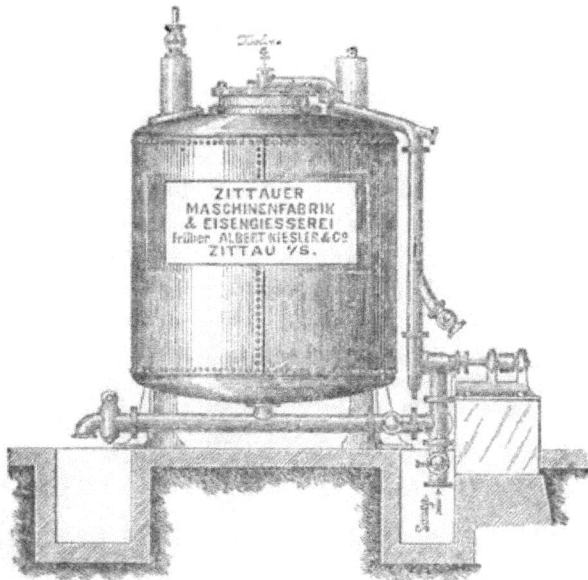

Fig. 44. Hochdruckkessel mit Centrifugalpumpe.

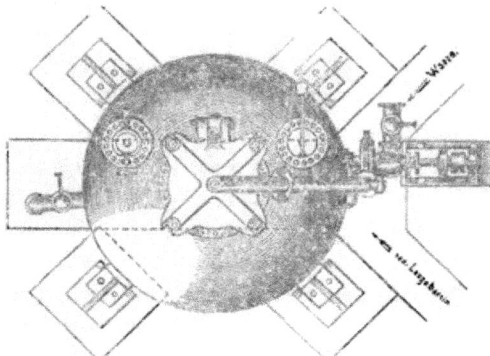

Fig. 45. Hochdruckkessel (Ansicht von oben).

Centrifugalpumpe aus dem untern Theil des Kessels abgesaugt, durch den Dampfstrahl gleichzeitig erwärmt und durch ein kleines Reactionsrad oder Turbine, die im Verschlussdeckel drehbar angeordnet ist, gleichmässig über die Waare ausgebreitet. Die Achse der Turbine ist nach aussen verlängert und mit einem kleinen Flügel-arm versehen, an dessen Drehung die gleichmässige Vertheilung beobachtet werden kann. Nach beendetem Kochen wird bei geöffnetem Abflusshahn das Kaltwasser-zuflussrohr geöffnet und die gekochte Waare gespült und abgekühlt.

Für 600—3500 Pfund Fassung erhalten die Kessel 130—210 cm Durchmesser und 180—300 cm Höhe.

Hochdruckkessel mit direct wirkender Dampfschlange und äusserem Flüssigkeits-Kreis-lauf. (Zittauer Maschinenfabrik, Haubold, Weissbach, Pornitz etc.). Der schmiedeeiserne Cylinderkessel enthält einen Siebboden, worunter sich ein mit Löchern versehenes Schlangenrohr zum Einlassen des Dampfes befindet. Aus dem Raume unterhalb des Siebbodens führen an der äussern Kesselwand drei Rohre aufwärts und münden unterhalb des Deckels des Kessels, so dass die erwärmte Bäuchflüssigkeit immer wieder oben aufgegeben wird. Bei Eintritt der Kochung wird das Dampfventil des Schlangenrohres geschlossen. Die Aufsteigröhren ent-halten unten noch Ventile für die Zuführung directen Dampfes. Die Bäuchflüssigkeit kann durch einen Ab-flusshahn nach beendigter Bäuche abgelassen werden. Der Deckel ist durch Keilbolzen oder durch Klemm-schrauben befestigt. Um ihn bequem abheben zu kön-nen, ist über dem Apparat ein Bügel mit Rollen ange-bracht, über welche mittelst Schneckenradvorgelege ein

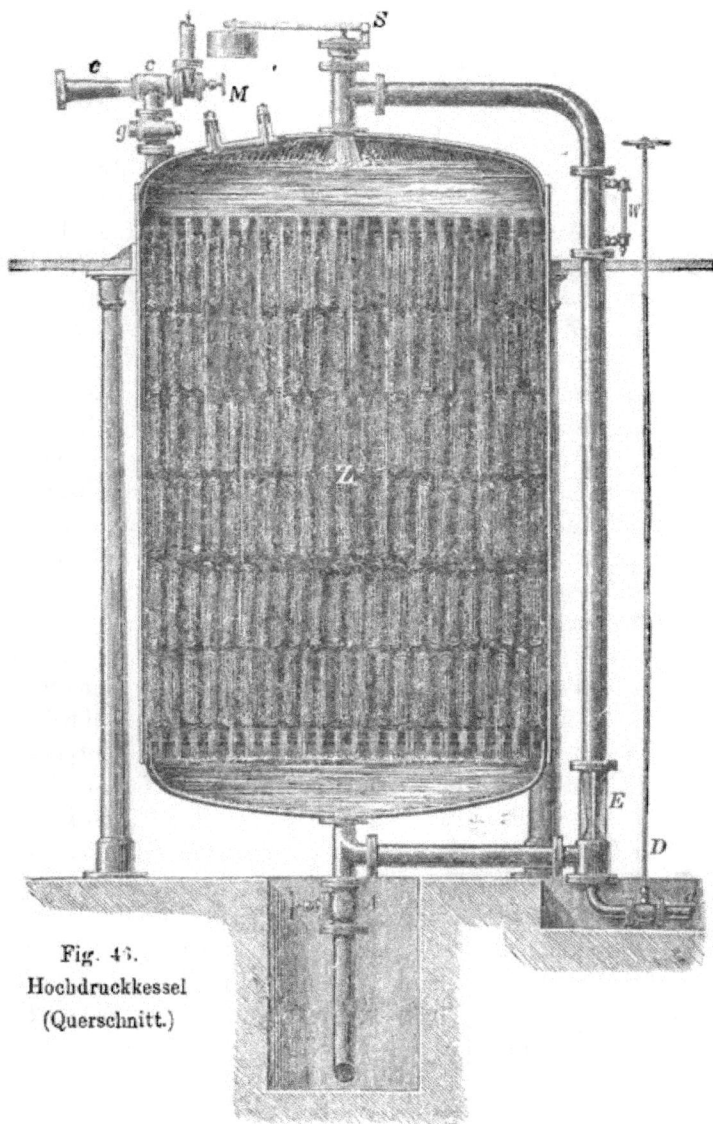

Fig. 46.
Hochdruckkessel
(Querschnitt.)

Kettenaufzug führt. Der Deckel trägt Sicherheitsventil, Manometer und Lufthahn und sind die innern Oeffnungen dieser Vorrichtungen durch Siebe gegen Verstopfung geschützt.

Hochdruckkessel mit geschlossener Dampfschlange und innerem Flüssigkeitskreislauf. (Zittauer Maschinenfabrik, Pornitz, Weissbach, Haubold.) Der cylindrische Kessel enthält einen gewölbten Boden, mit einem Steigrohr oder Brührohr in der Mitte und unten mit mehrtheiligem, gusseisernen Siebboden, auf welchem die Waare aufgeschichtet wird. Unter dem Siebboden liegt eine geschlossene Dampfschlange zum Kochen der Bleichflüssigkeit, die durch das Brührohr, welches mit Uebergussschirm versehen ist, aufsteigt, oben die Waare gleichmässig übergiesst und beim Erkalten an den Wänden des Kessels herabsinkt. Der Dampf tritt nicht direct zur Bäuchflüssigkeit, vermehrt dieselbe also nicht, sondern giebt seine Wärme durch Ausstrahlung an die Kochflüssigkeit ab. Das in der Schlange sich verdichtende Wasser wird durch den Condensationswasserableiter abgeführt. Zum bequemeren Einbringen der Waare ist der ganze Deckel abhebbar und kann durch Klauenschrauben wieder dicht befestigt werden. Der Deckel enthält Sicherheitsventil, Manometer und Lufthahn zum Ablassen der kalten Luft beim Beginn des Kochens, und zum Entweichen des Dampfes bei Beendigung.

Auch wird ein besonderes Dampfrohr mit Ventil in das Standrohr angebracht, um namentlich in der ersten Kochperiode direkten Dampf in die Lauge einströmen zu lassen. Gleichzeitig wird die Flüssigkeit von unten abgesaugt und in die Höhe getrieben.

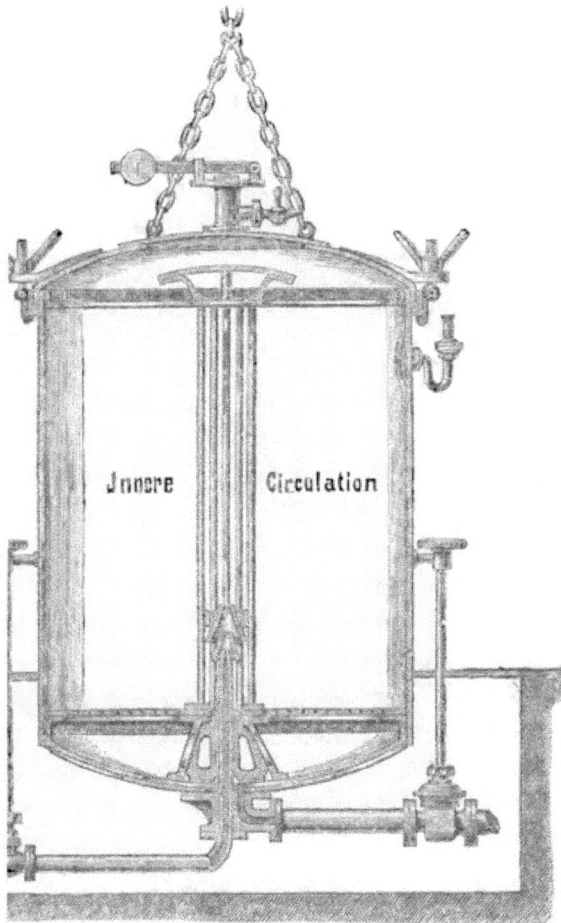

Hochdruckkessel mit innerem Flüssigkeitskreislauf.
(Querschnitt.)

Für 500—900 kg Fassung werden Kessel mit 110 bis 130 cm Durchmesser und 135—170 cm Höhe gebaut.

Hieran schliesst sich:

Hochdruckkessel, Waggonsystem (Haubold). Der Bäuchkessel besteht aus einem feststehenden Theil, nämlich Boden und Deckel, während der mittlere, cylindrisch geformte Theil aus Stahlblech durch 4 Rä-

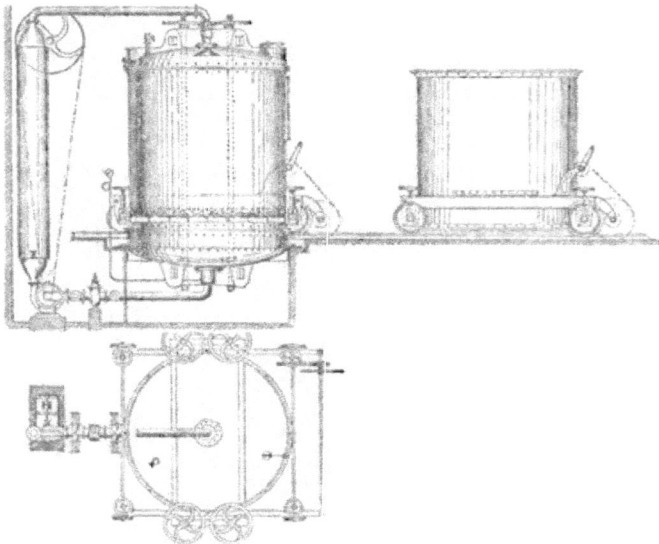

Fig. 48.   Hochdruckkessel, Waggonsystem.

der auf Schienen aus- und eingestossen werden kann. Die Waare ruht auf einem starken Siebboden des Mittelstückes oder des Wagens. Der Boden steht auf 4 starken Füssen, der Deckel auf 4 Säulen, die mit den Füssen verbunden sind und Schraubengewinde enthalten.

Der Deckel kann durch Drehung von Schrauben gehoben und gesenkt werden. Boden und Deckel sind mit einander durch eine Laugencirculationsvorrichtung verbunden, indem eine Centrifugalpumpe eingeschaltet ist, die die Bäuchflüssigkeit unter dem Siebboden weg, also durch das Gewebe, zieht. Im Boden liegt ein Schlangenrohr zur Erwärmung der Kochflüssigkeit. Der Dampf tritt auch hier nicht direct in die Lauge, vermehrt nicht das Quantum und verringert nicht die Stärke der Lauge durch Condensationswasser. Unter der Mündung des Laugenzuführungsrohres im Deckel des Kessels befindet sich ein kleines Reactionsrad als Laugenvertheiler, mit durchgeführter Achse und daran nach aussen befestigten Flügelarmen, um das stete Zufliessen der Flüssigkeit beobachten zu lassen. Am Deckel befinden sich Sicherheitsventil, Manometer und Luftventil und am Boden Laugenablasshahn.

Der innere Durchmesser des Waggons beträgt 0,9 bis 2,5 m bei einem Fassungsquantum von 300—1200 kg.

Vacuum-Bleichapparat (Pornitz. D. R.-P. Nr. 21388.) Der Apparat besteht aus Bleichkessel (Vacuum) und Luftpumpe, welche durch directen Dampf betrieben, dem Kessel die Luft entzieht und damit gleichzeitig die Bäuchflüssigkeiten oder auch Wasser zum Spülen aus den unterhalb des Apparates liegenden Behältern hebt. Der cylindrisch geformte Kessel ist gegen Säuren durch eine innere Bleiauskleidung geschützt. In geringer Höhe über dem Boden befindet sich ein Siebboden, welcher ein vollständiges Ablaufen der Flotte ermöglicht. Der Deckel ist mit Mannloch versehen und münden in denselben das Saugrohr der Luftpumpe und das Steigrohr der Flüssigkeit. Nach-

dem der Kessel gefüllt, tritt die Luftpumpe in Thätigkeit, um die Luft aus dem Cylinder zu saugen.   Den
Grad der Luftentziehung oder das Vacuum erkennt man
durch den angebrachten Vacuummeter.   Durch verschiedene Ventile kann abwechselnd Chlorkalklösung, Wasser oder Säure aus den Behältern gehoben
und von oben durch einen Trichter gleichmässig über die

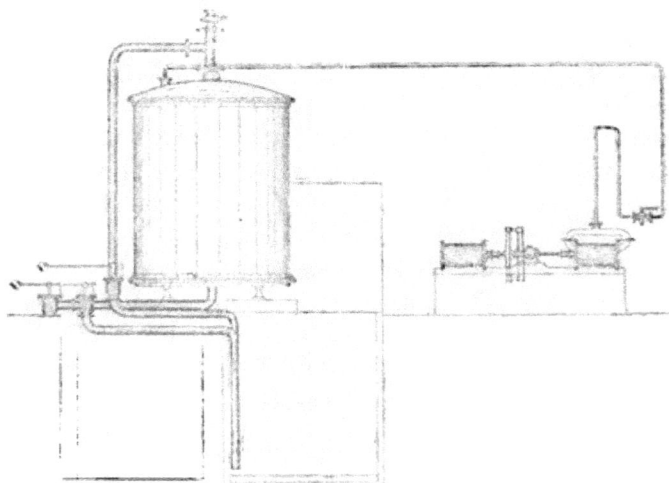

Fig. 49.   Vacuumbleichapparat.

Waare vertheilt werden.   Durch ein am Boden ange-
brachtes Rohr mit Ventil wird die Bleichflotte wieder
in die Behälter zurückgeleitet, während das Spülwasser
aus demselben Rohr, aber durch ein anderes an dessen
Ende befindliches Ventil in den Wasserabflusskanal abläuft.   Auf vorstehende Weise wird ein Kreislauf der

Bäuchflüssigkeit durch das Gewebe oder Garn mit Hülfe des Vacuums hervorgebracht, während das Bleichobject selbst unberührt während des ganzen Bleichprocesses im Kessel verbleibt, jeder Transport ganz wegfällt. —

Das Kochen des Bleichmaterials mit Kalklauge ist die wichtigste Operation der ganzen Bleiche und muss mit Sorgfalt ausgeführt werden. Bei den verschiedenen Systemen dauert, wie bemerkt, der Process nach der Waarengattung 6 — 12 Stunden bei 2 — 4 At. Druck. Man lässt dann die Kalklauge abfliessen, bringt frisches Wasser auf die Waare und wäscht schliesslich auf einer Waschmaschine fertig.

Durch das Bäuchen mit Kalk werden die Fette und Harze, die theils natürlich, theils auf sonstigem Wege in die Faser gelangt sind, die Faser einhüllen und sie für Bleichflüssigkeiten unzugänglich machen, entfernt. Es bilden sich durch Verseifen unlösliche Kalkseifen, die sich durch die nachfolgende Verrichtung des Säurens leicht zersetzen und durch Waschen mit Aetznatron u. s. w. entfernen lassen. Das Gewebe erscheint nach der Kalkkochung viel dunkler. Es ist dies indessen von geringer Bedeutung, da sich die Farbe sogleich und sehr leicht entfernen lässt.

Die gewaschene Waare geht sofort in die häufig gleich an oder neben der Waschmaschine befindliche Ausquetschmaschine oder Squeezer. (Weissbach, Hummel etc.). Die Gewebestränge passiren hierbei zwei Presswalzen, von denen die untere aus Messing, die obere aus Holz ist, von 30 cm Breite und 35 cm Durchmesser und die durch Schrauben und Hebeldruck auf einandergepresst werden und so den durchgehenden Strang ausquetschen. Es werden auch zwei elastische Walzen angebracht, die mit Cocosfasern oder Kattun überzogen werden, da Holz schnell unrund

Fig. 50. Ausquetschmaschine oder Squeezer.

wird, schlittert und ungleich presst. Der durchpassirende Strang läuft durch einen Porzellanring, welcher in einer Schiene gelagert ist und mit derselben hin-

und herbewegt wird, wodurch ein ungleichmässiges Abnutzen der Walzen verhütet wird. (S. auch Fig. 51, Taf. III.)

Die Maschine dient auch zum Ausquetschen von Garn in Kettform.

5. Das Säuren der Waaren.

Die Gewebe gelangen nun zur Säuremaschine, die dem zum Kalken oder Waschen gebrauchten Clapotständer gleich ist. Der Bottich wird mit Salzsäure von 2^0 Bé gefüllt, eine Säure, die der noch vielfach in einigen Bleichereien angewandten Schwefelsäure von gleicher Stärke nicht nur des Preises wegen vorzuziehen ist, sondern auch deshalb, weil der bei Verwendung von Schwefelsäure entstehende Niederschlag von schwefelsaurem Kalk nur schwer durch Waschen zu entfernen ist. Durch die Säure wird, wie oben erwähnt, die gebildete Kalkseife zersetzt. Die fettigen Bestandtheile werden von der folgenden Bäuche mit Harzlauge weggenommen. Ferner wird der nicht herausgewaschene Kalk gelöst. Nachdem die Waare durch das Säurebad gegangen ist, wird sie in hölzernen Kästen mit Gitterboden auf Haufen aufgehaspelt und $^1/_2$ Stunde ruhen gelassen. Ein längeres Liegen kann jedoch, je nach der Qualität des Stoffes, ein Mürbewerden mit sich bringen. Nach dem Liegen müssen die Stücke sorgfältig gewaschen werden, um von dem leicht löslichen Chlorcalcium befreit zu werden. Das Waschen geschieht auf einer der oben erwähnten Waschmaschinen.

Statt der Säuremaschine wird die Waare auch noch vielfach in einen Holzbottich eingelegt und gut beschwert, um dann von Säure aus einem andern Behälter übergossen zu werden. Nach Verlauf von 2 Stunden wird die

Säure wieder in den Behälter zurückgebracht, durch
Zufügen von Säuren wieder auf die richtige Concentration gebracht und dann noch 3—4 Mal aufgegossen
und abgelassen.

6. Das Bäuchen mit Natronlauge oder das Laugen.

Diese Verrichtung bezweckt, die freigewordenen Harz-
und Fettsäuren zu entfernen, zu welchem Behufe die
Waare wieder in die oben beschriebenen Bäuchkessel
gebracht wird. Die Waare wird in gleicher Weise eingebracht und bedeckt. Das Gewebe muss ganz von
Laugenflüssigkeit überdeckt sein. Die Bäuchflüssigkeit
wird in einem besonderen Gefässe zubereitet, beziehungsweise gekocht.

Kessel zum Vorbereiten der Lauge. (Welter.)

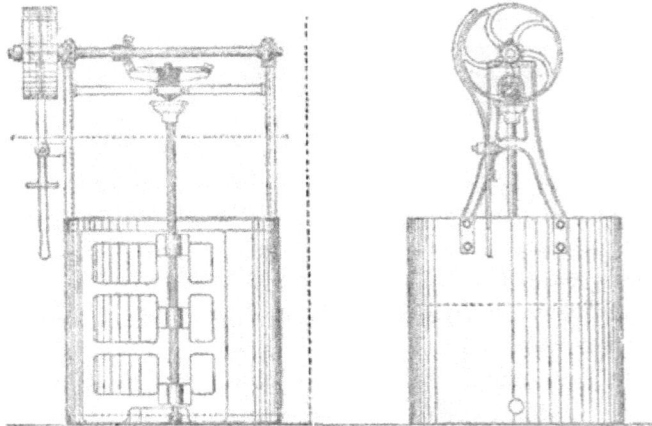

Fig. 52. Kessel zum Vorbereiten der Lauge.

Dieser Apparat, dessen Gefäss aus Eisenblech hergestellt
ist, hat einen mechanischen Rührer aus Eisen, welcher

durch eine Riemenscheibe und durch Winkelräder getrieben ist. Die Einströmung des Dampfes erfolgt von
unten.

In 3 — 400 Liter Wasser werden gegen 60 kg
Soda gelöst, 15 kg Colophonium in Stücken dazu gemischt und 6—8 Stunden lang unter Umrühren gekocht.
Die Mischung wird hierauf in einem besondern Gefäss
von ungefähr 2500 Liter Inhalt, mit Wasser aufgelöst
und dient sodann als Bäuchflüssigkeit.

Im Bäuch - oder Laugenkessel wird 12 Stunden
lang bei 3 At. Druck gekocht. Man führt dann die
Flüssigkeit in einen Behälter ab, um zu einer folgenden Verrichtung, zur Hälfte mit frischer Lauge vermischt,
wieder benutzt zu werden. Nach Beendigung der Kochung, nach Ablauf der Harzlauge, kocht man die Waare
noch kurze Zeit mit heissem, reinen Wasser. Nachdem
auch dieses abgelaufen, wird die Waare mit kaltem
Wasser nachgespült. Würde man gleich kaltes Wasser
zuführen, so würde sich Harz auf der Oberfläche nie-
derschlagen. Schliesslich wird, wie oben, auf der Waschmaschine gründlich gewaschen und auf der Quetsch-
maschine abgequetscht.

In vielen Bleichereien hat man das Verfahren beibehalten, die Waare vor und nach der Harzabkochung
mit einer schwachen Sodalösung (1 $^0/_0$ Soda vom Gewicht der Waare) zu kochen. Durch das erste Kochen
wird jegliche Spur Säure, die noch vorhanden sein
könnte, unschädlich gemacht, durch das nachfolgende
Kochen werden die Fettsäuren sowie Harzteile entfernt.

Die Harzseife wirkt wie die Soda, nämlich zersetzend
auf die Kalkseifen, indem kohlensaurer Kalk, der sich
leicht entfernen lässt, und eine leichtlösliche Natronseife

gebildet wird. Die Praxis hat ferner gelehrt, dass durch
die Anwendung der Harzseife das Entfetten der Gewebe viel besser vor sich geht, als mit Soda allein. Besonders vortheilhaft hat sich die Verwendung von Harzseife für Gewebe, die später gefärbt und bedruckt
werden sollen, erwiesen.

Das Bleichen.

7. Das Bleichen mit Chlorkalk oder das Chloren.

Der natürliche Farbstoff der Baumwolle ist nur
zum Theil durch die vorhergehenden Verrichtungen zerstört worden. Die Baumwolle besitzt noch einen schwach-
gelblichen Schein. Um auch diese letzte Spur zu entfernen, werden die Stücke durch eine klare frischberei-
tete Lösung von Chlorkalk im Clapotständer, wie solcher oben beschrieben, durchgezogen. Sehr feine Stoffe
werden in sehr verdünnte Lösungen gebracht, nicht so
feine in eine Lösung von $1/2^0$ Bé. und für gröbere Gewebe kann man sich einer Lösung von 1^0 Bé. und noch
stärker, bedienen. Nach dem Umziehen lässt man die
Waare während 6—12 Stunden oder eine Nacht hindurch in Haufen der Luft ausgesetzt liegen, nach dieser
Zeit wird die überschüssige Chlorkalklösung durch
gründliches Waschen auf der Waschmaschine aus dem
Gewebe enfernt.

Nach anderer, älterer Methode werden die Gewebe
in folgender Weise mit der Bleichflüssigkeit behandelt.
Die Stücke werden in einen Holzbottich eingebracht, mit
Balken festgestemmt und Chlorkalklösung aus einem
andern Bottich auf die Waare geleitet. Während der
7—10 stündigen Einwirkung wird die Bleichflüssigkeit
3—4 Mal abgelassen, um verstärkt wieder auf die Waare

gebracht zu werden. Die Flüssigkeit muss das Gewebe stets überdecken.

Die Bleichflüssigkeit muss immer ihren Stärkegrad beibehalten, weshalb stets frische Mengen Lösungen zum Zusetzen vorräthig gehalten werden. Die Methode der Anwendung von Chlor in Gasform oder in Wasser gelöst, ist veraltet und gänzlich verlassen. Durch den Chlorgeruch wurden die Arbeiter empfindlich belästigt. Auch die Luft- oder Rasenbleiche, die älteste Bleichmethode, die der Chlorbleiche voraufging, wird für Baumwolle fast gar nicht mehr gebraucht. Einige Türkischrothfärber glauben noch die Rasenbleiche der Chlorbleiche vorziehen zu müssen, weil letztere das Gewebe in einen weniger geeigneten Zustand zur Aufnahme des türkischrothen Farblacks versetze.

8. Das Säuren.

In einem Clapotständer wird die Waare mit Salzsäure von 1^0 Bé. behandelt, um die bleichende Wirkung durch Zersetzung des im Gewebe zurückgebliebenen Chlorkalks, wie auch durch Entfernung des Kalks und des oxydirten Farbstoffs zu vervollständigen. Das Säurebad nach dem Bäuchen mit Kalk nennt man auch das braune Säurebad, das vorstehende Säurebad das weisse Säurebad.

Nach älterer Methode wird die Waare 4—8 Stunden in einen Bottich mit Salzsäure von $\frac{1}{2}^0$ Bé. eingelegt, bei welcher die Säure ohne die geringste Einwirkung auf die Faser ist. Auch verfährt man in der Weise, dass man die Säure verschiedene Male abfliessen lässt und hierauf von neuem wieder aufpumpt.

9. Das Waschen.

Nachdem das Gewebe etwa $^1/_2$ Stunde lang mit Säure getränkt an der Luft gelegen, passirt dasselbe die Waschmaschine, wo es sorgfältig von Calciumchlorid und freier Säure befreit wird.

Die Nachbehandlung.

Um die letzten Spuren von Chlor und unterchloriger Säure zu entfernen, als auch dem Gewebe den ihm anhaftenden eigenthümlichen Bleichgeruch zu nehmen, wird das Gewebe vielfach mit einer sehr verdünnten Lösung von unterschwefligsaurem Natron, sogenanntes Antichlor, behandelt. Wahrscheinlich wirkt das Salz auf die zu entfernenden Körper nach der Gleichung:

$$2\,Na_2\,S_2\,O_3 + 2\,Cl = Na_2\,S_4\,O_6 + 2\,Na\,Cl.$$

Da der Vorgang aber auch nach folgender Gleichung verlaufen kann:

$$Na_2\,S_2\,O_3 + 2\,Cl + H_2\,O = Na_2\,SO_4 + 2\,HCl + S$$

| Unterschweflig- saures Natron | Chlor | Wasser | Schwefelsaures Natron | Salz- säure | Schwefel |

wonach Schwefel ausgeschieden wird, der beim spätern Färben und Bedrucken hinderlich sein würde, so empfiehlt Lunge (D. R.-P. Nr. 34436) Wasserstoffsuperoxyd zur Entfernung der Ueberreste vom Bleichen anzuwenden.

Die Gewebe werden sodann ausgequetscht; die Heftfäden herausgenommen, die Stücke breit gezogen, um die Falten zu entfernen; ausgeklopft, und wie unten beschrieben, getrocknet.

Für die meisten Stoffe ist nunmehr der Bleichprocess beendet. Die beschriebene Druckbleiche nimmt 4—5 Tage in Anspruch.

Erweiterungen des Bleich-Verfahrens werden zuweilen vorgenommen. So wird nach dem vorstehenden zweiten Waschen nochmals ein Bäuchen mit krystallisierter Soda angestellt, hierauf passiren die Gewebe ein Säurebad und schliesslich wird ein gründliches Waschen vorgenommen.

Sind die Gewebe noch nicht hinreichend gebleicht, so wiederholt man noch mit verdünnteren Lösungen das Chloren, Säuren, und Waschen.

Die Baumwollgewebe verlieren beim vollständigen Bleichen gegen $26^0/_0$ ihres Gewichts, wovon $5^0/_0$ durch die alkalischen Bäder und $21^0/_0$ durch die Behandlung mit Chlorkalklösung und Säure entfernt werden. Die Waare geht ferner bei der vollständigen Bleiche um 5—6 cm in der Breite ein, nimmt dagegen in der Länge zu.

Bleichen auf dem Jigger:

In einigen Bleichereien bleicht man für den Druck bestimmte leichtere und schwere Waaren z. B. Beavertans auf dem Jigger oder Bleichkasten, wobei die Zeuge von einer Oberwalze durch die Bleichflüssigkeit zur andern Oberwalze und umgekehrt laufen, bis die Waare alle Verrichtungen durchgemacht. Alle Behandlungen finden auf derselben Maschine statt. Man bringt die greise, trockene Waare auf die Maschine und fertig gebleicht zieht man sie ab. Besonders für schwere Waaren wird diese Bleichmethode vorgezogen, weil hierbei die Waare nicht im Strang, sondern glatt läuft und keine Kniffe entstehen. Man kocht die Waare, nachdem sie vorher über Nacht eingeweicht worden ist, mehrere Stunden mit Aetznatron und wäscht hierauf.

Dann lässt man die Zeuge 6—8 Mal durch eine schwache Chlorkalklösung gehen, lässt dann ablaufen und bringt reines kaltes Wasser hinzu, bis der Chlorkalk möglichst herausgebracht ist. Man bereitet dann ein frisches Wasserbad, was auf 50° C. erwärmt worden ist, giebt eisenfreie Salzsäure zu und passiert das Zeug viermal durch, lässt abfliessen und wäscht in reinem Wasser, bis alle Säure entfernt ist. Die Gewebe verlieren nach dieser Methode nur $18-20^{0}/_{0}$ an Gewicht.

10. Das Trocknen. [1]

Das Trocknen geschieht zuweilen noch in grossen Trockenhäusern, die durch Heizöfen oder Heizröhren am Boden auf 30—36° C. erwärmt wurden. Die Zeuge werden in denselben auf wagerechte unter der Decke des Raumes angebrachten Latten gehängt. Die feuchte Luft wird durch Essen oder Ventilatoren abgesaugt.

Eine andere Vorrichtung besteht darin, das Gewebe über lange wagerecht Kanäle hin- und herzuleiten, die mit eisernen Platten abgedeckt sind und welche von erhitzter Luft durchströmt werden. Durch einen sich über den Platten befindenden, in Umdrehung versetzten Flügel mit 3—400 Umdrehungen pro Minute wird die Wärme gleichmässig im ganzen Raume vertheilt. Eine ähnliche Trockenkammer ist unter der Bezeichnung Hot-flue (Welter) vielfach in den Kattundruckereien in Anwendung, wo nach stattgehabtem Druck so schnell als möglich getrocknet werden muss. Die Hotflue ist mit 20 Stück Dampfplatten, für Hochdruck gebaut, ausgerüstet; die Platten sind wagerecht oder auch senkrecht gerichtet. Das Gewebe wird durch kupferne Rollen

---

[1] Ausführlicher im dritten Theile dieses Werkes.

geleitet, welche verstellbar sind, damit man nach Wunsch das Gewebe den Platten nähere oder von denselben entfernen kann.

Eine besondere Anordnung ist die Verwendung von Rippenrohren (Gebr. Körting) zur Erhitzung der Luft in Verbindung mit einem Dampfstrahlventilator zur Abführung der feuchten Luft.

In der Bleicherei und Färberei insbesondere für Gewebe, benutzt man fast ausschliesslich Trockenapparate, bei welchen das Trocknen auf mechanischen Wege erfolgt. Es sind zwei Arten von Trockenmaschinen im Gebrauch:

a) Trockenmaschinen, bei welchen der Stoff mit hohlen cylindrischen Trommeln, die mit Dampf geheizt werden, in Berührung kommt. Anfangs wandte man eine einzige Trommel von grossem Durchmesser an, die sich langsam umdrehte. Die gegenwärtig gebräuchlichen Maschinen haben 3—30 solcher Trommeln von 50—80 cm Durchmesser aus Kupfer oder verzinntem Eisenblech hergestellt, die in einer oder zwei wagerechten Reihen, seltener in senkrechten Reihen angeordnet sind und für ein oder zwei Stückbreiten, 1 m bis 2,3 m Breite, gebaut werden. In angespannten Zustand direct die Heizfläche berührend, werden die Stoffe um die Trommeln geführt. Die Cylinder drehen sich dabei um ihre Achse oder werden von dem Gewebe durch Reibung gedreht. Auch sind einige Maschinen zum Vor- und Rückwärtslaufen der Trommeln eingerichtet. Um den höchsten Effect des Cylinders zu erreichen, muss dafür gesorgt werden, dass kein Condensationswasser in den Cylindern zurückbleibt, sondern solches sofort durch gute Schöpfvorrichtungen hinausgeleitet wird.

Fig. 53. Cylindertrockenmaschine.

Die Trockenmaschinen sind meistens noch mit Stärke- oder Gummirapparaten und mit Ausbreitvorrichtungen verbunden und besitzen am Ende eine Aufroll-, Leg- oder Faltvorrichtung.

b) Trockenmaschinen, welche mit erwärmter Luft trocknen. Es sind dies die Continue-Laufrahmen (Welter), bei welchen das Gewebe mittelst Nadeln oder besser mittelst Kluppen oder Zangen auf einen Rahmen gespannt wird. (s. Fig. 54 auf Tafel IV.) Diese Rahmen können die Waare einige Centimeter breiter strecken, um welche dieselbe beim Bleichen, Waschen oder Färben eingegangen ist. Das Gewebe bewegt sich in horizontaler Richtung. Die Heizung erfolgt durch Dampfröhren oder Dampfplatten unterhalb des ausgespannten Gewebes. Beim Eingang der Waare in die Trockenmaschine befindet sich ein kupferner Cylinder von 60 cm Durchmesser, zum Antrocknen der Gewebe und eine ebensolche Trommel von 1,6 cm Durchmesser am Ausgange, um die Waare fertig zu trocknen.

Schlussverrichtungen für die Druckbleiche.

11. Scheeren, Bürsten, Rahmen.

Zur Vorbereitung auf den Druck wird das Gewebe der Operation des Scheerens unterworfen, um die hervorstehenden Härchen zu entfernen und eine gleichmässige Oberfläche zu erzielen. Die hierzu dienenden Cylinderscheermaschinen bestehen zur Hauptsache aus 2 spiralförmigen Messern. Die Waare wird zuerst über Spannstäbe geleitet, durch rotirende Bürstwalzen aufgebürstet oder aufgesetzt und gelangt über Spannstäbe zum ersten Schneidezeug, bestehend aus Scheercylinder und Scheermesser, von da zu einer zweiten Bürste und zweiten Schneidezeug und wird nach Passiren einer dritten Bürstenwalze aufgewickelt.

Zur weiteren Reinigung von noch anhaftenden Fäserchen, zur Erzeugung der glatten Oberfläche wird das Gewebe nunmehr auf eine Bürstmaschine gebracht. Sie haben im allgemeinen eine einfache Form, bestehend aus einer Bürstenwalze mit 8—12 Bürstenhölzern. Die Waare ist nun zum Druck bereit, falls sie nicht wie z. B. für Alizarinroth noch vorher mit Türkischbrothöl getränkt und sodann getrocknet oder gerahmt werden muss.

. Zuweilen kommt es vor, dass man gewisse Stoffe nicht scheert, um die charakteristische Eigenart des Gewebes zu erhalten.

Gewebe, welche gefärbt werden sollen, werden in gleicher Weise behandelt.

Schlussverrichtungen für die Marktbleiche.

12. Appretiren, Calandriren.

Bevor das Gewebe vollständig getrocknet wird, muss demselben ein gewisser Dichtegrad gegeben werden. Es müssen die Lücken, die sich zwischen den einzelnen Fäden des Gewebes befinden, ausgefüllt oder überdeckt werden, um dem Gewebe Ansehen zu verleihen. Dies ist die Aufgabe der Appretur. Es dienen hierzu die verschiedensten Mittel, wie Stärke und stärkemehlhaltige Substanzen, ferner Carraghen Moos, Isländisches Moos, Gummiarten, Harze, Dextrin und

Leim. Um dem Gewebe gleichzeitig noch Glanz zu verleihen, werden Fette, Oele, Wachs, Paraffin u. s. w.
zugesetzt. Bei dieser Gelegenheit werden weiter noch
Beschwerungsmittel wie Gyps, Glaubersalz, Alaun, Thon,
Wasserglas, Schwerspat, Schwefelsaures Blei u. s. w.
und um dem Gewebe den gelblichen Stich zu nehmen,
Blaumittel zum Bläuen hinzugefügt, wozu fast ausschliesslich Ultramarin dient, seltener Indigocarmin, Ber-
linerblau, Anilinblau und Anilinviolett.

Die Appreturmasse wird in einem kupfernen Kochkessel, der mit doppelten Mantel versehen und mit
Dampf erhitzt wird, gekocht. Die Stärke wird zunächst
mit Wasser zu einem dünnen Kleister gekocht und
dann die übrigen Beschwerungs- und Färbemittel zugesetzt.

Zum Imprägniren des Gewebes mit der Appreturmasse bedient man sich der Klotz- oder Stärkemaschine In einem Trog befindet sich der Stärkekleister.
Ueber eine Walze hinweg, geht die Waare durch den Trog
und tritt sodann durch zwei mit Leinwand oder Kautschuk überzogene Metallwalzen aus, die durch Hebel
oder Schrauben mehr oder weniger aneinandergepresst
werden können. Die Walzen bewirken das gleichför-
mige Eindringen der Appreturmasse und das Entfernen
eines Ueberschusses.

Die folgenden Verrichtungen sind das Ebnen, Glätten
und Glänzen des Gewebes. Man lässt das Gewebe über
eine Einsprengmaschine laufen, bestehend aus einer
walzenförmigen Bürste, welche in einem darunter stehen-
den Wassertrog taucht und beim raschen Umdrehen
das Zeug, welches darüber wegläuft, besprengt. Lässt
man das Gewebe einige Zeit angefeuchtet liegen, so

durchdringt die Feuchtigkeit die ganze Masse. Das
Glätten, wodurch das Gewebe ein eigenthümliches,
weiches Ansehen erhält, wird durch Calander bewirkt,
die verschiedentlich gebaut werden und zur Hauptsache
aus einer Anzahl übereinander angeordneter Walzen
bestehen, die in einem starken Rahmen laufen und
durch Hebel beschwert sind. Die Walzen sind theils aus
Gusseisen und können durch Dampf erhitzt werden, theils
aus Papier. Das Gewebe bewegt sich um diese Walzen
und wird schliesslich auf einer Walze aufgewickelt.

Das Legen, Zeichnen und Verpacken bilden den
Schluss.

Mather-Thompsonsche Bleichverfahren.

Das in den letzten Jahren zu immer grösserer
Anwendung gelangende, neue Verfahren beruht auf der
Anwendung der Kohlensäure zum Freimachen der unterchlorigen Säure im Chlorkalk, wodurch eine bedeutende
Zeitersparniss bewirkt wird. Williamson hatte schon
bewiesen, dass die Salze der unterchlorigen Säure durch
Kohlensäure zerlegt wurden. Das Verfahren war auch
schon vor 30 Jahren in einer Papierfabrik zur Erhöhung
der bleichenden Wirkung einer Chlorkalklösung angewandt worden und Jacob Baynes Thompson in New
Cross im Jahre 1883 hatte sich zum Bleichen der
Pflanzenfasern ein diesbezügliches Verfahren patentiren
lassen. In einem luftdicht geschlossenen Gefässe nahm
er, nachdem die Waare vorher mit Natronlauge gekocht
worden, abwechselnd das Bleichen mit Chlorkalklösung
und das Einwirkenlassen der Kohlensäure vor. Aber

erst die Verbindung des Thompsonschen Verfahrens mit
der abgeänderten Kochmethode Mathers durch die
Anwendung von Natronlauge, in Verbindung mit den
Dämpfen gab gute Erfolge.

Das Verfahren „Mather-Thompson" zerfällt in
zwei Theile. Zuerst werden die mit Natronlauge ge-
tränkten Stücke in Dämpfkessel gedämpft unter
fortwährenden Zufluss von Aetznatronlauge, in demselben Kessel gewaschen und im Continueapparat
gechlort.

Die Dämpfkessel sind liegende Cylinder und werden
durch eine automatisch bewegte Thür geschlossen. Um
einen besseren Kreislauf des Dampfes und des Wassers zu
erhalten, hat jeder Kessel zwei Pumpen. Die Kessel
werden für 1, 2 oder 3 Tonnen Waare gebaut. Bei
jedem Kessel sind zwei auf Schienen laufende Wagen
aus verzinktem Eisenblech, welche so gebaut sind, dass
sie mit Waare beladen, den Raum des Kessels ganz aus-
füllen. Das Ein- und Ausfahren der Wagen, sowie
das Oeffnen und Schliessen des Kessels dauert zusammen 2—3 Minuten, die Dampfeinströmung fünf Minuten. Jeder Wagen enthält 1000 kg Stoff oder ca.
100—110 Stück mittlere Waarengattung à 60 m per
Stück. Die Wagenkörbe sind mit Gitterwerk versehen
und passen genau in den Bäuchkessel, der 1—3 solcher
Körbe aufnimmt. In der Mitte besitzt jeder Korb eine
gelochte Säule, welche der Flüssigkeit gestattet, zu
circuliren und in das Innere der Zeugmasse einzudrin-
gen. Die Zeuge werden 5 Stunden gedämpft und
2 Stunden gewaschen. Die aus dem Kessel kommenden
Zeuge sind schon halb weiss, reiner als bei anderen
Kochungen und zeigen keine Flecken. Auch die schwar-

zen Samenhülsen, die man oft auf Baumwollzeugen findet, sind in eine Art Gallerte verwandelt, die beim Waschen leicht weggeht.

Waare, die weiss bleiben soll, also für Marktbleiche, kommt vor dem Dämpfen in Strangform oder in voller Breite in ein warmes Laugenbad von 75 bis 90° C., das aus schon zum Dämpfen verwendeter Lauge besteht, von einer Stärke von 1 — 3° Bé., wird dann gewaschen, geht hierauf durch ein Laugenbad von 3° Bé, und von hier, durch Quetschwalzen vom Ueberschuss befreit, in den Dampfwagen.

Sobald der Wagen gefüllt ist. wird er in den Dämpfkessel eingefahren, der Deckel geschlossen und 5 Stunden bei ½ At. Druck (107° C.) gedämpft. Während des Dämpfens wird durch eine Centrifugalpumpe eine 2° Bé starke Natronlauge fortwährend über die Waare gesprengt. Nach 5 Stunden wird der Dampf abgestellt und der Kessel mit heissem Wasser angefüllt; nach einer Stunde wird gewechselt, nachdem durch die erwähnte Centrifugalpumpe die Waschung durch Circulation des Wassers vorgenommen worden ist. Nach einer weiteren Stunde wird das zweite Wasser abgelassen, der Deckel abgehoben, der Wagen ausgefahren, der zweite während dieser Zeit geladene Wagen eingefahren und das Dämpfen beginnt von neuem. Die gedämpfte Waare wird dann auf einer Waschmaschine gewaschen und kommt wieder auf Wagen.

Für Druckwaare, die also nicht weiss bleibt, ist der Gang etwas anders. Die Gewebe kommen zuerst in ein schwaches Säurebad, wo sie kochend entschlichtet werden, werden dann gewaschen und wie beschrieben gedämpft, jedoch mit einem Zusatz von 10 kg Harzseife auf 2000 kg Gewebe. Da keine Kalklauge verwendet wird, entstehen auch keine Kalkflecken.

Nach diesen vorbereitenden Operationen des Imprägnirens mit Natronlauge und Dämpfens folgt das Chloriren, oder eigentliche Bleichen in einem besonders hergerichteten Continue-Chlorapparat, (s. Tafel V) einer Maschine, die der Graufärbemaschine oder der Breitseifmaschine ähnlich sieht, bestehend aus zwei rechteckigen Kästen, die $1^1/_2$ m hoch, $1^1/_4$ m breit und ungefähr 10 m lang sind. Der erste Kasten hat sechs, der zweite vier Abtheilungen, die oben offen sind, mit alleiniger Ausnahme der Abtheile für die Kohlensäure, welche gut geschlossen sind und nur enge Oeffnungen zum Ein- und Ausgang der Zeuge haben. Alle Abtheile enthalten passend angebrachte Walzen, über welche die Waare ihren Weg nimmt. Die Walzen werden von einem Hauptantrieb durch Zahnräderübersetzungen bewegt.

Die gedämpften und gewaschenen Zeuge gehen in Strangform und zwar 4 Stränge nebeneinander oder auch in voller Breite über 2 Quetschwalzen, in den ersten Kasten und zwar in die erste Abtheilung, (H) mit warmem Wasser gefüllt, kommen in die zweite, die eine Chlorkalklösung von 0,75° Baumé enthält (C), passiren dann die dritte Abtheilung, welche mit Kohlensäuregas gefüllt ist (K), werden in der vierten Abtheilung mit kaltem Wasser gewaschen (W_1, W_2, W_3), die fünfte Abtheilung enthält ein 0,1% Sodalösung bei 50 - 60° R. (S und G) und in der sechsten Abtheilung werden die Zeuge abermals gewaschen. (W_1, W_2, W_3).

Nun verlassen die Gewebe den ersten und gelangen

in den zweiten Kasten, wo der erste Abtheil ein
Chlorkalkbad von 0,35° Baumé enthält. Der zweite
Abtheil enthält Kohlensäure, im dritten wird gespült und gewaschen und der letzte Abtheil enthält
1% Salzsäure oder eine Mischung von 2 Theilen Salzsäure und 1 Theil Schwefelsäure. Erst in neuester Zeit
hat Mather dieses Säurebad dem Continuechlorapparat
zugegeben. Früher wurde die Waare getrennt gesäuert.

Nach dem Säurebad wird 2 mal auf dem Clapot gewaschen und hierauf getrocknet.

Die Chlorkalkbäder werden beständig aus einem
Behälter mit frischer Chlorkalklösung versehen. Die
Kohlensäure wird aus Kalkstein und Salzsäure entwickelt und von unten in die Kohlensäurekasten geleitet. Schon beim Verlassen des ersten Kastens sollen
die Zeuge beinahe weiss sein; haben sie den ganzen
Apparat passirt und sind gewaschen und getrocknet, so
ist das Weiss sehr schön und gleichmässig.

Nach den Mittheilungen von J. Heilmann[*]) über
den Bleichprocess, wie er in der Bleiche Halliwell der
Herren Ainsworth & Co. in Bolton bei Manchester ausgeübt wird, gehen die Stücke im Continuechlorapparat
mit einer Geschwindigkeit von 60—65 m pro Minute
und brauchen 2½—3 Minuten, um den Apparat zu
durchlaufen. Gehen zwei Stücke nebeneinander, so liefert der Apparat 4500—5000 kg oder 36—40 000 m
Zeug in 10 Stunden, wenn 4 Stücke im Chlorapparat
laufen, das Doppelte.

---

[*]) Mather-Thompson Bleichprocess (Leipz. Monatsschrift für
Text. Ind. 1887, 561. Romen Journal 1886, 175, 189. Textile
Manuf. 1886 Polytechn. Journ. 261. 262.)

Für 1000 Kilo braucht man 22 kg 70%ige Natronlauge, 13 kg trockenen Chlorkalk, 100 kg Salzsäure.

Baumwolle im Strang wird in ähnlichen Apparaten gebleicht.

Cross und Bevan schätzen die Ersparniss gegen die üblichen Bleichmethoden auf $1/_4$ an Chemikalien, $1/_2$ an Dampf und Arbeit, $2/_3$ an Zeit, $4/_5$ an Wasser.

Die Waare bleibt weiss beim Lagern, verliert nicht an Festigkeit und gewinnt ebensoviel an Länge, wie bei anderen Bleichmethoden.

Die Bleichapparate sind in Deutschland durch die Patente Nr. 26839, 30830, 35694, 36404 geschützt.

Hermite electrochemisches Bleichverfahren.

Erwähnt sei noch das Bleichverfahren von E. Hermite in Paris (D. R.-P. Nr. 39390, 42217, 42454), das auch neuerdings in der Praxis zur Anwendung gelangt sein soll. Das Bleichen von Garn und Geweben wird durch verschiedene Salzlösungen bewirkt, die durch den elektrischen Strom zersetzt werden. In einem eigenthümlich geformten, gusseisernen Bottich, dem Electrolytor, bewegen sich um horizontale Achsen runde Zinkscheiben. Zwischen denselben sitzen Rahmen aus Hartgummi, welche Platinblätter oder Geflechte einfassen, die an ihrem obern Theile an starke, völlig isolirte Bleiköpfe, welche den Contact herstellen, festgelötet sind. Die Platinrahmen bilden die positiven Electroden. Schabemesser von Hartgummi an den Rahmen befestigt, halten die Zinkscheiben von Niederschlägen rein. Eine $4^1/_2$%ige Chlormagnesiumlösung oder auch eine

Chlorcalcium- oder Chloraluminiumlösung dringt durch ein durchlöchertes Rohr in den Boden des Electrolytors ein, strömt zwischen den Electrodenflächen durch, wo sie „electrolisirt" wird. Diese Flüssigkeit soll eine energische und schnell entfärbende Wirkung auf die Faser ausüben, ebenso wie der gewöhnliche Chlorkalk. Das zu bleichende Garn oder Gewebe kann sich während der Electrolyse im Bade selbst befinden und wird darin mechanisch hin- und herbewegt. An Stelle der erwähnten Bottiche dienen dann eingemauerte, inwendig cementirte Tröge.

Wird die Bleichflüssigkeit vorher bereitet, so geschieht dies in einem besonderen Bleichbottich, in welchem die electrolisirten Flüssigkeiten aus mehreren Electrolytoren gesammelt werden. Sobald die Flüssigkeit erschöpft ist, wird sie in die einzelnen Bottiche zurückgebracht und von neuem electrolysirt. Nach der Erklärung von Hermite, die jedoch stark angezweifelt wird, ist der chemische Vorgang folgender: Der Strom zerlegt die Chlormagnesiumlösung unter Bildung von Unterchlorsäure und Magnesia. Bei Gegenwart der letztern Base spaltet sich die Säure in unterchlorige Säure und in Chlorsäure, welche sich mit der Magnesia zu den entsprechenden Salzen verbinden. Diese letzteren Verbindungen werden jedoch durch den elektrischen Strom wieder zerlegt, die freie unterchlorige Säure und die Chlorsäure geben ihren Sauerstoff an die zu bleichenden Substanzen ab, das freiwerdende Chlor verbindet sich mit dem auftretenden Wasserstoff zu Salzsäure und diese geht mit der vorhandenen Magnesia wieder die ursprüngliche Verbindung, nämlich Chlormagnesium, ein.

Neuerdings hat Hermite ein verändertes Bleichverfahren „für vegetabilische und animalische Fasern mittelst Ozon und Wasserstoff im statu nascendi" patentiren lassen. Es dient eine Lösung von schwefelsaurem Natron oder -Kali oder Aetznatron oder Aetzkali oder Aetzbaryt, durch welche der elektrische Strom geht. Als positive Electrode wird Platin oder Kohle, als negative, Quecksilber oder ein Amalgam von Quecksilber mit Kupfer, Zink oder Zinn verwendet. Beim Durchleiten soll sich am positiven Pol ozonisirter Sauerstoff, am negativen ein Amalgam bilden, welches letztere beim öfteren Unterbrechen des Stromes Wasserstoff entwickelt. Durch die Wirkung des ozonisirten Sauerstoffs, beziehungsweise des sich entwickelten Wasserstoffs, sollen die Fasern gebleicht werden. Fraglich ist jedoch, ob die erzielte Bleiche eine dauernde ist. Die Bleichwaare wird entweder direct in die betreffende Lösung eingebracht, oder in einem dicht geschlossenen Behälter, in welchen man die von der Zersetzung herrührenden Gasgemenge von Ozon und Wasserstoff einströmen lässt.

Bleiche mit Wasserstoffsuperoxyd.

Nach einer Mittheilung von Horace Köchlin an die Industrie-Gesellschaft zu Rouen wird nach folgendem Verfahren ein sehr schönes Weiss auf Baumwollwaaren erhalten, ohne dass das Gewebe im Geringsten angegriffen wird. Man passirt die Stücke durch Schwefelsäure von 2^0 Bé und lässt dieselben 12 Stunden liegen, dann wäscht man und zieht die Waare durch folgende Mischung:

Für 5 Stücke von je 100 Meter:

1000 Liter Wasser
  10 Kilo Aetznatron fest
  30 „ Seife
  50 Liter Wasserstoffsuperoxyd 12 Vol.
   8 Kilo calcinirte Magnesia.

Man wäscht, passirt durch Säure, wäscht und trocknet. Für den Grossbetrieb ist das Verfahren zu theuer, wohl aber zum Bleichen von Gewebemustern zu gebrauchen.

Bleichverfahren nach Lunge.

Zur Verstärkung der Wirkung des Chlorkalks wendet Lunge eine schwache organische Säure wie Essigsäure oder Ameisensäure an und zwar wird dieselbe entweder der Bleichflüssigkeit zugesetzt oder man passirt die Waare durch schwach mit Essigsäure angesäuertes Wasser, welchem man nach und nach die Chlorkalklösung hinzufügt. Durch die Einwirkung der Essigsäure auf den Chlorkalk bildet sich freie unterchlorige Säure und essigsaurer Kalk. Während des Bleichens gibt die erstere ihren Sauerstoff ab und es entsteht Salzsäure, die nun wieder den essigsauren Kalk zersetzt, wobei freie Essigsäure und Chlorcalcium entstehen. Die Essigsäure tritt dann von neuem in Wirkung. Es folgt hieraus, dass nur wenig Essigsäure gebraucht wird. Es bleibt auf das Faser auch kein unlösliches Kalksalz zurück, so dass nach dem Chloren die Säurepassagen wegfallen.

II. Bleichen des Leinens.

Schwieriger als die Baumwollbleiche, ist das Bleichen des Leinens. Bei der Baumwolle wird die zu beseitigende Faser allein durch Harz und Gummistoffe
zurückgehalten, bei der Leinfaser dagegen sind ausserdem noch Stückchen des holzigen Kerns vorhanden, da
es nicht immer gelingt, die Fasern oder den Bast vollkommen von den holzigen Theilen zu trennen. Hierin
begründet ist auch die Thatsache, dass man in Irland
im Allgemeinen besser gebleichtes Leinen erhält, als in
Deutschland, indem dort der Flachs eine rationellere
Behandlung erfährt. Die dort angewandte Schenk'sche
Röstmethode liefert einen Flachs, der weiterhin ein
Garn giebt, ohne verdickte oder dunklere Knoten und
der deshalb schneller und gleichmässiger bleicht. Alle
Verrichtungen, die bei der Baumwollbleiche vorgenommen
werden, müssen bei Leinen mehrere Male wiederholt
werden, weil die natürlichen Verunreinigungen stärker
vorhanden und sich schwieriger entfernen lassen, ferner
müssen auch schwächere Laugen zum Bäuchen und
schwächere Chlorkalkbäder genommen werden, da die
Leinfaser ein empfindlicheres Verhalten gegen diese
Mittel zeigt, als Baumwolle. Auch haben wohl die
Farbstoffe des Leinens eine andere chemische Beschaffenheit.

A. Bleichen des Leinengarns.

Die Bleiche besteht darin, dass die Garne mit Alkalien gekocht werden, dann ein Chlorbad und endlich
ein Säurebad passiren. Nach beendigter Bleiche er-

halten die Garne ein Bad mit schwacher Seifenlösung und Zusatz von etwas Ultramarin oder Anilinblau.

Für Leinengarne werden allgemein verschiedene Bleichgrade verlangt. Neben Voll — ($^1/_1$), Halb — ($^1/_2$), und Dreiviertelbleiche ($^3/_4$) trifft man noch zuweilen $^3/_8$, $^5/_8$, $^3/_4$ und $^7/_8$ Bleiche an. Je höher der Bleichgrad, je geringer wird, bei gleichem Material, die Festigkeit. Nach dem irischen Bleichverfahren hält man folgende Reihenfolge ein:

1. Bäuchen oder Abkochen

in offenen Kesseln während 3—4 Stunden mit 10$^0/_0$ calc. Soda, Auswaschen und Ausquetschen. Bei wiederholten Kochungen wird noch etwas Seife oder Wasserglas zugesetzt.

Zum Bäuchen bedient man sich folgender Kesselsysteme:

Offener Bäuchkessel (Haubold, Zittau, Pornitz), Ein gusseiserner, cylindrisch oder konisch gestalteter Kessel ist nicht mit hermetisch schliessendem Deckel versehen, sondern nur mit leichtem Blechdeckel abgedeckt, der in Charnieren drehbar und mittelst Rollen und Gegengewicht mit Kette leicht aufzuheben und bequem offen zu halten ist. Im Innern befindet sich ein Siebboden, auf welchem die Waare auf daran befestigtem Standrohr aufliegt. Der Dampf tritt in den halbkugelförmigen Boden des Kessels ein und erwärmt direct die Bäuchflüssigkeit, die in dem Standrohr in die Höhe steigt und sich oben über die Waare ergiesst. Am Boden des Kessels befindet sich ein Hahn zum Ablassen der gebrauchten Lauge. Ein Drehkrahn dient zum Herausheben des Siebbodens oder eines Netzes sammt den eingelagerten Garnen.

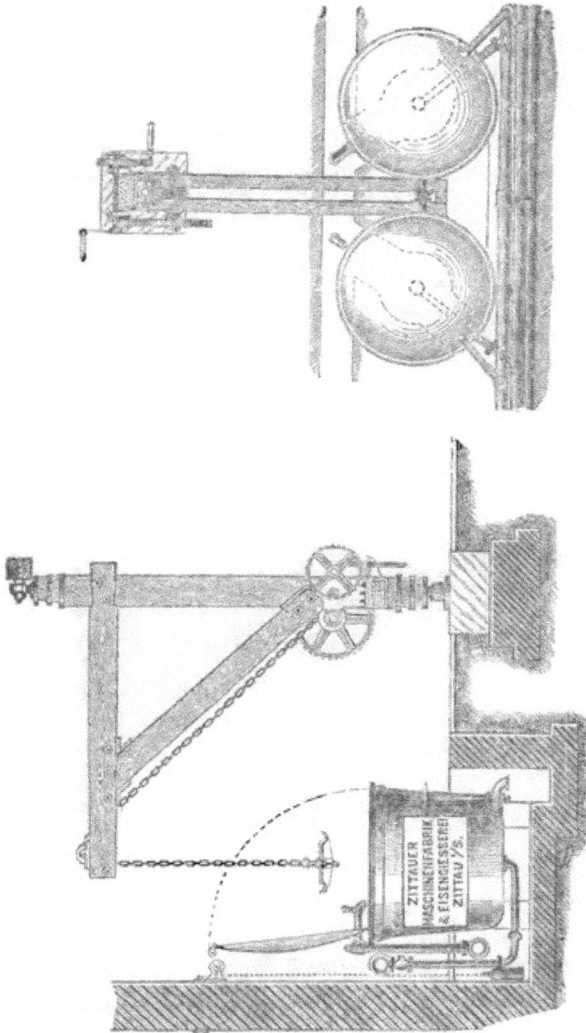

Fig. 56. Bäuchkessel für Leinen.

Offener Bäuchkessel mit Dampfstrahlgebläse.
(Körting.) Die zu bleichenden Garne werden möglichst in
senkrechten Schichten in den Kessel gepackt, durch welche
Anordnung der Kreislauf der Laugen beschleunigt
und die Temperatnr derselben höher gehalten werden
kann. Beim Inbetriebsetzen wird der Kessel zuerst mit
Lauge gefüllt, das mit dem Dampfelevator durch Oeff-

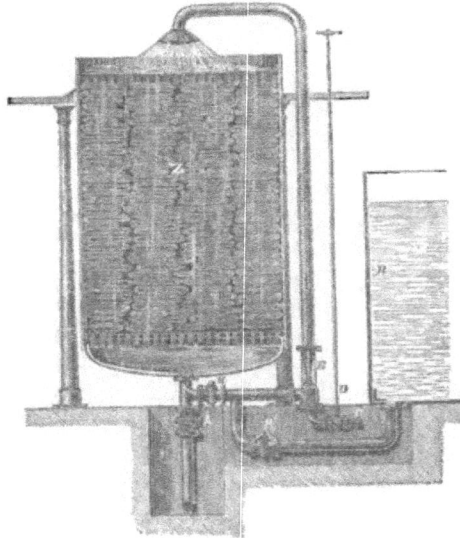

Fig. 57.   Offener Bäuchkessel mit Dampfstrahlgebläse.

nen der passenden Hähne bewirkt werden kann. Sobald dies geschehen, wird das Dampfventil solange geöffnet, bis die Lauge die gewünschte Temperatur erreicht hat, worauf man dasselbe soweit schliesst, dass
nur der Umlauf in der erforderlichen Weise unter-
halten bleibt.

Zum Spülen und Waschen, beziehungsweise Ausquetschen dienen folgende Maschinen:

Fig. 58. Garnwasch- und Spülmaschine.

Garnwasch- und Spülmaschine. (Zittau.) Die Maschine wird ein- oder zweireihig mit 5 oder 12

Haspelköpfen gebaut. Sie wird entweder über in Cement gemauerte Wasserbottiche oder über Holzkasten
montirt. Durch ein Zahngetriebe wird den Spulen abwechselnd eine rechts- und linksumdrehende Bewegung
gegeben. Gleichzeitig macht der Rahmen, auf welchen
die Haspelköpfe gelagert sind, nach einer gewissen Zeit
eine hin- und hergehende Bewegung, sodass das Garn
auf dieser Maschine, genau so wie beim Waschen mit
der Hand, hin- und hergeschleudert und zugleich umgezogen wird.

Das Entfernen des noch im Garn befindlichen
Wassers geschieht durch Wringen mit der Hand oder
durch Centrifugen. In grösseren Betrieben wird die
Garnquetsche bevorzugt oder auch die hydraulische Garnpresse, wie sie in Türkischrothfärbereien gebraucht wird.

Garnquetsche. (Zittauer Maschinenfabrik). Die
Maschine besteht aus zwei, in starken Gestellen gelagerten gusseisernen, mit Seilen umwickelten, schweren
Druckwalzen von 700 mm Durchmesser und 1225 mm
Breite. Mittelst doppelten Hebeldruck wird die obere
Walze auf die untere gepresst. Die Walzen sind
durch Zahnräder mit einander verbunden und die
untere erhält den Antrieb. Unterhalb der Maschine
ist ein Holzkasten, der die ausgepresste Flüssigkeit
auffängt. Vor und hinter den grossen Walzen befindet sich, in schiefer Ebene angeordnet, eine Anzahl
Holzwalzen zum Ein- und Ausführen der Garne. Die
Garnquetschen für Handbetrieb sind mit entsprechend kleineren Walzen und Drehkurbeln ausgerüstet.
Die Garnquetschen für Wolle und Wollgarn haben
ebenfalls kleinere Walzen, die durch Federdruck gegen
einander gedrückt werden.

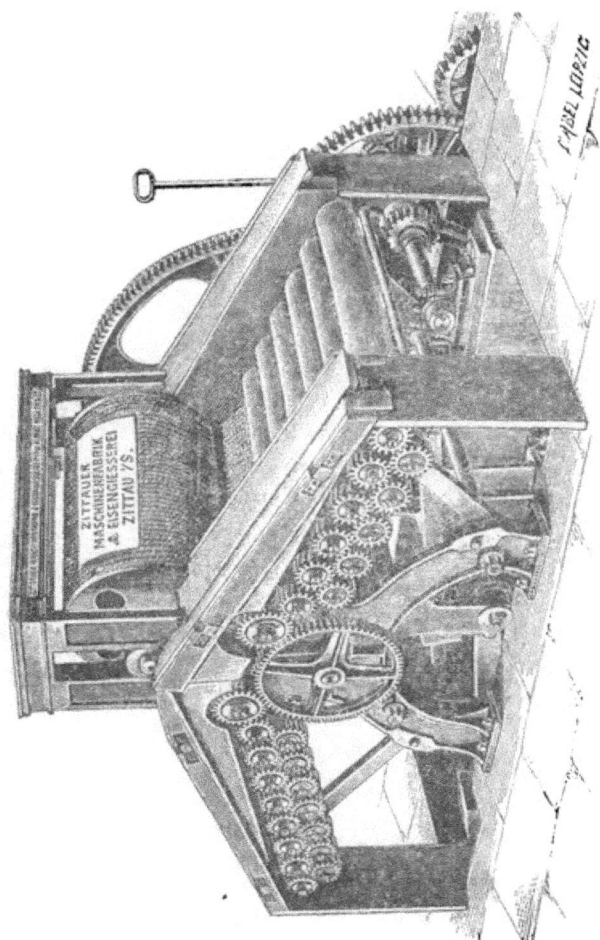

Fig. 59. Garnquetsche für Leinengarn.

Hydraulische Garnpresse. (Wever, Haubold, Zittauer Maschinenfabrik.) Die hydraulische Presse ist eine umgekehrte Construction der gewöhnlich üb-

lichen, nicht mit dem Cylinder unten im Erdboden,
sondern oben im Kopfstück. Hierdurch wird ein grosses
Fundament vermieden und die Aufstellung an jeder
Stelle ermöglicht. Das Kopfstück besteht aus einem
Eichenholzstempel, der entsprechend dem innern Durchmesser der unterzuschiebenden, mit Garn zu füllenden
hölzernen Presswagen geformt ist. Der Wagen bewegt

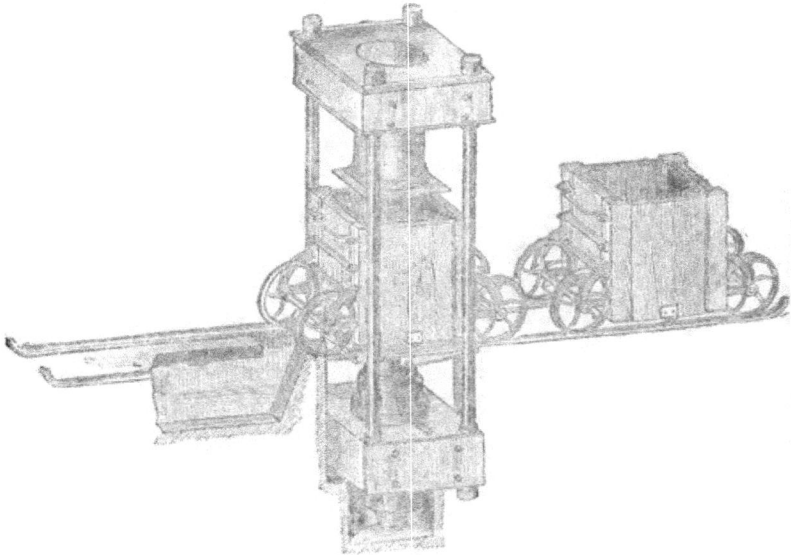

Fig. 60. Hydraulische Garnpresse.

sich auf Schienen und kann in leichter Weise in die
Richtung des Presskerns gebracht werden. Nach Inbetriebsetzung der Pumpe hebt sich der Presstisch mit
dem Wagen, der Stempel drückt das Garn zusammen
und presst das Wasser aus, welches durch den im
Wagen befindlichen Siebboden leicht abfliesst.

Die ausgepressten Garne erhalten allerdings durch Druck und Reibung an den Wänden einen etwas gedrückten und geglätteten Faden, was die Presse eigentlich nur für die Vorarbeiten brauchbar macht. Wegen grösserer Leistung, einfacher Bedienung und geringerem Kraftverbrauch zieht man sie dennoch häufig der Centrifuge vor, besonders da sich Druck und Glätte des Fadens sofort verliert, wenn die Garne wieder nass geworden und mittelst Centrifuge ausgeschleudert werden. Die Wagen fassen 500—1200 Pfund Garn.

2. Das Chloren.

Dasselbe geschieht mittelst einer Chlorkalklösung von 0,4° Bé. In das Chlorbad, welches sich in auscementirten, gemauerten Kästen befindet, werden die Garne nicht eingelegt, sondern auf Haspeln eingehängt und zeitweise umgezogen, weil beim Einlegen die Garne zu fest aufeinander drücken würden, sodass die Bleichlösung nicht durchziehen kann. Man haspelt die Garne etwa 1 Stunde um und wäscht sodann auf der Waschmaschine.

Bessere Erfolge soll man bei Anwendung von unterchlorigsaurem Natron oder unterchlorigsaurem Magnesium erzielt haben.

Garnchlormaschine, sogenannte Kastenrollerei (Zittau, Haubold.) Zum Chloren der Leinengarne werden eine Reihe in Cement gemauerter Behälter oder Holzkästen 4,5 m lang, 1,9 m breit und 0,65 m tief mit Chlorkalklösung gefüllt. Ueber jeden einzelnen Kasten arbeiten 2 Walzen, über welche die Garne gehangen werden und frei herunterhängen, sodass die untern Enden in die Flüssigkeit eintauchen. Die Rollen wer-

den in langsame Umdrehung versetzt. Die Walzen
sind leicht und bequem auszuheben und werden nach
frischem Beziehen mit Garn so eingelegt, dass der viereckige Zapfen der Welle in einem entsprechenden Kopf
der Mitnehmerhülse zu liegen kommt. Diese Hülse
ist in Verbindung mit einem Schneckenrad, welches An-

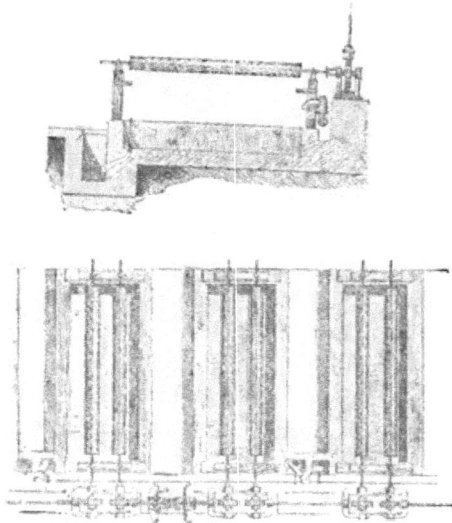

Fig. 61. Garnchlormaschine (Kastenrollerei).

trieb erhält von einer mit Schnecke versehenen durchgehenden Antriebswelle, die ihrerseits wiederum durch
konische Räder oder Riemenscheiben betrieben wird
und mit Vor- und Rückwärtsgang arbeitet.

Diese Maschine ist eigenthümlich für die Leinengarnbleiche. Durch das Umhaspeln soll wahrscheinlich
die Kohlensäure der Luft einwirken und den unter-

chlorigsauren Kalk zersetzen und unterchlorige Säure frei machen, wodurch der Bleichprocess durchgreifender und rascher sich vollzieht.

3. Das Absäuren.

Nachdem die Garne abgelaufen, gelangen sie in ein Bad mit Schwefelsäure (1 Theil Säure auf 200 Theile Wasser), worin sie 1 Stunde ruhen. Dann erfolgt das Waschen. Zum Absäuren würde man sich auch mit Vortheil der Salzsäure bedienen, da das dann sich bildende Chlorcalcium löslicher ist, als schwefelsaurer Kalk.

4. Das Chloren.

Es erfolgt nochmals ein Chloren mit Chlorkalklösung und darauffolgendes Waschen.

5. Das Absäuren.

Sodann werden die Garne nochmals abgesäuert, ausgewaschen und getrocknet.

Auf vorstehende Weise erreicht man eine Halbbleiche. Soll das Garn stärker gebleicht werden, so wird nach dem Bäuchen oder Abkochen des Garns, auf dem Bleichplan ausgelegt, begossen, nach 3 Tagen gewendet, nach 6 Tagen wiederum mit Soda gebäucht und nochmals 6 Tage lang ausgelegt. Bäuchen und Rasenbleiche erfolgen abwechselnd 3 Mal, bis der graue Ton des Garns verschwunden ist. Dann erst schreitet man zum Chloren. Bei Vollbleiche wird vor dem zweiten Chloren noch eine mehrtägige Rasenbleiche eingeschaltet.

Bei der Rasenbleiche wird das Bleichmaterial im feuchten Zustande und ausgebreitet der Einwirkung von Luft und Licht ausgesetzt. Die Bleichwirkung wird

durch den Einfluss des Ozons, der activen Sauerstoff-
modification erklärt. Ozon ist auf Wiesen stets vorhanden und wird die Menge durch die Verflüchtigung
des Wassers vermehrt (Besanez). Ozon wirkt als
kräftiges Oxydationsmittel zerstörend auf die natürlichen Farbstoffe der Faser oder so umwandelnd, dass
die entstandenen farblosen Körper sich beim spätern
Bäuchen und Waschen leicht lösen und entfernen
lassen.

Obgleich das Bleichen nie nach einer Schablone
erfolgen kann, so sei doch hier nach den Angaben von
Ledebur[1]) das ungefähre Gewicht der Chemikalien an-
geführt, das bei mittelhellem Flachsgarn zum Bleichen
einer Partie von 500 kg erforderlich ist. Die römischen
Ziffern in der Tabelle bezeichnen die Nummern der
Kochung resp. des Bades, die arabischen Zahlen das
Gewicht der Chemikalien in kg:

Garn Nr.	6			10			20			30			40			60		
Kochungen u. Bäder.	Soda	Chlork.	Säure	Soda	Chlork.	Säure	Soda	Chlork.	Säure	Soda	Chlork.	Säure	Soda	Chlork.	Säure	Soda	Chlork.	Säure
I	75	50	15	65	45	13	60	40	12	50	35	11	45	30	10	40	25	9
II	20	20	12	18	18	10	16	16	10	14	15	9	12	14	8	10	13	8
III	15	17	10	13	13	8	12	13	8	11	12	8	10	11	7	9	10	7
IV	12	15	8	11	11	7	10	11	7	9	10	7	8	9	6	8	8	6

Ledebur hat auch die Verluste beim Garnbleichen
in eine Tabelle gestellt Dieselben betragen hiernach
durchschnittlich:

---

[1]) Centralblatt f. Textil-Industrie 1883 S. 107.

Garnnummer	6	10	20	30	40	60
1/4 Bleiche	25%	23 %	21,5%	20 %	19 %	18 %
1/2 —	27	25	23	21,5	20,5	19,5
3/4 —	29	26,5	24,5	23	22	21
Voll (1/1)	31	28	26	24,5	23	22

B. Das Bleichen des Leinengewebes oder der Leinwand.

Die Leinenwaaren kommen theils roh, wie der Webstuhl sie liefert, als Sackleinwand und Sackzwillich, oder gewaschen, gewalkt oder gepanscht, d. h. von Schmutz und Schlichte gereinigt, theils gebleicht, oder gefärbt oder bedruckt in den Handel. Das Bleichverfahren stimmt in den Grundsätzen, so wie hinsichtlich der angewandten Vorrichtungen und Maschinen im allgemeinen mit dem der Baumwollbleicherei überein. Als Bäuchmittel nimmt man indessen selten Kalk, sondern Soda, weil dies keine Schwächung des Fadens hervorbringt. Die Leinwandbleiche ist jedoch schwieriger auszuführen und erfordert eine bedeutend längere Zeit, indem, wie schon ausgeführt, eine grössere Menge von Verunreinigungen zu entfernen ist. Zum Bleichen wendet man meist eine sogenannte gemischte Bleiche an, bei welcher die Waaren durch Auslegen auf dem Bleichplan zur Hälfte oder 3/4 vorgebleicht und dann mit Hülfe von Chlorkalklösung fertig gebleicht werden. Zu starke Chlorkalklösungen dürfen nicht angewandt werden, da solche eine bedeutende Verminderung der Dauerhaftigkeit und Festigkeit des Gewebes herbeiführen würden. Andererseits darf der Bleichprocess auch nicht zulange ausgedehnt werden, sondern müssen die Waaren so schnell als möglich die einzelnen Bleichstufen durchlaufen. Das Gewebe erhält durch eine lange Dauer des Processes einen bläulich dunkel aussehenden Grund, den man mit dem Ausdruck „gesetzt“ bezeichnet und kann ein solches Gewebe nicht mehr genügend weiss erhalten werden, ohne dass die Faser selbst angegriffen wird. Zu schwache Lösungen werden natürlich öfters angewandt werden müssen, ehe eine entsprechende Wirkung erzielt sein wird. Völlig gebleichte Leinwand erleidet einen Gewichtsverlust von $30-42\%$. Ausserdem verändert sich die Länge und Breite des Gewebes um ein geringes. Die Länge nimmt um $1\frac{1}{2}$ bis 3% ab, manchmal auch gar nicht; sie vermehrt sich sogar zuweilen um ein geringes, wenn nämlich beim Auslegen auf dem Bleichplan etwas angespannt wird. Nach der Höhe des Bleichgrades, welcher der Leinwand ertheilt wird, verliert dieselbe auch an Festigkeit. Der Verlust von Festigkeit beträgt bei $\frac{1}{2}$ Bleiche $10-13\%$.

Nach dem Bleichen erhält die Leinwand eine mehr oder weniger starke Appretur durch Stärken und Kalandriren, zuweilen auch durch Glänzen auf der Glättmaschine.

Das Bleichen der Leinwand erfordert $3-6$ Wochen; in seltenen Fällen wagt man durch Anwendung stärkerer Bäder schneller vorzugehen, um etwa in 6 Tagen fertig zu werden.

Leinwand wird wie Garn halb gebleicht und dreiviertel gebleicht, wenn später das Gewebe gefärbt und bedruckt wird, vollgebleicht ($\frac{1}{1}$) jedoch, wenn das Gewebe, als weisse Waare marktfähig auftreten soll.

Das irische Bleichverfahren ist dasjenige, welches sich seit einiger Zeit bei uns eingeführt hat und in grösseren Bleichereien fast auschliesslich zur Anwendung gelangt. In demselben sind die ältern Verfahren vereinigt, während neuere Methoden, wie das Warendorfer Bleichverfahren, sich darauf stützen. Zum Bleichen dient Chlorkalklösung in oder ohne Verbindung mit der Rasenbleiche. Die alte Bielefelder Methode des Bleichens, ohne Anwendung von Chlorkalk, durch alleinige Rasenbleiche wird gar nicht mehr angewandt.

I. Irisches Verfahren mit Rasenbleiche.

1. Das Einweichen.

Das Leinen gelangt zuerst in die Weich- oder Gährbottiche. Für 200 Stück Leinen haben dieselben die Dimensionen $3 \times 1,75 \times 1,75$ m. Jede eingelegte Waare wird mit Wasser von 45° C. übergossen und festgestampft, damit das Wasser alle Theile gleichmässig durchdringt. Sobald der Bottich oder das Fass auf solche Weise angefüllt worden, wird die Waare mit Brettern zugedeckt. Nach etwa 24 Stunden tritt eine Gährung ein, die etwa 36 Stunden anhält. Durch die Gährung wird eine Menge Schmutz von der Waare abgelöst. Sobald die Gährung vollendet ist, wird die Waare gespült oder geschweift und auf den Bleichfeldern während 2—3 Tagen ausgebreitet, wo jedoch das Gewebe feucht erhalten werden muss, was durch Aufspritzen von Wasser, nach jedesmaligem Trockenwerden, geschieht. Zuletzt lässt man das Gewebe trocknen und bringt es zum ersten Bäuchen.

11*

Durch vorstehende Behandlung verliert die Leinwand 10—15% ihres Gewichts.

2. Das Bäuchen.

Das Bäuchen geschieht zum Theil noch in Bäuchgefässen, die mit doppelten Boden versehen sind, tief in die Erde eingegrabene Fässer, so gestellt, dass die Bäuchflüssigkeit aus dem Kessel direkt hineinfliessen und dass die durch die Waare gezogene Flüssigkeit, die sich zwischen dem ersten und zweiten Boden wieder gesammelt, in den Laugenkessel wieder hinaufgepumpt werden kann. Das Einbringen in die Bäuchfässer wird in derselben Weise, wie beim Einweichen vollzogen. Jede Schicht wird mit Lauge übergossen, festgetreten und so fortgefahren, bis alle Waare eingelegt und die Waare mit Flüssigkeit überdeckt ist. Zum Bäuchen bedient man sich einer Auflösung von Soda, (für feinere Leinen 2^0, für mittlere 3^0, für grobe $3^1/_2{}^0$, für Damast 4^0 Bé stark), welche zum Beginn des Kochens auf 55^0 C. erwärmt wird. Die sodann wieder in den Kessel zurückgepumpte Flüssigkeit wird hierauf um 5^0 höher erwärmt und wieder zufliessen gelassen. So wird fortgefahren, bis die Lauge eine Temperatur von 100^0 C. erlangt hat. Nach der Grösse des Bäuchgefässes ist hierzu längere oder kürzere Zeit, durchschnittlich 5 – 6 Stunden, erforderlich. Hat die Lauge die genannte Temperatur erreicht, so lässt man das Feuer unter dem Kessel ausgehen, fährt jedoch mit dem Auf- und Abpumpen der Lauge so lange fort, bis das Feuer erloschen ist. Soll nach Beendigung der Bäuche das Auslegen erst am andern Morgen vorgenommen werden, so bleibt die Waare über Nacht in den Bäuchgefässen mit Lauge bedeckt stehen; wenn dagegen die Rasenbleiche gleich geschehen soll, so wird die Lauge abgepumpt und so viel kaltes Wasser zufliessen gelassen, bis die Waare erkaltet und alle braune Lauge entfernt ist.

Ohne zu waschen, erfolgt das Auslegen auf dem Bleichplan, wo die Waare ausgebreitet 2—3 Tage liegen bleibt. Sobald das Gewebe trocknet, wird dasselbe mit Wasser begossen, schliesslich jedoch die Waare trocken aufgehoben und nochmals gebäucht. In Irland und Schottland wird das Begiessen der Waare auf dem Bleichplan seltener vorgenommen, wodurch die Waare weniger an Gewicht einbüsst, gleichzeitig auch Arbeit erspart wird.

In der vorbeschriebenen Weise wird das Bäuchen und Auslegen auf den Bleichfeldern 5—7 Mal wiederholt, je nach der Beschaffenheit der Leinwand. Die Stärke der Lauge nimmt von Bäuche zu Bäuche allmählich ab. Bei der ersten Bäuche nimmt man auf 100 Liter Wasser 1 kg calcinirte Soda. Bei jeder folgenden Bäuche enthält die Lauge pro kg Soda 10 Liter Wasser mehr, sodass bei der letzten achten Bäuche auf 180 Liter Wasser 1 kg Soda kommt.

Das Bäuchen wird ferner in besonders gebauten geschlossenen Hochdruckkesseln vorgenommen.

Hochdruckbäuchkessel aus Kesselblech für Leinen-Waaren. (Haubold.) Ein schmiedeeiserner Kessel von konischer Form, auf 3 Füssen ruhend, ist im Innern mit einem mehrtheiligen, gusseisernen Siebboden versehen, der in der Mitte ein Standrohr, bis unter dem Deckel des Kessels reichend, trägt. Ueber dem Standrohr ist zur besseren Vertheilung der durch das Standrohr aufsteigenden Bäuchflüssigkeit ein Uebergussschirm angebracht. Der schmiedeeiserne Deckel ist durch Klemmschrauben zu befestigen und kann durch einen Krahn leicht auf- und niederbewegt werden.

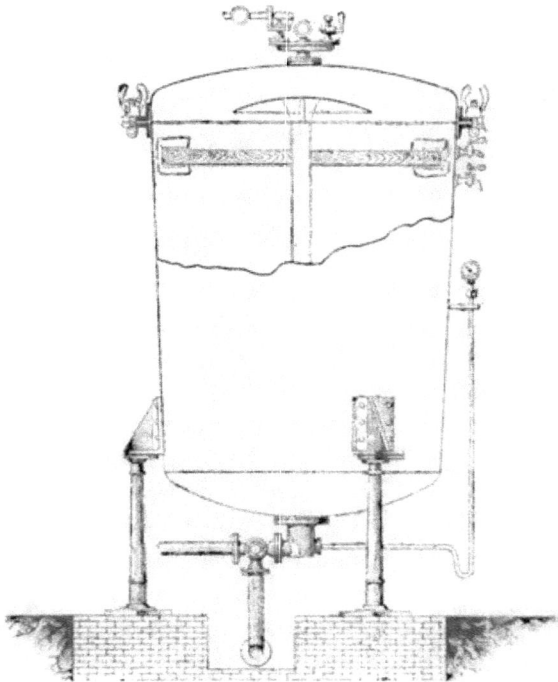

Fig. 62. Hochdruckbäuchkessel für leineue Waaren.

Auf dem Boden des Kessels, unter dem Siebboden liegt eine Kochschlange, um die Flüssigkeit zu erwärmen. Für 600—1700 Pfund Fassung beträgt der obere Durchmesser 1900—2500 mm, der untere Durchmesser

1700—2100 mm, die Höhe 1350—2300 mm. Ausgestattet ist der Kessel noch mit Sicherheits- und Luftventil, Lufthahn, Manometer, Condensationstopf, Dreiweghahn und 2 Probirhähnen. Um die Waare festpacken zu können, schiebt man hölzerne Querriegel ein, welche sich an besonderer Einrichtung im Kessel halten. Man kocht bei $1\frac{1}{3}$ Atmosphären Druck.

Das folgende **Spülen** und **Waschen** wird in einem Flusse oder Bache, oder auf bereits beschriebenen Waschhämmern oder im Waschrade vorgenommen.

3. Das Säuren.

Nach dem letzten Auslegen auf dem Bleichplan wird das Gewebe nass aufgenommen, gespült und in ein verdünntes schwefelsaures Bad (1 Gewichtstheil Schwefelsäure auf 200 Gewichtstheile Wasser) stückweise locker unter jedesmaligem Untertauchen eingelegt und 5—8 Stunden ruhen gelassen. Sodann wird die Waare gut gespült und nachdem das Wasser abgelaufen, dem folgenden Chlorbad zugeführt.

4. Das Chloren.

Das Chlorbad wird durch Lösen von 1 Theil trockenem Chlorkalk in 600 Theilen Wasser hergestellt. Die Gewebe werden, wie vorhin, im feuchten Zustande stückweise in den steinernen Bottichen (für 100 Stück Leinen: $2\frac{1}{2} \times 2 \times 2$ m) mit hölzernen Stäben gehörig untergetaucht, damit die Flüssigkeit das Gewebe gleichmässig durchdringt. In diesem Bade verbleibt die Waare 6—8 Stunden, wird sodann herausgenommen, wie oben, gespült, und weiter begeben.

5. Zweites Absäuern.

Geschieht wie beim ersten Absäuern. Empfehlens-
werther ist die Anwendung von Salzsäure. Spülen und
Waschen.

6. Das Bäuchen.

Dieses Bäuchen wird mit einer Auflösung von $2^1/_2$ kg
weisser Talgkernseife und 1 kg calcinirter Soda in 600
Liter Wasser bei allmählich steigender Temperatur von
45—75⁰ C. vorgenommen. Die Waare wird hiernach
auf der Bleichwiese während 2—3 Tage ausgelegt,
gespült und sortirt.

Die zur Halbbleiche bestimmten Waaren sind
nunmehr zum grössten Theil fertig gebleicht und
werden noch gestärkt, gebläut und getrocknet.

Für $^3/_4$ Bleiche und Vollbleiche werden noch
folgende Verrichtungen vorgenommen:

7. Das Seifen.

Die Waare wird mit Seife eingerieben, was man
das „Hobeln" nennt und auf der Seif- oder Hobelmaschine oder den sogenannten „rubbing boards"
vornimmt. Diese Maschine bezweckt namentlich die
kleinen Theilchen von brauner Körpersubstanz, die
Schäbereste, zu entfernen. Die Waare wird solange
mit weisser oder brauner erwärmter Seifelösung gewaschen, bis die darin befindlichen schwarzen und
gelben Streifen entfernt sind. Die Maschine besteht
aus zwei der Quere nach gekerbten Hölzern, von welchen das untere festliegt, das obere hin- und hergezogen
wird. 6 Stück werden auf einmal verarbeitet.

Die Verrichtung wird auch mechanisch von einer
ganz aus Holz gebauten Maschine ausgeführt.

Seifmaschine für Leinen und Halbleinengewebe.
(Haubold.) Im hölzernen Hauptgerüste der Maschine
sind drei Einseifmulden übereinander angebracht; unter
denselben ist ein grösserer Holzkasten, welcher die
Flüssigkeit enthält und in welchem das Gewebe einge-

Fig. 63. Seifmaschine für leinene und halbleinene Gewebe.

weicht wird. Dasselbe wird im ausgebreiteten Zustand
über Leitwalzen nach einander durch die Mulden geführt, und von einem cannelirten, mittelst Gegenge-
wichten aneinandergepressten Walzenpaar durch- und
abgezogen. Jede Einseifmulde besteht aus einem
festen Untertisch und einem sich hin- und herbewegen-

den Obertisch, welche beide, wie bei einem Waschbrett, an ihren zusammenarbeitenden Flächen wellenförmig gerippt sind. Von einer Kurbel oder Excenterwelle werden durch Pleuelstangen die Obertische der Mulden, durch Schnecke und Schneckenrad die Abzugswalzen bewegt.

8. Bäuchen.

Die so behandelte Waare gelangt ohne weiteres Ausspülen mit der Seife imprägnirt in eine weitere Bäuche, enthaltend eine Auflösung von 1 kg Soda auf 350 Liter Wasser. Die Waare wird sodann 2 Tage hindurch auf der Bleichwiese ausgelegt, gespült und dem folgenden Chlorbad zugeführt.

9. Zweites Chlorbad.

Man benutzt eine schwächere Clorkalklösung, wie oben, je nach dem Grade der erlangten Bleiche.

10. Drittes Absäuern.

Geschieht wie oben.

11. Bäuchen.

Diese Bäuche wird mit 1 kg Soda $2^1/_2$ kg weisse Talgkernseife auf 600 Liter Wasser bei 45—75⁰ C. unter allmählicher Steigerung der Temperatur vorgenommen. Es folgt das Auslegen auf dem Bleichplan und Spülen.

Die völlig ausgebleichten Stücke werden gestärkt, gebläut und getrocknet.

Die übrigen werden weiter behandelt, indem man die Gewebe nochmals die Seifmaschine passiren lässt, sodann bäucht, auf dem Bleichplan auslegt und spült.

Nach erfolgtem Absäuern sind die bessern Gewebe fertig gebleicht. Die schlechtern Gewebe erhalten noch ein drittes Chlorbad, jedoch in schwächerer Concentration (0,1° Bé), werden mit Schwefelsäure, oder besser Salzsäure, abgesäuert, nochmals gebäucht, ausgelegt und gespült.

Die Schlussverrichtungen für die gebleichte Waare bestehen in Stärken, beziehungsweise Bläuen, Mangeln und Appretiren.

II. Irisches Verfahren ohne Rasenbleiche.

1. Bäuchen. Die Waare wird in einer Soda- oder Potaschelösung von 0,75° Bé während 36 Stunden eingeweicht und dann gewaschen.

Statt dessen kann man mit Kalklösung kochen. Man nimmt 10 kg Kalk auf 100 kg Waare und entsprechend Wasser und kocht 12—14 Stunden im Bäuchkessel. Waschen.

Im letzteren Falle folgt nach dem Bäuchen mit Kalklösung, das Absäuern mit Salzsäure von 2° Bé. Die Waare bleibt 2—6 Stunden liegen, dann Waschen während einer Stunde auf Stampf- oder Hammerwaschmaschine und im Waschrad.

2. Bäuchen. Man kocht mit $^3/_4$ kg Aetznatron, aufgelöst in 100 Liter Wasser während 6—10 Stunden und wäscht. Statt dessen bedient man sich bei einer weniger strengen Bleiche auch einer Auflösung einer vorher zubereiteten Mischung von 1,5 kg Aetznatron und 1,5 kg Harz, aufgelöst in 100 Liter Wasser.

Das Bäuchen mit einer Harzseifenlösung kann nach Beschaffenheit und Farbe des Stoffes nochmals wiederholt werden.

3. Chloren. Das Chloren geschieht in einer Chlorkalklösung von 0,4⁰ Bé, in welche das Gewebe 10—15 Stunden lang eingelegt wird. Waschen.

4. Absäuern. Hierzu dient ein verdünntes Schwefelsäure - oder besser Salzsäure-Bad, von 0,4⁰ Bé, in welches die Waare 3—6 Stunden lang eingelegt wird. Waschen.

5. Bäuchen. Man nimmt hierzu etwa 0,5—0,6 kg Aetznatron auf 100 Liter Wasser und kocht 4—5 Stunden lang. ˙Waschen.

6. Chloren. Die Waare wird 10—14 Stunden in verdünnte Chlorkalklösung von 0,2⁰ Bé eingelegt.

7. Absäuern. Wie oben.

Die Waare wird bei diesem Stande des Bleichprocesses auf den erlangten Bleichgrad geprüft. Genügend gebleichte Waare wird gestärkt und gebläut. Andernfalls folgen:

8. Seifen. Die Waare wird wie oben ausgeführt, mit brauner Schmierseifelösung auf der Hobel- oder Seifmaschine gerieben, dann gewaschen.

9. Chloren. In eine noch schwächere Chlorkalklösung von etwa 0,1⁰ Bé wird die Waare 2—4 Stunden lang eingelegt.

10. Absäuern und Waschen. Wie oben.

Im allgemeinen erzielt man nach vorstehendem Verfahren eine nicht so glänzend weisse Bleiche als nach dem gemischten Verfahren.

Die braune oder holländische Leinwand

wird, wie dies die Farbe des Gewebes darthut, nur wenig oder gar nicht gebleicht, sondern nur auf kurze Zeit in Wasser oder schwacher Sodalösung gewaschen und abgesäuert.

Von den Bleichverfahren mit andern Bleichmitteln sei noch das Bleichverfahren mit übermangansaurem Kali im Nachstehenden kurz angeführt, das angeblich in Frankreich in Anwendung sein soll.

Bleichverfahren mit übermangansaurem Kali.

Das Verfahren wurde von Tessié du Motay für Leinwand und Leinengarn vorgeschlagen. Das Gewebe wird durch Gährung entschlichtet, gelangt dann in ein Bad mit übermangansaurem Kali (auf 100 kg Leinen 4—6 kg Salz) und schwefelsaurem Magnesium oder Chlormagnesium. Hierin wird die Waare 15—20 Minuten ruhen gelassen. Die Faser kommt dann in wässerige schweflige Säure oder Wasserstoffsuperoxyd, worin man solange hantirt, bis der die Faser überziehende Lack von Mangansuperoxyd sich gelöst hat. Dann wird gewaschen und hierauf die Behandlung in beiden Bädern so lange wiederholt, bis der verlangte Bleichgrad erreicht ist. Ein Gewebe soll in bedeutend kürzerer Zeit nach diesem Verfahren gebleicht werden.

Buntbleiche.

Man versteht hierunter das Verfahren, durch welches diejenigen Stellen in einem bedruckten baumwollenen und leinen Gewebe, welche mit keinem Mordant oder Beizmittel getränkt sind, gereinigt werden. Hierzu können im Allgemeinen weder alkalische Laugen, noch

Chlorkalklösungen, noch Säuren verwendet werden. Die wichtigsten Reinigungsmittel sind Kleie, Kuhmist Malz und Seifenwurzelabkochung. Zuweilen wendet man auch sehr verdünnte Javell'sche Lauge oder auch Eau de Labarraque (unterchlorigsaures Kali oder unterchlorigsaures Natron) an. Die Waare wird dann auf dem Bleichplan ausgebreitet, bis die Farbe vollkommen geschönt und die weissen Stellen ganz klar und hell erscheinen.

Bleichflecken.

Während des Bleichens treten zuweilen verschiedene Flecken auf, welche recht hindernd den Fortgang des Bleichens beeinträchtigen. Die Natur der Flecken oder „Sprossen" bemerkt man erst, wenn die Waare dreiviertel gebleicht ist. Sie färben an manchen Stellen das ganze Gewebe bräunlich und lassen sich durch weiteres tüchtiges Bäuchen und durch Chloren entfernen. Kommen die Stücke während des Bleichens mit Eisen in Berührung, so entstehen häufig Rostflecken. Wird der Fleck feucht, so färbt er ab und erzeugt neue Flecken. Die Flecken verschwinden manchmal während des Bleichens, andernfalls müssen sie durch Betupfen mit verdünnter Oxalsäurelösung und nachfolgendem Waschen entfernt werden. Am hartnäckigsten haften die Holzflecke, die entstehen, wenn die Waare auf hölzernen, stets feuchten Gestellen liegt. Wird die von der Seifmaschine kommende Leinwand auf solches Holz gelagert, so bilden sich unter Umständen ganz schwarze, schwer zu beseitigende Flecken. Grasflecken lassen sich leicht entfernen; sind die Gewebe schon vollständig gebleicht, so bleiben rothe Flecken zurück, die durch Säure entfernbar sind.

Graue Flecken entstehen zuweilen beim Aufliegen der
Waare auf Steinen; solche Flecken sind jedoch ebenfalls durch Säure leicht zu entfernen.

Appretur der Leinwand.

In den grösseren Bleicherei - Anstalten wird das
Bleichen durch die Appretur abgeschlossen. Nach
dem letzten Säuern und Waschen werden die Gewebe
auf einem Tische über einer Rolle breitgezogen und
in Falten gelegt und gelangen dann auf die Rolle
der Wassermangel, welche die Leinwand von allen
daran hängenden Theilchen, sowie von etwa darin befindlichen Schmutz und Staubstreifen befreit. Hierauf
folgt das Stärken und Durchtränken der Stoffe mit ge-
kochter Weizenstärke, der man früher Smalte, jetzt entsprechend Ultramarin zusetzt, um einen bläulichen Schimmer zu erhalten, sowie ferner einen kleinen Zusatz von
Stearin und Wachs giebt, um der Leinwand einen milden und hinreichend steifen Griff zu geben, während
durch Stärke allein eine spröde Beschaffenheit entsteht.
Die Mischung wird mit Wasser so lange zusammen
gekocht, bis das ganze etwa rahmartige Beschaffenheit
angenommen, worauf die Leinwand langsam durch die
Appreturmasse gezogen wird. Während dessen wird
die Stärkemischung durch eine Dampfröhre warm, beinahe kochend erhalten. Die Leinwand geht hierauf
zum Trocknen über Walzen hinweg in die Trockenkammer oder auf erwärmte Cylinder. Das Stärken und
Trocknen wird neuerdings auch auf einer einzigen
Maschine ausgeführt. Die getrocknete Waare wird mit
wenig Wasser angefeuchtet oder eingesprengt und
gelangt nun auf die Kastenmangel, wo sie einen

milden Glanz und einen sanften wellenartigen Schimmer
erhält. Statt der Kastenmangel kann der Kalander
angewendet werden, oder besser noch die hydraulische Walzenmangel, wobei der Faden stärker und
gleichzeitig breitgedrückt wird. Für feinere Waare benutzt man sogenannte Stosskalander, Stampfkalander
oder Beetlemaschinen. Die stark glänzenden Glanz-
leinen werden auf den Friktionskalandern fertig
gestellt. Schliesslich wird auch die Scheermaschine
öfters benutzt, um hervorstehende Fasern zu entfernen.

Die Appretur der Halbleinenstoffe, bestehend aus
Baumwolle und Leinengarn, vollzieht sich meistens wie
die Baumwollappretur entsprechender Qualität.

III. Bleichen der Hanfgarne.

Die für die Bindfadenfabrikation bestimmten Garne
werden gebleicht. Zu diesem Zwecke wird das Garn
in einem Kessel mit 10 kg Wasserglas von 38° Bé und
500 Liter Wasser eingelegt, sodass die Flüssigkeit über-
ragt, $\frac{1}{2}$ Stunde lang gekocht. Dann wird in einem
zweiten Kessel die Faser mit Wasser ausgekocht und
hierauf gespült. Das Wasserglasbad kann mehrere
Male benutzt werden, bis dasselbe dunkelbraune Farbe
angenommen hat. Statt Kessel können natürlich auch
Holzbottiche mit Dampfröhren gebraucht werden.
Wasserglas ist der Anwendung von Kalk und Soda
vorzuziehen, weil die Faser hierbei nicht an Festigkeit
einbüsst und gleichzeitig weniger Zeit beansprucht
wird. Nach dem Spülen gelangen die Garne in die
Bleichkufen und zwar während 24 Stunden in eine

0,6%ige Lösung von Chlorkalk (10 kg Chlorkalk auf
1500 Liter Wasser). Aus dem Bleichbad kommen die
Garne, nachdem die anhaftende Flüssigkeit abgetropft
oder ausgeschleudert worden ist, in verdünnte Salzsäure
von 0,1% Salzsäure (1 Liter Salzsäure in 1000 Liter
Wasser). Hierauf wird sorgfältig gewaschen, bis kein
Chlorgeruch mehr bemerkbar ist. Es empfiehlt sich
ein Entchloren mit einer $^1/_2$—1%igen Lösung von unterschwefligsaurem Natron vorzunehmen. Für mittelhelle
Farben wird diese Bleiche genügen, für Vollbleiche
muss dagegen der Bleichprocess zwei bis drei Mal
wiederholt werden. Ein Einschalten der Rasenbleiche
dürfte förderlich sein. Als Blaumittel kann man auch
Methylenblau verwenden.

IV. Bleichen der Jute.

Zum Bleichen der Jute sind eine grosse Zahl von
Verfahren und alle erdenklichen Bleichmittel in Vorschlag gekommen. Bis jetzt wird indessen, als ein-
fachstes und billigstes Mittel, nur Chlorkalk gebraucht.
Je nach der Vorreinigung verliert Jutegarn 5—20%
seines Gewichts und braucht dann zur Bleiche 4—8%
wirksames Chlor. Es kommt beim Bleichen sowohl auf das
Alter der Faser an wie auf die am Orte der Ernte aus-
geführte Behandlung. Ferner wird besondere Vor-
sicht angerathen, da, wenn Jute mit Chlorkalk gebleicht
wird, gechlorte Verbindungen entstehen können, die
später beim Behandeln des Materials mit Dampf, wie
beim Färben und Bedrucken, unter Freiwerden von
Salzsäure sich zersetzend, eine dunkelbraune Färbung

hervorrufen und schliesslich ein völliges Zerfallen der
Faser bewirken. Schwache Chlorkalklösung bleicht die
Jutefaser bis zur hellgelben Farbe , wobei jedoch die
Faser oxydirt wird und Verbindungen, die mit löslichen
Kalksalzen unlösliche Niederschläge auf der Faser geben,
erzeugt werden. Die Jute erhält ein rauhes Gefühl,
wird spröde, verliert an Haltbarkeit und nimmt einen
unangenehmen Geruch an. Man hat daher unterchlorigsaures Natron empfohlen, welches die Nachtheile des
Chlorkalks nicht ergeben soll. Schoop[1]) bestreitet die
nachtheilige Wirkung des Chlorkalks und behauptet,
das Bleichen mit Chlorkalk gehe glatt von statten, ohne
Bildung jener Chlorproducte, wenn die Bleichflüssigkeit stets alkalisch gehalten werde und keine freie
unterchlorige Säure enthalten sei. Auch dürfe das Bleichmittel nicht im Ueberschuss angewandt werden.
Man könne zuerst in ein concentrirtes Bleichbad eingehen, müsse dann aber bei fortschreitender Bleichung
die Stärke der Flüssigkeit mindern.

Die Versuche von Schoop hatten nach der verschiedenen Vorbehandlung der Jutefaser mit verschiedenen Mitteln folgendes Ergebniss:

a) Das Vorreinigen geschah mit Marseiller Seife.
Die Jute wurde hierauf 12 Stunden lang in Chlorkalklösung (pro Liter Wasser 4,38 g Chlorkalk) eingelegt.
Die Faser war schön weiss und hatte ihren Glanz beibehalten. Der Gewichtsverlust betrug 3,4⁰/₀.

b) Die Vorbehandlung geschah mit Natronlauge.
Die Jute wurde 12 Stunden hindurch in Chlorkalklösung eingelegt. Nach dem Waschen erfolgte ein drei-

---

¹) Pfuhl, die Jute und ihre Verarbeitung. 1888.

stündiges Einlegen in Antichlorlösung. Unmittelbar nach dem Chlorbade war die Jute stark crêmegelb, nach dem Entchloren hellgelb, nach dem Waschen und Trocknen gleichmässig zitronengelb. Der Gewichtsverlust betrug 7%.

c) Nach der Vorbehandlung mit Ammoniak und erfolgten Einlegen in Chlorkalklösung hatte die Festigkeit der Faser stark nachgelassen.

d) Einen gleichen Erfolg hatte eine Vorbehandlung mit Schwefelsäure. Die Faser selbst war crêmefarben und glanzlos.

e) Eine mit Natronwasserglas vorbehandelte Jute wurde in durch Sodazusatz alkalisch gehaltene Chlorkalklösung 12 Stunden eingelegt. Sodann wurde sorgfältig gewaschen und in schwach angesäuertem Wasser umgezogen, dann ¼ Stunde in eine 2%ige Bisulfitlösung eingegangen, nochmals gewaschen und getrocknet. Das Garn hatte etwas von seinem Glanze eingebüsst, war nicht ganz weiss geworden, sondern hatte einen nach braun hinneigenden Crêmeton. Gewichtsverlust 7—8%.

Zum Bleichen wurden u. A. folgende Methoden vorgeschlagen:

1. Methode von Bevan und Cross (1886.) Die Gewebe werden bei einer Temperatur von 80° C. in einer schwachen alkalischen Lösung von Wasserglas (½ kg auf 100 Liter Wasser), Soda oder Borax gewaschen, dann in einer Lösung von unterchlorigsaurem Natron, die 0,7—1% wirksames Chlor, entsprechend 2% Chlorkalk, enthält, behandelt. Die Lösung wird erhalten, indem man 10 kg Chlorkalk (35%ig) in 400 Liter Wasser löst, filtrirt und hierzu einer Lösung von 10 kg calcinirter Soda in 100 Liter Wasser solange zusetzt, bis

12*

eine filtrirte Probe der Mischung auf Zusatz weiterer Soda keine Trübung mehr giebt. Nach mehrtägigem Stehen ist das klare Filtrat zur Verwendung fertig. Nach Scheurer soll man erst in ein concentrirtes Bleichbad eingehen und nach dem Fortschreiten des Bleichens den Gehalt verringern. Nach dem Spülen werden die Gewebe in kalte verdünnte Salzsäure von $1/3$° Bé gebracht, welche eine kleine Menge schweflige Säure enthält, um Eisensalze aufzulösen und um basische Verbindungen, die eine Färbung der Faser hervorrufen könnten, zu entfernen. Nach dieser Verrichtung hat das Gewebe eine blasse, crèmeartige Farbe und ein schönes, mildes und glänzendes Aussehen. Um die in der Faser zurückgebliebene Salzsäure unschädlich zu machen, folgt ein sorgfältiges Waschen in einer verdünnten Lösung von essigsaurem Natron. Man kann nunmehr zum Färben übergehen. Sollen die Gewebe bedruckt werden, so werden sie weiter behandelt in einem Bade mit saurem, schwefligsaurem Natron oder in Natriumbisulfitlösung, der man $1 - 2°/_0$ schweflige Säure zugesetzt hat. Man taucht das Gewebe in die Flüssigkeit ein, presst nach kurzer Zeit aus, lässt es 2—3 Stunden lang liegen und trocknet hierauf auf Dampfcylindern. Die schweflige Säure entweicht und die Gewebe sind nach dem Trocknen gleichmässig mit schwefligsaurem Natron imprägnirt, welches die oxydirende Wirkung des Dämpfens auf die Faser verhindert, ohne die Entwickelung der aufgedruckten Farben zu beeinträchtigen. Gleichzeitig wird aber auch der Bleichgrad erhöht.

2. Bleichen mit Chlorkalk. Man passirt die Jute zunächst durch ein auf 65° C. erwärmtes Bad mit

8⁰/₀ iger Salzsäure, geht dann in ein kaltes, nicht zu starkes Chlorkalkbad (20 Theile Chlorkalk auf 100 Theile Wasser) wringt ab und geht $\frac{1}{2}$ Stunde lang in ein frisches Bad mit 10⁰/₀ Salzsäure, wringt ab und wiederholt das Chloren und Säuren bis das erforderliche Weiss erreicht ist.

3. Bleichen mit unterchlorigsaurer Magnesia und Zusatz von Soda, Waschen und Aussetzen der Luft. Abwechselnd wiederholen.

4. Bleichen mit Chlorkalklösung unter Zusatz von Essigsäure und Ameisensäure (Lunge).

5. Bleichen mit Chlorkalklösung und Nachbehandlung mit gasförmiger Kohlensäure. (Mather-Thompson.)

6. Bleichen mit Chlorkalklösung und Nachbehandlung mit Wasserstoffsuperoxyd. (Lunge.)

7. Bleichen mit Wasserstoffsuperoxyd. Die Faser wird durch Kochen in 8⁰/₀ iger Sodalösung vorbereitet, dann gespült und gebleicht. Das Bleichbad wird durch Sodazusatz schwach alkalisch gemacht, auf 30⁰ C. erwärmt und die Faser 24 Stunden hineingelegt und dann an der Luft getrocknet. Der Process wird, wenn erforderlich, wiederholt. In neutraler Lösung geht das Bleichen sehr langsam vor sich, in saurer Lösung gar nicht.

8. Bleichen mit übermangansaurem Kali. Die Garne werden zunächst in ein starkes Natronlaugebad eingelegt, dann gespült und hierauf durch ein schwaches Schwefelsäurebad genommen und nochmals gespült. Das Bleichen erfolgt in einem 25⁰ C. warmen Bad mit 3,6—5⁰/₀ übermangansauren Kali, worin ¹|₂ Stunde belassen wird; hierauf wird gespült und dann

$1/_2$ Stunde auf ein Bad mit $10^0/_0$ Zinnsalz eingegangen. Spülen und Bläuen. Die Jute verliert bei diesem Bleich- process $2-3^0/_0$ ihres Gewichts. Die Anwendung von schwefliger Säure statt Zinnsalz dürfte wohl ebenso gute Erfolge haben. Man erzielt ein schönes Weiss.

Appretur der Jutegewebe.

Waschprocesse werden im allgemeinen vermieden. Auf der Einsprengmaschine werden die Gewebe mit einer Schlichte bestehend aus Kartoffelmehl, Alaun und Thran besprengt. Sodann sucht man durch starkes Calan- driren, durch besondere Glätt- und Quetschmaschinen die Fäden des Gewebes breit zu drücken und die Fa- sern ineinander zu schieben und auf diese Weise die Zwischenräume sorgfältig auszufüllen. Die Calander werden mit fünf und noch mehr schweren Walzen aus- gerüstet. Das Jutegewebe wird vielfach gefärbt und bedruckt. Die Behandlung der Gewebe in einer Lösung von Aetzalkalien soll eine Art Kräuselung ertheilen und die Gewebe wollähnlich machen. Nach diesem Bade folgt ein Auswaschen in einem schwachen Bade von Schwefelsäure, Spülen und Trocknen. Beim nachfol- genden Calandriren soll solches Gewebe grössere Dich- tigkeit erhalten.

V. Bleichen der Nesselfaser.

Im Verhalten gegen Bleichmittel steht die Faser zwischen Baumwolle und Leinen. Sie wird schneller gebleicht als Flachs, mit welchem sie indessen bis zu einem gewissen Punkte die Empfindlichkeit gegen unterchlorige Säure theilt, weshalb eine vorsichtige Behandlung anzurathen ist. Statt Chlorkalk verwendet man besser unterchlorigsaures Natron oder unterchlorigsaure Magnesia an. Das vorherige Abkochen wird mit Natronlauge (kaustische Soda) vorgenommen und bei Anwendung von Chlorkalk bei der Bleiche, wie bei Baumwolle, hantirt, nur mit dem Unterschiede, dass man sich schwächerer Lösungen bedient.

VI. Waschen und Bleichen der Wolle.

Durch die Wäsche der Wolle sollen alle fremden Bestandtheile, wie Schmutz, Wollfett und Schweiss möglichst entfernt werden, beim Waschen von Garn und Geweben neben zufälligen Verunreinigungen besonders die künstlichen Zusätze wie Oel, Schlichte u. s. w. Zu beachten ist stets die spätere Verwendung. Beim Waschen der Streichwolle, die zur Herstellung aller Wollwaaren, wie Tuch, Buckskin, Flanell u. s. w. verwendet wird, hat man bei der Wäsche darauf zu sehen, dass die natürlichen Kräusel der Wolle, die Vorbedingungen einer guten Walke, nicht verwaschen, sondern erhalten bleiben, wogegen bei Kammwolle, die zur Herstellung von glatten Zeugen, wie Merinos, Orlean, Mousselin und Thibets gebraucht wird, also Gewebe, die wenig oder gar nicht gewalkt werden, die Eigenschaft der Krimpfähigkeit bei der Wäsche verloren gehen soll. Im warmen Wasser verliert die Wolle ihre natürliche Elastizität, welche sie indessen beim langsamen Erkalten wieder annimmt. Tuchwollen lässt man daher in wenig bewegten Flüssigkeiten behandeln

und spült sie erst, wenn die aus dem Bad genommene
Wolle vollständig und ganz allmählich erkaltet ist.
Kammwolle dagegen darf von warmen Bädern sofort
in kalte Bäder gebracht werden.

Sorgfältiges Waschen und Spülen der Wolle im
losen Zustande, als Garn oder als Gewebe, gehört zu
den wichtigsten Vorbedingungen für das gute Gelingen
der Färbung. Bleibt eine dünne Fettschicht zurück,
so verhindert das die Aufnahme der Beizen und der
Farbstoffe in mehr oder weniger geringem Masse und
man erreicht unegale und fleckige Ausfärbungen.
Schlechte Wäsche rächt sich ferner oft bitter in den
entferntesten Stadien der Appretur.

Die Rohwolle enthält, wie erwähnt, $20-79^0/_0$
Wollschweiss, der zuweilen schon zum Theil durch die
Pelz- oder Rückenwäsche auf dem lebenden Thiere kurz
bevor zur Schur geschritten wird, entfernt wurde. Solche
vorgereinigte Wolle kommt als ,gewaschene Wolle'
in den Handel. Vor dem Bleichen oder Färben muss jedoch noch einmal gewaschen werden. Die meisten aus-
ländischen Wollen kommen indessen im Schweiss, d. h.
ungewaschen in den Handel, besonders da die Wäsche,
ausgeführt durch unerfahrene Landwirthe, mancherlei
Nachtheile für die Güte der Wolle mit sich bringt und
die Nachbehandlung durch die Fabrikwäsche doch ohne-
dies nicht unterlassen werden darf. Wollene Garne und
Gewebe enthalten häufig $10-15^0/_0$ Oel, (Olivenöl,
Olein u. s. w.) das vor dem Verspinnen zugefügt worden u. s. w.

Als bestes Reinigungsmittel wird seit ältesten Zeiten gefaulter Urin gebraucht, der augenscheinlich durch
seinen Gehalt an kohlensaurem Ammoniak wirkt. Man

verwendet ihn gewöhnlich mit der fünffachen Menge
Wasser verdünnt bei einer Temperatur von 50^0 C., wobei die Wolle offen, weich und elastisch bleibt. Wi-
derwärtig ist nur der unangenehme Geruch beim Arbeiten, sowie ferner die Schwierigkeit der Beschaffung
grösserer Quantäten, weshalb man früh auf das Aus-
findigmachen anderer Mittel Bedacht nahm. Nahe lag der
Gedanke, kohlensaures Ammon zu verwenden. Man
nimmt etwa $1^0/_0$ Salz in Lösung, jedoch bei nicht zu
hoher Temperatur. Das Schlieper'sche Waschmittel
kann an guter Wirkung gleich gestellt werden. Dasselbe besteht aus einer Mischung von 20 Theilen Soda,
5 – 10 Theile Salmiak und 5 Theile Olein. Bei feiner Wolle
ist Salmiak in grosser, bei grober in geringerer Menge
zu nehmen. Aus Salmiak und Soda bildet sich kohlensaures Ammon und Kochsalz, ferner Oelseifen und dop-
peltkohlensaures Natron. Letzteres nimmt der Soda
den schädlichen, die Wolle spröde machenden Einfluss.
Das Olein befördert ferner die Bildung einer Emulsion
mit dem Wollschweiss. Als ein mildes Reinigungsmittel dienen bei besserer Wolle, besonders für Kammwolle, die Kali- und Natronseifen, falls dieselben
frei von allzugrossem Ueberschuss von kaustischem Alkali sind. Um die Reinigungswirkung zu vergrössern,
giebt man einen Zusatz von Ammoniak. Besonders zu
bemerken ist, dass bei Verwendung von Seife als Waschmittel das Wasser möglichst weich sei. Am meisten
in Anwendung ist gegenwärtig kohlensaures Natron
(Soda, Ammoniaksoda), ein Mittel, das bei richtiger
Handhabung die Wolle nicht angreift. Die Soda darf
selbstverständlich ebenfalls kein kaustisches Alkali enthalten. Die Lösung wird in einer Stärke von $^1/_2 — 1^1/_2^0$ Bé

gebraucht und die Temperatur möglichst niedrig gehalten, so dass sich dieselbe zwischen 40 — 50⁰ C.
bewegt. Für Streichwolle verwendet man Soda und
Seife. Als weiteres Reinigungsmittel wurde Wasserglas empfohlen; es zeigte sich jedoch, dass die damit
behandelte Waare hart und spröde wurde. Zuweilen
wird auch die Rinde des Seifenbaumes oder Quillajarinde oder auch die Levantinische Seifenwurzel dem
Reinigungsbad zugesetzt. Letzteres Mittel dürfte indessen mehr zur Rückenwäsche als zur Fabrikwäsche
geeignet sein, indem keine hinreichend kräftige Wirkung erzielt wird.

A. Waschen der losen Wolle.

Die Schweisswolle hat eine Vorwäsche (desuintage)
durchzumachen, während diejenige Wolle, welche durch
Rückenwäsche bereits vorgereinigt, sogleich den unten
beschriebenen continuirlichen Waschmaschinen, dem
Leviathan, übergeben wird. Zwar unterlässt man auch
oft bei Schweisswolle diese Vorwäsche, was namentlich
bei Wolle mit geringem Schweissgehalt angängig ist.
Nachtheilig ist die Unterlassung der Vorwäsche bei
schweissreicher Wolle. Die dann folgende eigentliche
Wäsche ist, wie ausgeführt, von höchster Bedeutung.
Das Waschbad muss öfters erneuert werden, da sehr
schnell dasselbe mit Schmutz überladen wird.

1. Vorwäsche.

Die Vorwäsche der Schweisswolle wird nur mit
Wasser ausgeführt. Alle hierzu dienenden Vorrichtungen laufen darauf hinaus, möglichst concentrirte, mit

Wollschweiss beladene Lösungen zu erhalten, um aus denselben, da es unstatthaft und vielerorts polizeilich

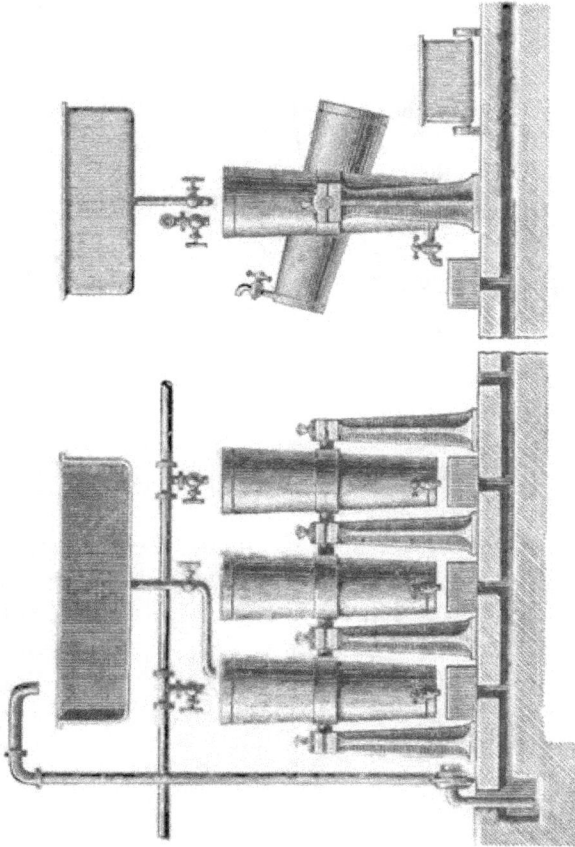

Fig. 64. Vorwaschcylinder für Wolle.

verboten ist, diese Abwässer in Flüsse und Bäche laufen zu lassen, die nicht ganz werthlose Wollasche herzustellen. Die einfachste Vorrichtung zur Vorwäsche

besteht aus mehreren eisernen Cylindern, welche
mit Siebboden und Ablasshähnen versehen sind, in die
die Wolle hineingebracht und mit lauwarmen Wasser von
ungefähr 45⁰ C. übergossen wird. (Fig. 64.) Bald wird die
Wolle zusammensinken, worauf neue Wollparthien auf-
gefüllt werden, bis der Cylinder gefüllt ist. Es wird
sodann der Ablasshahn geöffnet und die braune Brühe
durch eine Centrifugalpumpe in ein grosses Wasser-

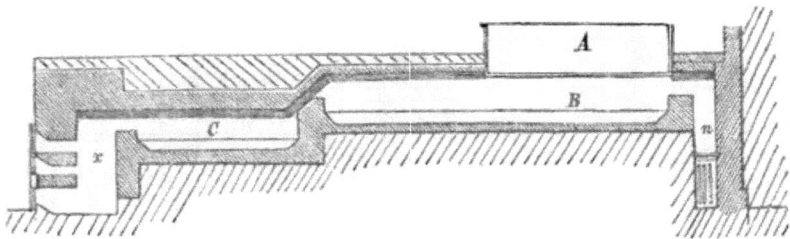

Fig. 65. Längenschnitt eines Ofens zur Gewinnung von Schweissasche.
A Flüssigkeitsbehälter, B Abdampfkammer, C Calcinirraum,
x Feuerung.

becken gepumpt, aus dem sie dann wiederum auf die
Wolle laufen kann, um dieselbe nochmals zu extrahiren.
Der Vorgang wird drei bis vier Mal wiederholt. Schliesslich lässt man die Wolle abtröpfeln, kippt den Cylinder um und nimmt die Wolle heraus. Die Waschwässer werden dann zur weitern Bearbeitung in einen
zweiten Bottich abgeführt, von wo sie in einen Dampf-
Apparat gelangen.

In andern Fabriken wird die Wolle nicht wiederholt mit der gleichen Wassermenge behandelt. Man
wendet die in der Sodafabrication zum Auslaugen der
Rohsoda dienenden Auslauge-Apparate nach Clément
Desormes (Fig. 66) an. Diese Vorrichtung zum Ent-

schweissen besteht aus 4 — 5 stufenweise autge-
stellten Kästen aus Eisenblech. Das in den ersten Kasten
über die Wolle fliessende Wasser gelangt durch gebogene
Rohre, die 15 cm über dem Boden angebracht sind, in den
folgenden, wo das Wasser
sich allmählich immer
mehr und mehr mit Woll-
schweiss bereichert, bis
es im concentrirten Zu-
stand zuletzt in die
zum Eindampfen der
Schweisswässer dienen-
den Eindampfpfannen
gelangt. Die auszulau-
gende Rohwolle befin-
det sich in siebartig
durchlöcherten Blechge-
fässen oder in Körben
aus Weidengeflecht. Man
beginnt mit dem unter-
sten Auslaugekasten, in
welchem die Blechge-
fässe oder Körbe einige
Zeit eingehängt werden,
während warmes Auslau-
gewasser zufliesst. Das
Gefäss wird dann aus-
gehängt und in den
nächst höheren Kasten
eingehängt, während
man in den andern Kasten
neue Wollparthien ein-

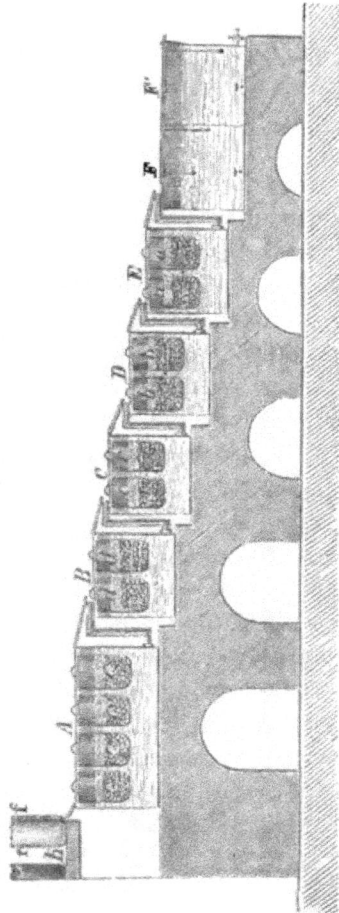

Fig. 66. Auslaugevorrichtung für Wolle.

bringt. Nachdem die Wolle auf diese Weise alle Abtheilungen passirt hat, lässt man abtropfen und leert
die Gefässe, um sie wieder von neuem mit Wolle gefüllt in den untersten Kasten einzuhängen.

Ein drittes. Verfahren, herrührend von E. Fischer,
ordnet 4 Waschcylinder in einem senkrechten
Kreise um eine wagerechte Axe drehbar, nach Art einer
russischen Schaukel, an. Mit wenig Aufwand an Arbeit
erhält man eine möglichst concentrirte Lauge. Die
einzelnen Bottiche können frei um ihre eigene Axe
schwingen. Das Waschwasser wird von einem Bottich
in den andern geführt. Ein und dieselbe Wollmenge
wird fünf Mal von derselben Flüssigkeit durchdrungen.
Wie beim vorigen Apparat, wird auch hier die Wolle
in dem Grade, als sie reiner wird, mit weniger gesät-
tigter Lösung, und umgekehrt, je mehr die Concentration der Schweisslösungen zunimmt, mit weniger reiner
Wolle in Verbindung gebracht.

Verarbeitung der Schweisswässer.

Die concentrirten Schweisswässer, wie solche durch
vorstehende Verfahren gewonnen werden, werden nach
einer Angabe von Fischer auf Potasche verarbeitet.
Die Masse wird auf Abdampfschalen auf Syrupdicke
eingeengt, in einen Flammofen gebracht, in welchem
sie trocknet, dann Feuer fängt und unter leichtem
Schäumen verbrennt. Wollfett, Schmutz u. s. w. verbrennt
unter Entwickelung bedeutender Wärmemenge. Die ab-
ziehenden Gase dienen zur Erwärmung der Abdampfschalen (Fig. 65). Während des Calcinirens muss gut um-
gekrükt werden, bis sich keine leuchtenden Flämmchen
mehr zeigen und die Masse eine schmutziggraue Farbe
angenommen hat. Die glühende Masse wird dann ent-

fernt und während 8—14 Tagen in ausgemauerten viereckigen Gruben erkalten gelassen. Der Ofen hat vielfache Abänderungen erhalten [1] Die grauen Salzkuchen
kommen als Wollschweisspottasche mit einem Gehalt
von 80—82$^{0}/_{0}$ reiner Potasche in den Handel. 100 kg
Rohwolle liefern durchschnittlich bei der Vorwäsche
6—8 kg Pottasche.

Nach einem Vorschlag von P. Havrez [2] kann
Wollschweiss unter Zusatz von stickstoffhaltigen Stoffen
auch zur Herstellung von Blutlaugensalz verwendet
werden. Die angestellten Versuche ergaben gute Erfolge. Versetzt man das Schweisswasser mit Salz- oder
Schwefelsäure, so scheidet sich das Wollfett ab, das
indessen nur schwierig von gleichzeitig abgeschiedenen
Schmutztheilchen und von Wasser gereinigt werden
kann. Dieses Fett ist zur Seifenfabrikation nicht zu
verwenden, dagegen hat dasselbe nach einen Vorschlage
von Braun [3] im gereinigten Zustande Verwendung unter
dem Namen Lanolin zu medizinischen Salben gefunden.
(siehe unten.)

In Deutschland wurde die Verarbeitung des Wollschweisses von Hartmann in Hannover eingeführt. Solche
Fabriken sind in Döhren bei Hannover, Bremen u. a.
in Frankreich bei Roubaix, Rheims, Elboeuf u. a., in
Belgien in Lüttich, Verviers und Antwerpen.

---

1) Polytechn. Journal **229**, 158, **258**, 498. Grothe Gespinnstfasern Bd. I. 769, Verhandl. d. Vereins zur Beförd. d. Gewerbefl.
in Preussen 1879, 323. Jahresberichte d. chem. Industrie 1878. 431.
Fischer, Handbuch der chem. Techn. 13. Aufl. S. 382.

2) Amtlicher Bericht der Wiener Weltausstellung 1873. III.
2. 402. Jahresberichte 1870 210.

3) Jahresber. d. chem. Ind. 1883. 1185.

2. Eigentliche Wäsche. (Reinigen und Spülen.)

Die vorgewaschene Wolle, wie auch die Wolle mit Rückenwäsche, gelangt nun zum eigentlichen Waschprocess. In kleinern Fabriken wird die Wolle in hölzernen Bottichen, die mit der alkalischen Flüssigkeit angefüllt sind, eingeweicht, mit Stangen kurze Zeit darin hin- und hergeführt, zum Abtröpfeln gebracht und in Bottichen mit durchlöcherten Bodeneinsatz mehrere Male gut ausgewaschen. Der Fettgehalt der Wolle darf nach dem Spülen nicht mehr als $1^0/_0$ betragen.

Die erste brauchbare Wasch- und Spülmaschine baute Sehlmacher im Jahre 1832. Vollkommener war dann die Waschmaschine von Peltzer 1855. Ein elipsenförmiges Gefäss trägt oben zwei mit gebogenen Zähnen versehene Schaufelräder, welche die mit dem Wasser um den festen Kern der Maschine rotirende Wolle unter das Wasser tauchen.

Statt Schaufelräder brachte man bald Flügelräder oder Rechen an. Eine gänzliche Aenderung musste man vornehmen, als man anfing, die Wolle im Schweiss zu verarbeiten. Es entstand in der Folge die heute in mittleren und grössern Fabriken zu allgemeiner Einführung gelangte Leviathan-Waschmaschine, eine Maschine, welche Einweich- Wasch- und Spülbottich in sich vereinigt. Der Erbauer der ersten derartigen Maschine, die so ausserordentlich grosse Dienste der gesammten Wollindustrie geleistet, war Grand Rye-Kaivers in Verviers im Jahre 1864, nach einer andern Mittheilung Eugen Mélen in Verviers, der schon am 14. April 1863 um ein Patent nachgesucht hatte.

Wollspülmaschine mit ovalem Behälter. (Demeuse & Co. Aachen.) Der zur Aufnahme der Wolle dienende eiserne Bottich ist 3,17 m lang, 2,77 m breit und 0,8 m tief und trägt einen mehrtheiligen, leicht herausnehmbaren Siebboden. Der Boden des Bottichs ist mit einer Reinigungs- beziehungsweise Abflussklappe versehen. Ein Ständer ist unterhalb des Siebbodens entsprechend dem Querschnitte des Wasserzuströmrohres durchlocht und steigt demzufolge das verhältnissmässig schmutzigste Wasser in dem Ständer auf die Höhe des Wasserspiegels im Behälter, um durch das im Ständer angebrachte Abflussrohr abzufliessen. Letzteres ist behufs Regulirung der Wasserhöhe mit verstellbarer Klappe versehen. Die die Wolle bearbeitende und in Bewegung versetzende Flügelwalze ist blos mit 2 Flügeln, flache Zinken mit theilweiser Blechbekleidung versehen. Die an der entgegengesetzten Seite befindliche Wassereinströmung, dicht oberhalb des Siebbodens in etwas schräger Richtung nach oben, treibt die von der Schlägerwalze nach unten gedrückte Wolle wieder in die Höhe und befördert den Kreislauf der Wolle und des Wassers.

Eine ähnliche Wollspülmaschine mit durch Kurbelwellen angetriebenen Rechen zeigt die umstehende Fig. 67.

Wollspülmaschine mit rechteckigem Behälter. (Demeuse & Co.) Der rechteckig geformte, schmiedeeiserne Behälter hat 4,5 m Länge, 1,8 m Breite und 1,2 m Höhe und ist mit einem mehrtheiligen, leicht herausnehmbaren Siebboden versehen. Das Wasser wird an der Kopfseite bei a durch die beiden abgeflachten Rohre bb' während des Betriebs beständig zugeführt und strömt in der durch Pfeile ccc ange-

Fig. 67. Woll-Spülmaschine mit ovalem Behälter.

deuteten Richtung, um den Kreislauf des Wassers und
der Wolle, welcher oben durch die Bewegung der
auf dem Behälter montirten beiden Kurbelrechen d, d'
hervorgebracht wird, im Anschluss daran, unten in der
entgegengesetzten Richtung zu bewerkstelligen. Das zu
spülende Material wird bei e parthienweise in den Behälter geworfen und also dann im Kreislauf einestheils
von den nicht tiefgreifenden Kurbelrechen dd' in der
Pfeilrichtung (ff) und anderntheils von dem bei bb' ein-
geführten Wasserstrahl in der Pfeilrichtung ccc im
Spülbehälter bewegt und reingespült. Das unreine
Wasser fliesst dabei, von unterhalb des Siebbodens

steigend in den mit Schieber zum Reguliren des Wasserspiegels versehenen Abflusskasten (g) ab.

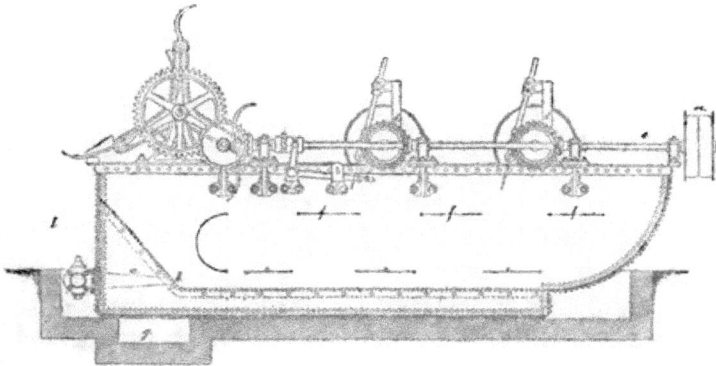

(Querschnitt.)

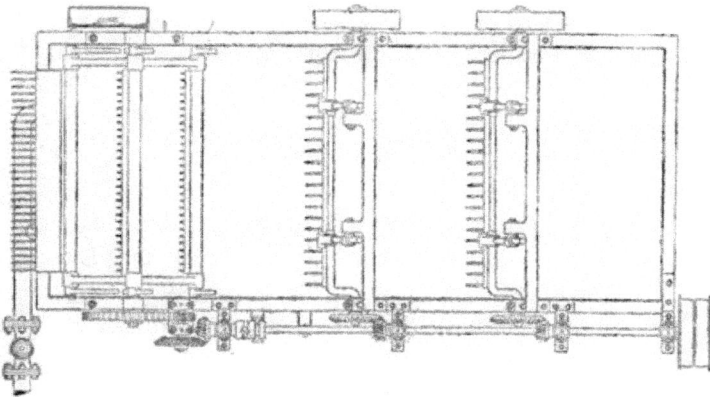

(Oberansicht.)

Fig. 68. Woll-Spülmaschine mit rechteckigem Behälter.

Ist die Wolle rein gespült, so wird vermittelst Um-
legen des Hebels (h) beziehungsweise Einrücken der

13*

Glitsche (i) der dreiarmige Elevator (k) in Betrieb gesetzt, welcher das Material in wenigen Minuten aus
der Maschine in einen bei l bereitzustellenden Kasten
oder Korb fallen lässt. Behufs bequemer Reinigung
des Behälters unterhalb des Siebbodens, ist eine Abflussklappe angebracht. Der Antrieb der Maschine erfolgt durch eine Riemenscheibe.

Automatische Wollwaschmaschine, genannt
Leviathan für den Mittel und Kleinbetrieb (Demeuse
& Co.). (Fig. 69 u. 70 auf Tafel VI u. VII.) Diese
dem Bedürfniss des Mittel- und Kleinbetriebs ange-
passte Maschine bildet eine Nachbildung des Levia-
thans für grössere Fabrikwäsche, mit Einweich- und
Entfettungsbehältern versehen, die, um weniger Raum
einzunehmen, parallel nebeneinander gebaut sind,
wobei die Schmutzwolle mindestens 2 Bäder und
2 Pressen passiren muss, um fettrein gewaschen oder
gespült zu werden. Die beiden Bäder sind getrennt
gehalten. Die zu waschende Wolle wird in den Füllkasten (c) der Einweichmaschine geworfen, fällt in die
Zwischenräume der Eintauchwalze, durch die die Wolle
untergetaucht wird. Durch die Kurbelrechen f und g
wird sie sanft gehoben und weiter geführt bis zum
Aufrücker (h), der die Wolle erfasst und den Druck-
oder Presswalzen zuführt. Die Wolle fällt auf ein
Drahtgeflecht, unter welchem eine Verlängerung des
Einweichbehälters, jedoch von diesem durch eine Scheidewand (o) getrennt, sich befindet. Von hier aus führt
ein schräg abfallendes Blech die Wolle, von einer Flügelwalze (q) noch befördert, in die Entfettungsbehälter,
wo dieselbe wiederum von Kurbelrechen (r, s, t) ergriffen,
gehoben und weiter befördert wird, bis zum Aus-

drücker (u), welcher die Ueberführung zu den Druckwalzen (v v') bewerkstelligt. Die Wolle ist ausgepresst
zum Spülen fertig. Beide Behälter sind mit mehrtheiligen, leicht herausnehmbaren Siebböden (y) versehen.
Die festen Böden fallen nach der Mitte schräg ab,
sodass der durch die Siebboden sinkende Schmutz sich
in dem Schlammsammler (z) ablagern muss, aus welchem
derselbe während des Betriebes durch Ventil (z') abgelassen werden kann. Beide Abtheilungen sind ferner
durch Injector verbunden, um die zeit- und theilweise
abzulassende Schmutzbrühe der Einweichmaschine durch
die verhältnissmässig reinere aus der Entfettungsmaschine
ersetzen zu können. Die Leistungsfähigkeit der Maschine
beträgt nach Breite der Construktion und Beschaffenheit der Wolle 500—1500 kg Schmutzwolle pro Tag.

Leviathan für Fabrikwäsche. (Demeuse & Co.)
Die Maschine besteht aus drei von einander getrennten
eisernen Bottichen. Der erste Behälter dient zum Einweichen der Wolle in einer Lösung des Waschmittels,
der zweite und dritte zum Entfetten mit Hülfe der
warmen Waschflüssigkeit. Jeder Behälter hat eine
Länge von 4,75 m, eine Breite von 1,5 m und eine
Höhe von 0,8 m. Im Einweichbottich befindet sich
der selbstthätige Eintauchapparat. Die zu waschende
Wolle wird zwischen die Flügel der Eintauchwalze
gelegt und von dieser langsam und gleichmässig
untergetaucht, alsdann von dem Kurbelrechen erfasst,
gehoben, so dass sich Schmutz u. s. w. ausschei-
den kann und weitergeschoben, welche Manipulation
sich durch die Rechen wiederholt. Der Transport-
mechanismus und die Kurbelrechen bilden ein Doppel-
system von 8 Raffgabeln. Die Wolle wird dem

Schieb - Elevator übergeben, welcher dieselbe in gleichmässiger Schicht dem Druckwalzenpaar zuschiebt. Nach dem Auspressen, wobei die Schmutzbrühe in den Behälter zurückfliesst, gelangt die Wolle vermittelst des endlosen Ausgangstisches in den ersten Entfettungsbehälter, wird hier vom Rechen erfasst, gehoben und von dem folgenden Rechen in derselben Weise behandelt, bis zum Schiebe - Elevator geführt welcher dieselbe über das schräge und durchlochte Blech unter die Druckwalzen bringt. Nach dem Auspressen gelangt die Wolle vermittelst Ausgangtisch in den zweiten gleich an den ersten montirten Entfettungsbottich von derselben Construktion wie der eben beschriebene und ist die Wolle nach Passirung dieses Bottichs zum Spülen fertig. Der Spülbottich, der meistens als vierter Bottich dazu montirt wird, ist ebenfalls mit Rechen zum Durcharbeiten der Wolle und mit Quetschwalzen versehen.

Im ersten Behälter werden die entschweissten Wollen in der Waschflüssigkeit bei etwa 40⁰ eingeweicht, hierauf im folgenden Bottich bei 45⁰ gewaschen und im dritten bei 25⁰ nachgewaschen. Sämmtliche Bottiche enthalten herausnehmbare Siebböden und einen schrägen, festen Boden, an dessen tiefsten Punkte Schlammsammler angebracht sind, aus welchen vermittelst eines Ventils der Schmutz während des Betriebes abgelassen werden kann. Der Presswalzendruck wird durch Wagenfedern ausgeübt. Die einzelnen Behälter sind unter sich durch Injectoren verbunden, zwecks Ueberführung der Waschbrühe von einem Behälter zum andern, wodurch das Waschmaterial möglichst ausgenutzt wird.

Die Anforderungen an einen gut wirkenden Leviathan sind folgende: Die Wolle muss von den Heberechen durch die Behälter geführt, frei-schwimmend in möglichst grossem Wasserraum die Bäder passiren, sodass die Wolle sich nicht zwischen den Rechen ansammeln kann. Beim Ueberführen der Wolle durch die Quetschwalzen muss die Wolle in derselben Lage und Schicht, wie die Heberechen solche herantreiben, auch zwischen die Quetschwalzen gelangen. Auch ist der Uebelstand zu vermeiden, dass durch mangelhaftes Ablegen des Elevators ein grosser Theil der Wolle vom Tische wieder in den Behälter zurückfällt. Der Schmutzraum unter dem Siebboden muss entsprechend gross sein und geeignet gestaltet, damit der Schmutz sich ruhig ablagern kann und nicht immer wieder aufgewirbelt wird. Schliesslich muss der Behälter eine solche Form haben, dass die Wolle keinen Ruhepunkt findet.

Bei **Kammwollwäsche** enthalten die oben er-wähnten 3 Bottiche nacheinander nur Seifenlösung in ab-nehmender Concentration. Bei **Streichwollwäsche** wird im ersten Bottich Soda, im zweiten Soda und Seife, im dritten Seife genommen. Im Spülbassin befindet sich stets nur reines Wasser von 25⁰ C.

Verarbeitung der Waschwässer.

Die aus dem Leviathan kommenden Waschwässer enthalten die Schweissbestandtheile der Wolle, be-stehen also vorzugsweise aus Kalisalzen, aus organi-schen Säuren und aus einer Emulsion des Wollfettes in Seifenwasser. Ferner fassen sie Schmutz und Sand. Die Verarbeitung geschieht nun entweder nach dem Säureverfahren oder nach dem Kalkverfahren.

Zur Abscheidung der mechanischen Verunreinigung durchfliessen die Waschwässer zunächst ein System von fünf Klärkufen mit je drei Scheidewänden versehen. Jede Kufe hat einen Inhalt von 5 kbm. Die Verunreinigungen setzen sich am Boden ab und können dort durch Oeffnen von Klappen abgelassen werden. (Fig. 71.)

a) Das Säureverfahren. Die geklärte milchige gelbe Flüssigkeit wird in hölzernen Bottichen so lange mit verdünnter Salzsäure oder Schwefelsäure versetzt, bis die Seifen vollständig zerlegt sind. Durch einen Vorversuch ermittelt man die nöthige Menge Säure. Man kann die vom Carbonisiren abfliessende Säure verwenden. Zur schnelleren Abscheidung erwärmt man mit direktem Dampf auf 50—60° C. Die Fettsäuren steigen im abgeschiedenen Zustand in Form einer körnigen, braunen Masse an die Oberfläche. Die Brühe lässt man ablaufen und bringt das Fett zum Abtröpfeln auf Filter aus Cocosmatten. Nach 12 Stunden ist der Schlamm soweit erhärtet, dass man ihn pres-

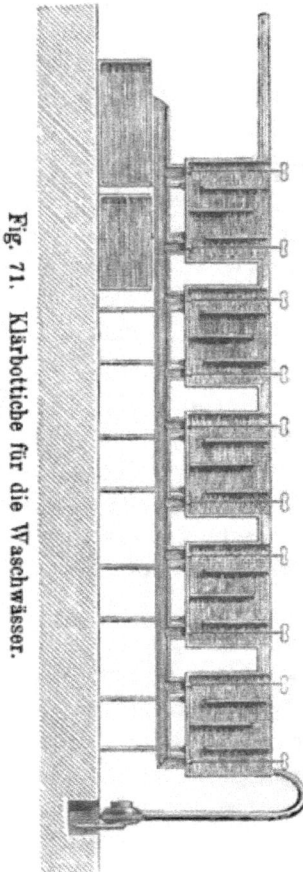

Fig. 71. Klärbottiche für die Waschwässer.

sen kann. Zuerst presst man das Wasser ab, dann zwischen geheizten Platten das Fett. Letzteres wird in einem kupfernen Kessel nochmals durch Dampf erhitzt. Das geschmolzene Fett steigt an die Oberfläche, während das saure Wasser durch einen am Boden angebrachten Hahn abgelassen wird. Das Kochen mit Wasser wird so oft wiederholt, bis alle Mineralsäure entfernt und das Wasser klar abläuft. Um dem Fett ein besseres Aussehen zu geben, wird dasselbe gebleicht. Es geschieht dies in einem mit Blei ausgeschlagenen Bottich, worin das Fett unter Zusatz von Schwefelsäure und einer Lösung von Bichromat hineingegeben und mit Dampf auf etwa 60° C. erhitzt wird. Nach einer Stunde wird die Flüssigkeit abgelassen, heisses Wasser zugesetzt und das Fett durch mehrmalige Behandlung mit reinem Wasser von der grünen Chromalaunhaltigen Flüssigkeit befreit. Das Fett kann zur Seifenfabrikation verwendet werden, im ungebleichten Zustand auch zur Herstellung geringer Seifensorten. Der Pressrückstand, der noch grosse Mengen Fett enthält, wird zu Brennmaterial oder zur Leuchtgasfabrikation benutzt. Die abfallenden sauren Mutterlaugen werden durch Zusatz von Eisenvitriol und Kalkmilch unschädlich gemacht. Es bildet sich ein Schlamm, den man in flachen Gruben absitzen lässt.

In neuerer Zeit hat man mit Erfolg versucht, aus den im Fett enthaltenen Cholesterinverbindungen ein Product, genannt Lanolin, zu gewinnen, das in der Medizin Anwendung findet. (Liebreich, D. R.-P. Nr. 22516.) Das Waschwasser fliesst in eine Centrifuge, um das Seifenwasser von Fett und Schmutz zu reinigen. Letztere bleiben in zwei getrennten Schichten in der Centrifuge zurück. Das sofort gewonnene Rohfett, Lanolin genannt, wird sodann durch Kneten mit Wasser und Schmelzen weiter gereinigt. —

Durch Zusatz von Superphoshat hat man die Bestandtheile der Waschwässer auch zu Düngerzwecken verwendet.

b) Das Kalkverfahren. Die Waschwässer fliessen nachdem sie sich abgesetzt, in ein Bassin, in welches gleichzeitig ein dünner Strahl von Kalkmilch einfliesst, worauf sich Kalkseife abscheidet und schon nach zwei Stunden eine klare Lauge abfliessen kann. Das Abflusswasser hat wenig organische Substanz und freies Alkali und was besonders hervorzuheben ist, die Eigenschaft verloren, sehr bald in Fäulniss überzugehen, wie solche die Waschwässer besitzen. Es kann daher unbedenklich in die öffentlichen Gewässer abgelassen werden. Der zurückbleibende Schlamm trocknet allmählich. Durch Zersetzen mit Salzsäure und Einleiten von Wasserdampf kann die Fettsäure, die nach Analysen von Stahlschmidt und Landolt bis zu 72% vorhanden, wieder gewonnen werden, deren Reinigung, wie oben, ausgeführt werden kann. Die entstehende Chlorcalciumlösung kann zum Füllen neuer Mengen Waschwässer verwendet werden. Der eingetrocknete Schlamm wird auch, wie Lehm, ausgestochen und auf Horden an der Luft getrocknet und giebt dann ein gutes Brennmaterial oder auch mit Steinkohle vermengt, ein vorzügliches Leuchtgas, das wenige Verunreinigungen aufweist. Das Verfahren wurde von Vohl vorgeschlagen und von Schwamborn in Aachen zuerst angewandt.[1]

Ein bemerkenswerthes Verfahren bildet das Lortzing-

---

1) Polyt. Journ. 185. 465. Muspratt, Techn. Chemie I. 899.

sche (D. R. P. 24712), wonach die getrockneten und gepulverten, fetthaltigen Niederschläge mit kohlensaurem Kalk zu sogenanntem „Asphalte comprimé" oder durch Einkneten irgend eines passenden Stoffes in die getrockneten Fettschlammkuchen mittest heizbarer Werkzeuge zu Asphalt mastix verarbeitet werden.

Reinigung der Wolle mit andern Mitteln.

Die Versuche, die Wolle mit leichtflüchtigen, fettlösenden Substanzen zu reinigen, haben für die Praxis keinen Erfolg gehabt. Arcet wandte dazu Terpentinöl an, Seiffert, Josse, Fischer, Cloisson, Lunge, Heyl, van Hecht schlagen Schwefelkohlenstoff in geeigneten Apparaten vor, Rieder, Coffin u. A. Benzin und Amylalkohol oder Fuselöl. Braun hält eine abwechselnde Extraction mit Wasser, Aether und Alkohol für geeignet. Die Versuche scheitern indessen sowohl an der Kostspieligkeit der Verfahren, als auch an der einseitig bewirkten Reinigung, indem nur Fett entzogen wird, die übrigen Theile wie Sand etc. durch eine Nachwäsche entfernt werden müssen. Ferner wird auch durch eine zu energische Extraction die Elasticität der Faser wesentlich beeinträchtigt.

3. Entkletten der Wolle, Carbonisation.[1]

Nach der vorangegangenen Behandlung kann die Wolle häufig nicht gleich weiter verarbeitet werden. In geeigneter Weise sind noch vorher Klettentheile, die Früchte einer Distelart zu entfernen, Verunreinigungen, die bei den einheimischen und besonders stark bei den viel benutzte nüberseeischen Wollen auftreten.

---

[1] Grothe, Techn. d. Gespinnstfasern I. S. 186, 203. II, 70. Delmart, Echtfärberei der Wolle, S. 648. Löbner, Carbonisation, S. 52. Witt, Gespinnstfasern S. 99 u. a O.

Die Klettentheile stören erheblich das Verspinnen,
machen es zuweilen ganz unmöglich, da der Faden
beim Feinspinnen entweder an der Stelle, wo ein frem-
der spröder Stoff sich im Material befindet, bricht,
oder was noch unangenehmer ist, die Verunreinigung
sich im Faden einspinnt und ein spitzes Garn entsteht.
Im gefärbten Gewebe bleiben die Pflanzentheile unge-
färbt und treten zuweilen als Knötchen hervor.

Die mechanische Entfernung der Klettentheile in der losen Wolle wird durch die eigens dazu
erfundenen Klettenwölfe, die in den verschiedensten
Constructionen von Wiede und Andern gebaut worden
sind, ausgeführt. Dieselben erfüllen ihre Aufgabe nur
zum Theil, da sie entweder zu eng gestellt werden
mussten und dann das Wollhaar zu stark zerrissen
wurde, oder bei weiterer Einstellung ein Theil der
Kletten und namentlich die mit Widerhaken versehenen
Futterreste durchliessen Auch kam häufiger vor, dass
die Kletten durch den Wolf, statt gelöst, zerrissen
wurden und die dann entstandenen Partikelchen noch
schwieriger zu entfernen waren.

Wenn die Wolle nicht zu stark mit Kletten behaftet ist, so erfolgt zweckmässig das Entfernen in der
fertigen Waare (Carbonisation im Stück). Bei Kammwolle wird ein grosser Theil der Kletten durch das
„Kämmen“ der Wolle entfernt. Man trennt auch die
Pflanzentheile mit der Hand aus dem Gewebe mit Hülfe
des Noppeisens, womit man das Stopfen verbindet, falls
durch das Noppen ein Loch entsteht. (Noppen, Plüssen
und Stopfen.) Nach andern Verfahren überfärbt man die
Pflanzentheilchen mit Nopptinkturen oder färbt sogar das

ganze Stück so, dass auch die Pflanzentheile mitgefärbt werden. (Noppenfärberei.)

Wenn jedoch die Rohwolle stärker verunreinigt ist, wird zur Entfernung der Pflanzenreste jetzt fast ausschliesslich der chemische Weg eingeschlagen, seltener verbunden mit der oben erwähnten mechanischen Behandlung mittelst des Klettenwolfs.

Die chemische Behandlungsweise beruht auf dem Vorgang, dass alle Pflanzenstoffe durch Mineralsäuren wie Salzsäure und Schwefelsäure bei einer gewissen Temperatur physikalisch und chemisch so verändert werden und zwar durch Verwandlung ihres Hauptbestandtheils Cellulose in Hydrocellulose, dass die mürbe und spröde gewordenen Theile bei der geringsten ausgeübten mechanischen Einwirkung, wie Reiben, Bürsten oder Klopfen in Staub zerfallen. Bei diesem einfachen Verfahren wird die Wolle weniger angegriffen, falls die Concentration der Säure richtig gewählt und nach einer gewissen Dauer der Einwirkung die Säure gründlich entfernt wird. Die Walkfähigkeit und Elastizität erleidet immer eine Einbusse. Dies chemische Verfahren nennt man das „Carbonisiren" der Wolle, zu deutsch „Verkohlung", was streng genommen, nicht richtig ist. Der Erfinder der Carbonisation war Gustav Köber in Cannstatt, der dies Verfahren schon 1852 zur Gewinnung der Extractwolle aus halbwollenen Lumpen anwandte. Isard in England und Frézons in Frankreich[1]) benutzten zuerst das Verfahren zum Entkletten der Wolle. (1854).

---

[1]) In Frankreich bezeichnet man das Carbonisiren mit dem Namen Frézonnage.

Carbonisation der losen Wolle.

Die Carbonisation der Wolle wird wie folgt ausgeführt: Die gewaschene Wolle wird in ein Schwefelsäurebad von 1—4⁰ Bé, je nach der Beschaffenheit der Wolle und nach der Beladung mit Pflanzentheilen bis zu 12 Stunden eingelegt. Einige Carbonisiranstalten nehmen Schwefelsäure von 5 — 7⁰ Bé worin die Wolle 2 Stunden ruhen bleibt. Zur Aufnahme der Flüssigkeit dienen innen mit Cementverputz versehene, gemauerte Bassins oder auch hölzerne Bottiche. Letztere werden innen mit Bleiplatten bekleidet. Eiserne Gefässe werden von der Säure angegriffen. Während des Eintauchens der Wolle wird dieselbe mit Holzkrüken wiederholt aufgerührt. Um letzteres zu umgehen, wendet man auch Lattenkörbe an, die durch eine Winde in das Bad eingelassen werden. Die Wolle wird sodann ausgehoben und in kupfernen und innen verbleiten Centrifugen zur Entfernung des Ueberschusses an Säure ausgeschleudert. Die Wolle gelangt hierauf in den Trocken- und Carbonisirraum, wo sie während 2—3 Stunden bei einer Temperatur von 30—45⁰ C. vorgetrocknet und dann bei 70—80⁰ carbonisirt wird. Würde man die Wolle gleich im feuchten Zustande dem hohen Hitzegrad überliefern, so würde die Faser angegriffen, mürbe und brüchig werden. Nach angestellten Versuchen ergiebt sich für den Einfluss der Säure und entsprechendes Trocknen auf die Wollfaser, dass concentrirte Säure bei niedriger Temperatur nicht so stark wirkt, wie verdünnte Säure bei hoher Temperatur, und ferner, dass Salzsäure in Wirkung der Schwefelsäure gleichkommt und es belanglos ist, eine Mischung dieser Säuren zu gebrauchen.

Die Firma Rudolf & Kühne in Berlin N. hat einen besonderen Carbonisir-Ofen gebaut, in welchem die Wolle derart behandelt wird, dass sie zuerst durch Ventilation bei einer Temperatur von 55⁰ C. getrocknet wird, wobei gleichzeitig alle schädlichen Gase entfernt werden und erst dann durch Erhöhung der Temperatur bis auf 90—100⁰ C. der eigentliche Carbonisationsprocess stattfindet. Der Carbonisirapparat besteht aus 2 oder 3 mit verschliessbaren Luftklappen versehenen Kammern, in welche die erhitzte Luft geführt wird.

Die Wolle befindet sich auf verzinkten eisernen Drahthorden mässig dick aufgelegt, die zu je neun Horden übereinandergelagert in einem Gestelle sitzen, das auf einem eisernen, auf Schienen bewegbaren Wagen in die Kammer bequem eingeschoben werden kann.

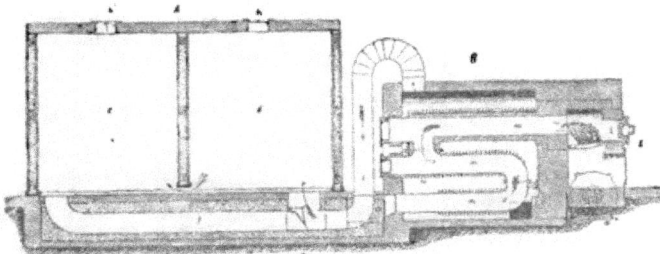

Fig. 72. Schnitt durch Carbonisir- und Heizofen.
A Carbonisirofen, B Heizofen, c u. d die beiden Kammern des Ofens, h Luftabzugsklappen, f Luftzuführungskanal, m Rippenrohre, l Feuerung.

Der benöthigte Heizofen wird getrennt aufgestellt und ziehen die Feuergase durch Rippenrohre ab. Durch die Letzteren wird die umgebende Luftschicht, die durch einen Ventilator in die Kammern hineingeblasen wird,

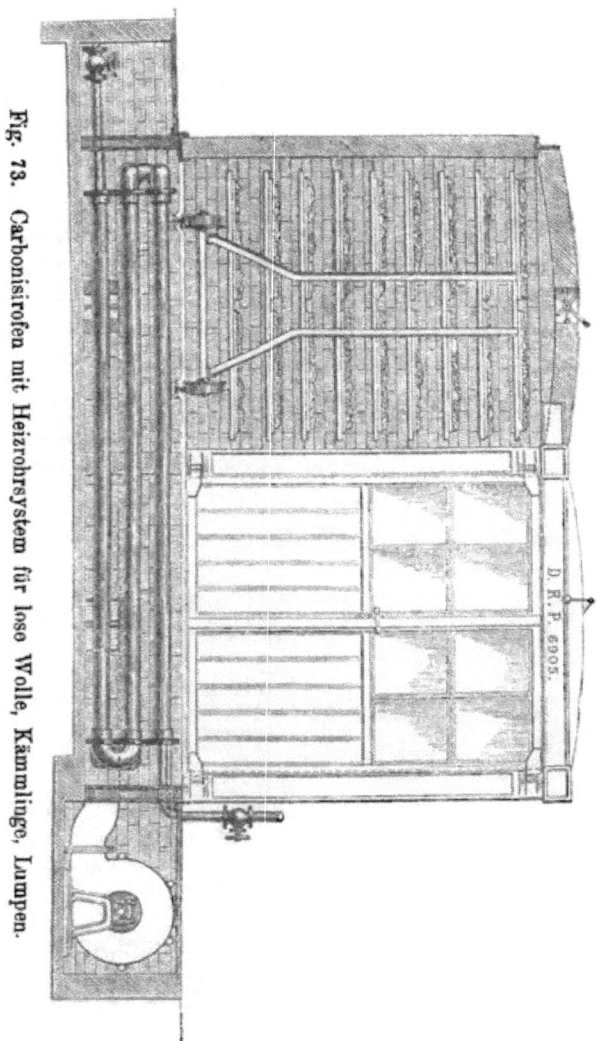

Fig. 73. Carbonisirofen mit Heizrohrsystem für lose Wolle, Kämmlinge, Lumpen.

erwärmt. Beim ununterbrochenen Betriebe der Apparate gelangt die heisse Luft stets zuerst in die Kammer, in welcher die Wolle carbonisirt werden soll, also eine höhere Temperatur erforderlich ist, wobei selbstverständlich die Luftklappe geschlossen gehalten wird. Aus diesem Raume gelangt die heisse Luft durch eine Schlitzöffnung der trennenden Wand in die nebenanliegende Kammer, wo die zum Trocknen bestimmte Wolle inzwischen aufgespeichert worden ist. Die trockene warme Luft hat die Eigenschaft, der nassen Wolle die Feuchtigkeit zu entziehen, sodass dieselbe in verhältnissmässig kurzer Zeit bei einer Temperatur von 55° C. trocknet. Die sich bildenden Wasserdämpfe und sauren Dämpfe entweichen durch die an der Decke offengehaltene Abzugsklappe. Nach dem vollständigen Trocknen wird diese Klappe wieder geschlossen und die Wolle durch Einleiten der directen heissen Luft carbonisirt. Dieses wechselweise Zuführen der Luft bald in die eine, bald in die andere Kammer wird durch die verschiedene Stellung einer Drosselklappe innerhalb des Zuführungskanals der heissen Luft bewirkt.

Eine andere Carbonisir - Maschine ist der Firma Demeuse & Co. in Aachen patentirt. (D. R.-P. 46018.) Um die Carbonisation gleichmässiger auszuführen, damit die Hitze alle Materialtheilchen gleichmässig bestreichen kann und nicht einzelne Theile unausgesetzt dem Heizkörper zunächst liegen, wurde das Prinzip der Norton'schen Trockenmaschine zu Carbonisationszwecken geeignet gemacht. Das Material wird während des Carbonisirens bewegt, wodurch die Spinnfähigkeit der Faser geschont wird. Das Carbonisiren wird bei einer bestimmten constanten Temperatur , also ohne jeden

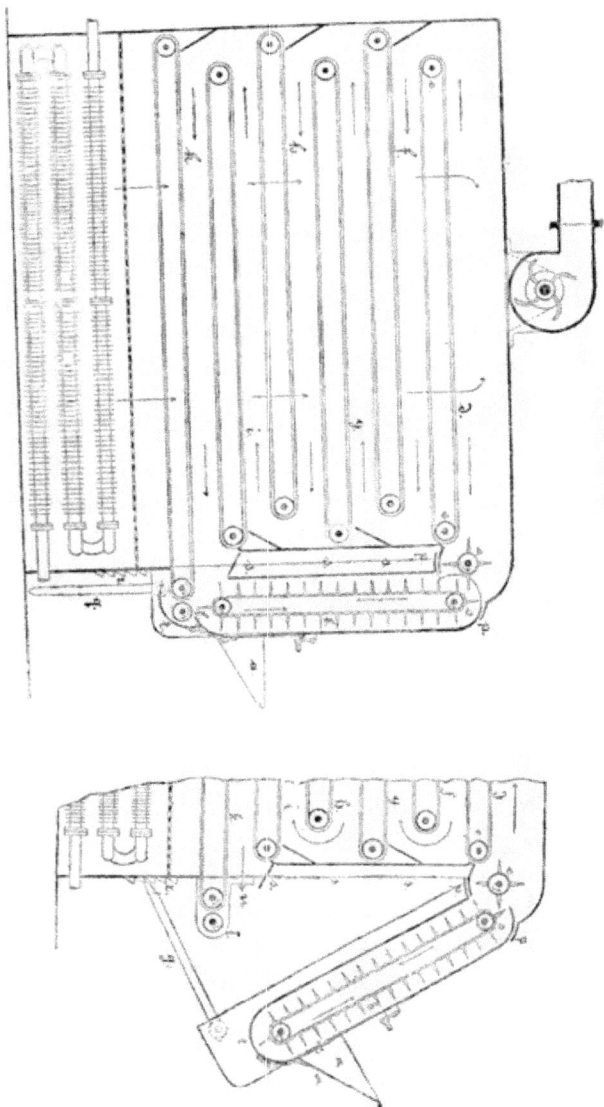

Fig. 74. Carbonisir- und Trockenmaschine für lose Wolle.

Luftzu- oder Abzug eine gewisse Zeit lang unter beständigem Wenden in der Maschine belassen, wie dies die Zeichnungen erläutern. Das auf irgend einer andern Einrichtung vorgetrocknete, zum Carbonisiren bestimmte Material (das Material kann auch auf derselben Maschine vorgetrocknet werden) wird, nachdem die Maschine, jedoch ohne Ventilator, in Betrieb gesetzt, der Luftzutritt abgesperrt und der gespannte Dampf zur Erzeugung der Carbonisirungs-Temperatur in den unterhalb der Maschine befindlichen Heizkörper eingelassen ist, in den Füllkasten (a) gelegt, wo es von den seitlich vorne und hinten geschlossenen, mit Stiften garnirten Zuführtisch (b) erfasst und von diesem in der angezeichneten Richtung bis zur Flügelwalze (c) geführt wird. Diese bedeutend rascher wie der Zuführtisch (b) rotirende Walze (c) nimmt das Material vom Zuführtisch ab und wirft es auf den aus durchflochtenen Eisenblechwalzen bestehenden endlosen Tisch (d), dessen einzelne Walzen vermittelst Schnecke und Schneckenrad bewegt werden. Am Ende des Tisches angekommen, fällt das Material sich wendend auf den zweiten Tisch (f), welcher sich in entgegengesetzter Richtung wie d dreht, von diesem gelangt es auf g und so fort bis auf k, an jedem Tischende beim Herunterfallen sich drehend und sich bis zur Abnehmerwalze (l) fortbewegend. Ist das Material hier angelangt, die Maschine also gefüllt, so wird mit dem weiteren Beschicken aufgehört, die Füllöffnung (m) vermittelst Klappen geschlossen und der Zuführtisch, nach Lösen einer Stützstange (q) aus der Zahnstange (r), heruntergelassen, sodass er sich dicht am Rahmengestell anlegt, wie Figur 74 zeigt. Der Zuführtisch, jetzt in senkrechter

Stellung und in Verbindung mit dem von dem letzten endlosen Walzentisch (k) und der Abnehmerwalze (l) zuge-
brachten Material, nimmt letzteres von diesen Organen
ab und führt es in der angedeuteten Pfeilrichtung
wiederum zur Walze (c), welche es auf den endlosen Tisch
(d) schleudert. Es ist also durch diese Anordnung eine
ununterbrochene Rundführung des Materials,
unter öfterem Wenden in der Maschine geschaffen
und hierdurch vermieden, dass das Material einseitig zu
stark gedörrt und nicht in allen seinen Theilen gleichmässig carbonisirt wird, umsomehr, als die rasch rotirende Walze (c) das Material bei der Abnahme vom
Zuführtisch (b) stets lockert, resp. vollständig öffnet
und dadurch die Hitze leicht zugänglich macht. Die
Ausführung kann man so lange andauern lassen, bis
das Material vollständig carbonisirt ist, wovon man sich
durch Entnahme einer Probe bei (m) überzeugt. Dann
wird der Zuführtisch gehoben, wodurch derselbe ausser
Verbindung mit dem endlosen Tisch (k) und der Abnehmerwalze (l) tritt. Durch die nun entstandene Oeffnung
(u) wird die Maschine entleert. Während des Ent-
leerens kann aber gleichzeitig auch die Maschine neu
beschickt werden. Es wird so ein continuirlicher Betrieb erreicht, wobei wenig Wärme verloren geht.

Das Vortrocknen auf dieser Maschine geschieht
unter beständigem Luftzutritt unterhalb des Heizkörpers
und andauernder Absaugung der mit Feuchtigkeit ge-
schwängerten Luft durch den auf der Maschine montirten Ventilator. Auch hier zeigt sich die vortheilhafte
Einrichtung, dass, wenn das Material nach einmaligem
Passiren der Maschine nicht vollständig getrocknet ist,
dasselbe ohne aus der Maschine entfernt, resp. der

Hitze entzogen zu werden, durch Anlegen des Zuführ-
tisches (b) wie oben beschrieben, wieder auf den endlosen Tisch befördert resp. so oft durch dis Maschine
geführt werden kann, bis es vollständig trocken ist.

Nachdem auf vorstehende Weise die Pflanzentheile
unschädlich gemacht sind, müssen sie nebst vorhandenen
Säureresten aus dem Material entfernt werden. Zur Be-
seitigung der Pflanzentheile genügt eine Behandlung im
Klopfwolf oder Reinigungswolf (Rudolf u. Kühne,

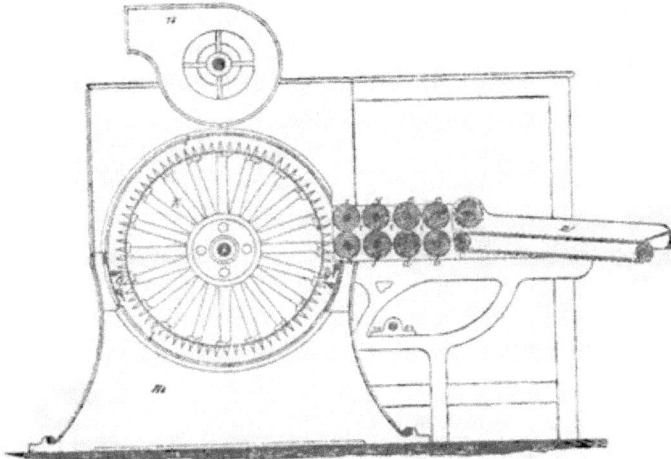

Fig. 75. Klopf- oder Reinigungswolf.

Demeuse, Schimmel), der die mürbe gemachten Pflanzentheile zu Staub schlägt und diesen herausbläst. Wird
solches nicht im spröden Zustande der Wolle, also unmittelbar nach dem Erhitzen vorgenommen, so erschwert sich das Entfernen erheblich, da die Kletten
beim Kaltwerden einen Theil ihrer Consistenz wieder-

gewinnen. Die Wolle muss sodann gründlich ausgewaschen werden, wozu man sich einer Lösung von
Ammoniaksoda bedient. Man spült zunächst $^1/_2$ Stunde
lang in kalten oder auch in warmen Wasser, schleudert
auf der Centrifuge aus und bringt sie dann in ein 5^0 Bé
starkes Sodabad, dem man eine Kleinigkeit kohlensaures
Ammoniak zugesetzt hat. Nach gutem Durcharbeiten
lässt man $^1/_4$—$^1/_2$ Stunde stehen, bearbeitet dann nochmals und spült fertig. Das vollständige Entsäuern
ist von grösster Bedeutung und muss sorgfältig
geprüft werden, ob dies geschehen, was man am einfachsten durch Andrücken von blauem Lackmuspapier
ausführt. Falls dieses seine Farbe nicht verändert,
ist keine Säure mehr vorhanden.

Als Carbonisirmittel hat man neben der Schwefelsäure noch eine Anzahl Zusätze empfohlen, um die Wolle
und besonders die Farben möglichst vor einer etwaigen
nachtheiligen Einwirkung der Schwefelsäure zu schonen.
Als Ersatzmittel hat sich einigermassen das von Romain
Joly in Elbœuf vorgeschlagene Chloraluminium eingeführt. Die Wolle wird in einer 6—7^0 Bé starken
Lösung behandelt, dann geschleudert, getrocknet und
etwa eine Stunde bei 125^0 C. erhitzt. Mit salzsäurehaltigem Wasser wird gründlich gewaschen. Nach
anderer Angabe soll ein Auswaschen mit kaltem Wasser
oder besser noch ein Spülen mit Walkerde genügen.
Der chemische Vorgang ist der, dass das Lösungsmittel
verdampft, und aus dem Chloraluminium Salzsäure frei
wird, welche eine Zersetzung der Pflanzenstoffe bewirkt.
Erank in Charlottenburg schlug vor, eine Chlormag-
nesium-Lösung von 5—6^0 Bé zu nehmen, und bei
einer Temperatur von 100—130^0 C. 1—$1^1/_2$ Stunden zu

erhitzen. Das Chlormagnesium zersetzt sich mit noch vorhandenem Wasser in freie Salzsäure und Magnesiumoxyd. Zum Schluss wird ebenfalls mit salzsäurehaltigem Wasser gewaschen.

Einfach und billig ist auch das neuere Verfahren, erfunden von C. F. Gademann in Biebrich 1877, das Carbonisiren der Wolle mit getrocknetem Salzsäuregas bei einer Temperatur von etwas über 100° C., die jedoch nicht über 112° steigen darf. Die Wolle darf nur wenig feucht sein und muss während der Einwirkung der Dämpfe häufig gewendet werden, damit ein schnelles und gleichmässiges Zerstören der Pflanzenreste stattfindet. Das Material wird in eine Siebtrommel eingetragen, welche sich in einem Gehäuse bewegt. Die Trommel, von 2 luftdichten Deckeln geschlossen, ruht auf Zapfen, die durchbohrt sind und als Zu- und Ableitungsrohre für die Gase u. s. w. dienen. Nachdem die Einwirkung der Gase stattgefunden, lässt man kalte Luft durch die hohle Axe eintreten und treibt so die Gase aus. Die Centrifugalkraft treibt die Gase intensiv durch die Wolle, wobei die Temperatur zunimmt. Schickt man nun gespannte Dämpfe in die Trommel, so werden die Pflanzentheile zerstört. Der Apparat lässt sich auch hinterher für das Bleichen der Wolle zweckmässig benutzen. Nach anderer Methode wird das Carbonisiren mit Salzsäuregas in einem Granitofen ausgeführt. Die Wolle wird auf einen Wagen gelegt, dessen Kasten aus Siebgeflecht besteht. Der Wagen wird in den Ofen geschoben und nun Salzsäure in einer Pfanne am Boden erhitzt, sodass die Salzsäuregase die Wolle durchziehen. Nach Beendigung der Einwirkung wird die Wolle in

einem Sodabade entsäuert, gespült und getrocknet. Das
Verfahren soll starre, schlecht filzende Wolle ergeben.

Seit einigen Jahren wird das Carbonisiren der
Wolle im Schweiss oder besser im Fett vorgenommen. Es findet zunächst eine Vorwäsche statt, ohne
jeglichen Zusatz von Waschmaterial behufs Entfernung
der mechanischen Beimengungen, wie Schmutz, Fetttheile und eines Theiles Wollschweiss. Hierzu dienen
eine Einweich- und Entfettungsmaschine. Nach dieser
Vorwäsche wird die Wolle in verdünnte Salzsäure von
4⁰ Bé eingesäuert, abgeschleudert und karbonisirt und
nach dem Carbonisiren auf den Reinigungswolf gebracht. Dann geht sie zurück auf einen Leviathan,
bestehend aus vier Behältern, die mit einer Sodalösung
von 3⁰ Bé angefüllt sind, wo die Wolle fertig gewaschen wird. Die letzte Wäsche bildet wohl den wichtigsten Theil, weil sie gründlich erfolgen muss. Die
Verwendung von Kernseife, die sich statt Soda empfiehlt, würde das Verfahren durch die zu grosse benöthigte Menge vertheuern. Schliesslich wird die
Wolle ausgeschleudert und fertig getrocknet. Die
Wolle, nach diesem Verfahren behandelt, wird ihre
gute Spinnfähigkeit behalten und weniger angegriffen,
als nach den andern Methoden, indem der natürliche
Schweiss eine Art Hülle gegen die Einwirkung der angewandten Säure abgiebt. Andererseits wird aber auch
das Carbonisiren unvollständiger bleiben, indem auch
einige Pflanzentheilchen vom Wollschweiss beladen mehr
oder weniger gegen die Säure geschützt werden, wie
auch das spätere Waschen sich nicht so gründlich vollziehen wird, wie bei der „fabrikgewaschenen" Wolle.

Es treten bei der Carbonisation im Schweiss die

Uebelstände ein, wie bei Carbonisation starkge-
fetteter Kämmlinge, bei welchen ebenfalls das Oel
einen Schutz gegen die Einwirkung der Säure bildet,
nicht nur für die Wolle, sondern auch für die darin
enthaltenen Pflanzentheile. Der sich in Folge von Oel
und späterer Einwirkung von Säuren bildende Schmutz
lässt sich durch einfache Sodalösung nur schwer her-
auswaschen, sondern nur durch gute Seife, wenn später
das Entsäuren und Waschen so vollzogen werden soll,
dass vom Spinner und Walker keine Klagen einlaufen.

Beachtenswerth ist auch der Vorschlag, die Wolle
nach dem Waschen im halbgefärbten Zustande zu
karbonisiren, da gefärbte Wolle widerstandsfähiger
gegen die Einwirkung von Säuren sich zeigt.

Carbonisation der Wollgewebe.

Anhangsweise sei noch das Carbonisiren der
Gewebe angeführt, was man dem Carbonisiren der
Rohwolle stets vorzieht, wenn die Wolle nur im
geringen Maasse mit Klettentheilen behaftet ist. Man
passirt die Stücke einige Male, vermittelst eines Haspels in einen hölzernen, innen verbleiten Bottich mit
Schwefelsäure oder Chloraluminium. Zuletzt
windet man auf den Haspel auf. Die Dauer der Einwirkung richtet sich nach dem Gewebe. Wird das
Gewebe im Loden, d. h. in dem Zustande, in welchem
es vom Webstuhle kommt, carbonisirt, so ist die
gleiche Dauer und gleiche Stärke des Bades wie bei
loser Wolle angebracht, während für festgewalkte
Tuche natürlich eine längere Zeit erforderlich ist.
Was zweckmässiger ist, das Carbonisiren im Loden
oder nach dem Walken oder nach dem Rauhen und

Dekatiren vorzunehmen, hängt von mancherlei Umständen ab. Sollen helle Farben aufgefärbt werden,
so empfiehlt sich das Carbonisiren im Loden, bei
dunklen Farben, namentlich bei schwarzen Tuchen,
wird die Carbonisation am besten dann vorgenommen,
wenn die Waare vollständig gerauht oder schon deka-
tirt ist. Sind die Stücke nach der Walke nicht ganz
glatt, so ist es rathsam, namentlich wenn die Waare stark
und fest verfilzt ist, das Carbonisiren unmittelbar nach
dem Walken vorzunehmen, um gleichzeitig die Waare
weicher und geschmeidiger zu machen. Vorbedingung
ist jedoch stets, dass die Waare rein von Oel und Seife
ist, da andernfalls beim Färben später leicht Flecken
und Wolken entstehen. Nach dem Einlegen in das
Carbonisirmittel werden die Stücke auf einer horizontalen Centrifuge gründlich ausgeschleudert.

Das Imprägniren mit Säure sowie das Centrifugiren
soll nach einem patentirten Verfahren (D. R.-P. 35638)
in kürzerer Zeit durch gleichzeitige Anwendung von
Dampf erfolgen. Nachdem das Gewebe durch ein Säurebad gegangen, wird das Gewebe auf einem gelochten
Cylinder aufgewickelt und direkter Dampf durchgeleitet,
der das Gewebe innig mit Säure imprägnirt und
gleichzeitig die überschüssige Flüssigkeit herausdrückt,
sodass das Gewebe in kurzem ebenso handtrocken ist,
als nach längerem Schleudern.

Nach dem Schleudern wird bei mässiger Temperatur
von nicht über 35—45⁰ C. unter Umständen auch an
der Luft, nicht aber an heisser Sommersonne getrocknet. Sehr zweckmässig ist der Carbonisir-
Apparat für Gewebe (Rudolf u. Kühne, Haubold), bei
dem eine besondere Vorrichtung innerhalb der Kammern

getroffen ist. Die Waare wird während des Trocknens beziehungsweise Carbonisirens durch rotirende, hölzerne Walzen hin- und hergeführt.

Das Gehäuse des Apparats ist durch schmiedeeisernes Rahmenwerk gebildet und kann entweder mittelst Mauerwerk oder Holz verkleidet werden. In beiden Fällen ist aber eine Frontseite durch zwei Flügelthüren zugänglich gemacht. Dieselben sind mit Fenstern versehen, welche Einblick auf den Gang des Gewebes gestatten. Im Innern sind 16 Leitwalzen in

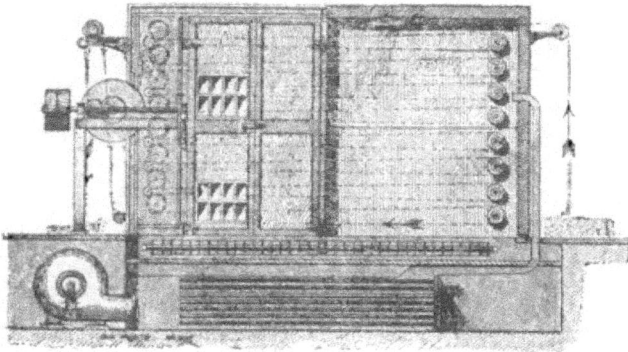

Fig. 76. Carbonisirmaschine für wollene Gewebe.

2 Reihen über einander montirt. Eine dieser Reihen ist durch Transporteurräder unter einander verbunden. Auf eine dieser Walzen wird von aussen der Antrieb übertragen. Sodann ist noch eine Einlass- und Abzugsvorrichtung angebracht.

Bei der Carbonisirmaschine von Haubold (Fig. 76) ist durch horizontale Theilung das Gehäuse in zwei Räume getrennt. Durch einen Ventilator wird in die obere Ab-

A. Waschen der losen Wolle.

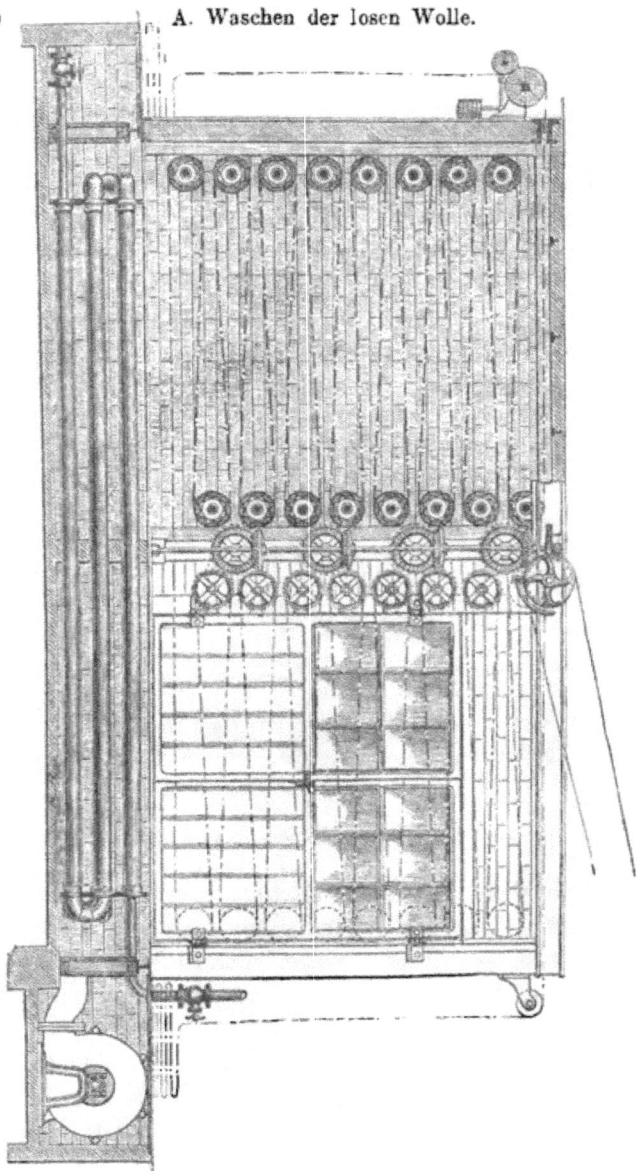

Fig. 77. Carbonisirofen mit Heizrohrsystem für Gewebe.

theilung des Gehäuses mässig erwärmte Luft geblasen,
um das Gewebe vorzutrocknen, während die untere Abtheilung durch Rippenrohre auf eine bedeutend höhere
Temperatur gebracht wird.

Anders gebaut ist die Carbonisirmaschine von Rudolf
u. Kühne (Fig. 77 u. 78). Dieselbe besteht aus 2 in senkrechter Richtung getrennten Kammern, in denen abwechselnd das Gewebe zunächst zum Vortrocknen, dann
zum Carbonisiren durch Leitrollen hin- und hergeführt
wird. In der Vortrockenkammer herrscht eine Temperatur von 55° C., in dem Carbonisirraume eine solche
von 100°. Die Heizung erfolgt durch einen besonderen Heizofen mit direkter Feuerung oder durch ein
System von Dampfrohren.

Das nachfolgende Entsäuren muss selbstredend
gründlich vorgenommen werden, besonders wenn die
Carbonisation im ‚Loden‘ vorgenommen wird und der
Walkprocess folgt, der durch ungenügende Entsäuerung
verzögert und erschwert wird. Mit Ausnahme der für
Schwarz bestimmten Gewebe, muss das Entsäuern
stets gründlich geschehen, damit auch beim nachfolgenden Färbeprocess keine Flecken oder sonstige
Schwierigkeiten entstehen. Das Entsäuren erfolgt auf
der Waschmaschine in vollem Wasser während 1 Stunde,
sodann lässt man das Gewebe trocken laufen und bringt
in die Maschine eine warme Sodalösung von 5° Bé,
in welcher weiter gewaschen wird, bis die Flüssigkeit kalt geworden, worauf man die Waare wenn möglich noch unter Zuhülfenahme einer leichten Walkerdelösung vollständig reinspült. Bei minder gründlichem
Auswaschen, wie bei Schwarz, genügt das Waschen in
starker Walkerdelösung.

Fig. 78. Carbonisirofen für Gewebe mit Heizofen für direkte Feuerung.

Die Anwendung von Salzsäuregas ist für Gewebe nicht empfehlenswert, da zu leicht Flecken in die Waare gelangen. Dagegen werden die beiden andern bereits oben erwähnten Carbonisationsmittel wie Chloraluminium und Chlormagnesium bei Stückwaaren gebraucht, besonders wenn es sich um bessere Schonung und Erhaltung der Farbe handelt, was sich bei Schwefelsäure nicht immer erreichen lässt. Rostflecken kommen dagegen nicht vor. Die Waare leidet aber trotzdem an Gefühl und Qualität. Die Carbonisation selbst macht oft bedeutende Schwierigkeiten, weil ein grosser Hitzegrad erforderlich ist, wodurch erzielte Vortheile gegen die Carbonisation mit Schwefelsäure ausgeglichen werden. Auch ist es schwer, die Chloraluminiumlösung auf ihre Stärke durch den Aräometer zu prüfen, da die Erfahrung zeigt, dass die Lösung nach längerem Gebrauch keine Abnahme der Grade zeigt. Die nachträgliche Behandlung behufs Entsäuern muss energischer vorgenommen werden, weil die vom Carbonisiren herrührenden Thonerdesalze festhaften und dem Walkprocesse Schwierigkeiten bereiten. Solche vermindern die Filzfähigkeit und bedingen einen grösseren Aufwand von Seife und schliesslich erhält man noch eine weniger reine Waare. Nimmt man das Carbonisirbad zu schwach, so lässt sich zwar die Waare besser neutralisiren, aber der Zweck des Carbonisirens wird nicht vollständig erreicht.

In Folge der mehrfach erwähnten Uebelstände des Carbonisirens überhaupt, bringt man vielfach bei dunkelfarbiger Waare die Noppenfärbung an und zwar nach dem Walken und Waschen oder nach dem Rauhen der Waare. Das Färben geschieht auf kaltem Wege, mit Hülfe der sogenannten Nopptincturen, die durch Gänse-

kiele und Federn aufgetragen werden. Grössere Pflanzentheile werden gleichzeitig mit dem Noppeisen entfernt, entstehende Löcher gestopft. Statt der Tincturen
behandelt man neuerdings auch das ganze Gewebe in
einem Bade, welches nur die Pflanzenfaser färbt und die
Wolle unverändert lässt.

B. Waschen des Wollgarns.

Die Wollgarne müssen vor dem Färben nochmals
einer Reinigung unterzogen werden, da ihnen noch Unreinigkeiten und Fetttheile anhaften. Das Waschen ist
mit weniger Schwierigkeiten verbunden, als das Waschen
der losen Wolle, vorausgesetzt, dass man vor dem Verspinnen der Wolle als „Schmelze" oder Einfettungs-
material gutes Oel genommen hat. Man ordnet die
Garne zunächst durch Unterbinden mit einem Fitzfaden
in gleichartige Theile.

Bevor man alsdann zum Waschen selbst schreitet,
werden stark gedrehte Garne, Victoria-Garne, auf der
Garnstreckmaschine behandelt, um ihnen das gekräuselte
Aussehen zu benehmen und um das Zusammenschrumpfen
während der nachfolgenden Beiz- und Färboperationen
zu verhüten.

Garnstreckapparat (Haubold). Der Apparat besteht aus zwei horizontalen Balken, an denen eine
Reihe metallener Arme angebracht sind, auf welchen
die Garnsträhne gehängt werden. Der untere Balken
ist befestigt, während der obere Balken durch zwei
Schrauben von dem andern beliebig weit entfernt werden kann. Sobald das Garn auf solche Weise gestreckt

worden ist, wird der ganze Apparat in ein Bad mit
kochendem Wasser eingelassen und nach wenigen Minuten wieder herausgezogen. Man giebt dem Strähne

Fig. 79. Streckvorrichtung für Wollgarne.

sodann eine andere Lage und wiederholt den Vorgang,
bis alle Theile des Garnes eine glatte Beschaffenheit
angenommen haben. Nach dem Abkühlen ist das Garn
zum Waschen bereit.

Das Waschen geschieht mit der Hand in hölzernen Bottichen, die kochendes Wasser enthalten, worin die Garne zunächst umgezogen und dann eine Stunde ruhen bleiben. Eine vollständigere Reinigung erzielt man jedoch beim Waschen in einer Seifenlösung, der man eventuell noch etwas Ammoniak, Urin oder Soda zusetzen kann, worin man mehrere Male umzieht und hierauf in reinem Wasser spült. Auf 10 kg Garn kann man ungefähr $^1/_2$ kg Seife rechnen.

Waschmaschinen für Wollgarne sind verschiedentlich konstruirt worden. Die Strähne werden über hölzerne oder mit Kupfer überzogene Walzen, die sich mechanisch umdrehen, in einen Bottich gehängt, der mit Waschflüssigkeit gefüllt und mittelst durchlöcherter Schlangenrohre am Boden des Gefässes erhitzt werden kann. Die Arme bewegen sich bald in der einen Richtung um ihre Achse, bald in der entgegengesetzten.

Garnwaschmaschine (Haubold). Die Maschine, mit 4 kupfernen Walzen ausgerüstet, leistet je nach Schmutzinhalt des Garns 750—1000 Pfund pro Tag. Auf jedes Walzenpaar wird ein Strähn gelegt. Die untere Walze ist geriffelt und festgelagert und erhält den Antrieb, die obere Walze ist glatt und wirkt durch ihre Schwere als Quetschwalze. Um die Garne während des Betriebes bequem auflegen und abnehmen zu können, sind die Walzen an ihren freistehenden Enden konisch abgedreht. (Fig. 80.)

Die Maschine mit 6 Walzen ist zweiseitig gebaut. Die Walzen sind so gelagert, dass je zwei die untern bilden, auf welchen das Garn gehangen wird. Zwischen diesen kleinern Walzen liegt dann die dritte von grösserem Durchmesser, mit Kupfer bezogen als Quetschwalze dienend. Es kommen jedesmal 4 Strähne

Fig. 80. Garnwaschmaschine mit 4 Walzen.

zur Behandlung, wonach die Leistung die doppelte der vorhergehenden ist. (Fig. 81.)

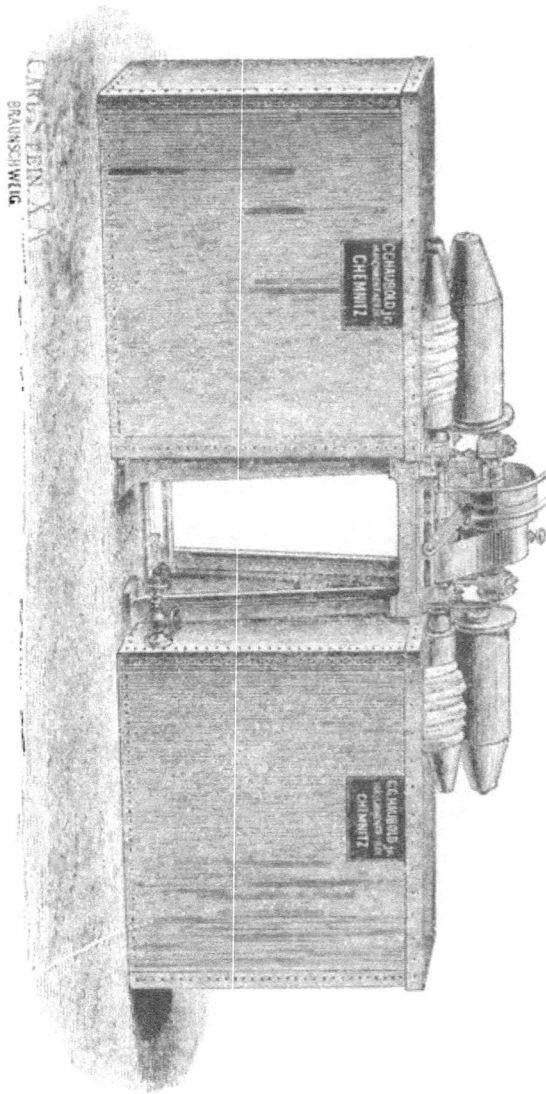

Fig. 81. Garnwaschmaschine mit 6 Walzen.

Wasch- und Spülmaschine für Woll- und
Seidengarn. Die Maschine besteht aus 6 Spulen, über
welche die Garne gehängt werden. Die Spulen können in
abwechselnder Richtung in Bewegung gesetzt werden.
Unter den in gleicher Höhe gelagerten Spulen ist ein

Fig. 82. Wasch- und Spülmaschine für Woll- und Seidengarne.

Holzbottich angebracht. Zweckmässig wird unmittelbar
neben die Maschine eine Garnquetsche, bestehend aus 2
Quetschwalzen, aufgestellt, zu welchen ein endloses
Lattentuch führt, auf welches man die Garne nach dem
Spülen oder Waschen auflegt.

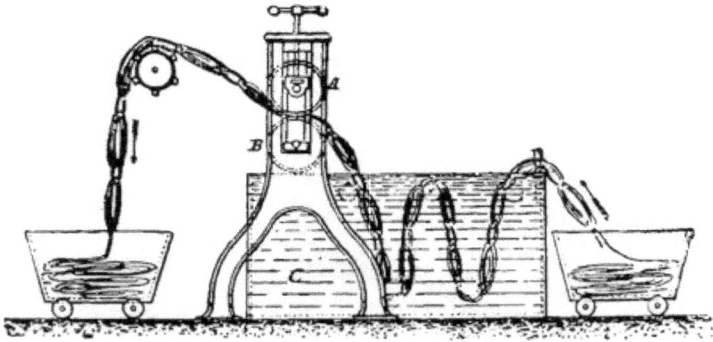

Fig. 83. Continuirliche Wollgarn-Waschmaschine.

Fig. 84. Garnquetsche für Wollgarn.

Continuirliche Garnwaschmaschine. (Fig. 83.)
Die Garnsträhne werden mit einer kurzen Schnur zusammengebunden und in Kettenform über Walzen durch das Waschbad geführt und schliesslich durch ein Paar Quetschwalzen ausgepresst. Die Walzen sind mit einem dauerhaften Material, z. B. Seidenabfall, überzogen.

Ausquetschmaschine mit Federdruck für Wollgarn oder auch lose Wolle. Die Maschine gleicht der auf Seite 155 beschriebenen Garnquetsche für Leinengarn. Die Walzen haben kleinern Durchmesser und mittelst Schrauben und Federdruck, anstatt Hebeldruck, wird die obere Walze auf die untere gepresst. (Fig. 84.)

C. Waschen der Wollgewebe.

Feine und mittelfeine Gewebe werden auf dieselbe Weise mit Seifenwasser oder auch mit gefaultem Urin gewaschen. Falls viel Oel vorhanden ist, wird das Seifenbad mit Soda verschärft. Bei schwereren Geweben, wie Tuchen, wendet man gleichfalls Seife und Soda an; zum zweiten Waschen bedient man sich der Walkerde, mit oder ohne Zusatz von Seife. Das Waschen geschieht besonders bei schweren Stoffen entweder im Strang auf der älteren Strangwaschmaschine, oder wie bei Damentuchen auf der Breitwaschmaschine. Das Waschen erfolgt bei 37º C.

Strangwaschmaschine (Zittau, Haubold, Weissbach, Jahr). Im Wesentlichen besteht die Maschine aus einem Paar schwerer hölzerner Quetschwalzen, gewöhnlich Buchenholz von 600 mm Durchmesser. Die Ober-

walze kann gegen die Unterwalze durch einen Druck-
regulator eingestellt werden. Die Stücke, zu einem
endlosen Band zusammengefügt, werden etwa 20 Minuten zwischen den Walzen und über je eine Leitwalze

Fig. 85. Strangwaschmaschine (Seitenansicht).

zu beiden Seiten des Walzenpaares bewegt. Auf der
Walzenbreite können 3—4 Stränge nebeneinander laufen. Das Gewebe läuft weiterhin durch einen grossen
Kasten oder Kump genannt, in welchem die Reinigungs-
flüssigkeit enthalten ist. Unmittelbar unter dem Walzen-

paar ist ein kleinerer Holztrog angebracht, der die ausgepresste schmutzige Brühe aufnimmt und abführt. Ein Spritzrohr bespritzt beim Spülen das Gewebe. Die Maschine wird fast ausschliesslich für das Waschen und Entgerbern der schwereren Winterpaletot- und Hosenstoffe angewendet. (Siehe Tafel VIII, Fig. 86.)

Breitwaschmaschine. Construction 1888. (L. Ph. Hemmer, Aachen.) Im Gebrauch der vorstehend beschriebenen Strangwaschmaschine haben sich viele Unannehmlichkeiten und Nachtheile herausgestellt. So werden beim Entgerbern der vom Webstuhle gelangenden Waare nach Qualität und Schwere des Stoffes mehr oder weniger intensive Falten und Knicke, die nachher zu Walkfalten Anlass geben, erhalten. Auch entstehen häufiger solche Falten beim Auswaschen der gewalkten Waaren, oder beim Waschen der gefärbten und dekatirten Stoffe. Ferner lässt die Reinheit oft viel zu wünschen übrig und häufig fällt das Entsäuern nach dem Carbonisiren auf der Strangwaschmaschine unvollkommen aus. Die Folgen sind die Zweifarbigkeit oder die ungleiche Ausfärbung des Stücks und besondere Schwierigkeiten in der Appretur.

Die Breitwaschmaschine bildet einen wesentlichen Fortschritt. Sie beseitigt fast ganz die beregten Uebelstände. Man erreicht, neben einer Ersparniss an Zeit und Waschmaterial, vollkommene Reinheit und Verminderung der Falten und Strieme.

Die Hauptarbeitstheile der Maschine sind zwei Paar Zahnwalzenpaare (siehe Taf. IX, Fig. 87), die den zwischen ihnen befindlichen Stoff in knetender resp. reibender Weise bearbeiten und ein grösseres Walzenpaar, die Hauptwalzen, 18—20 cm Durchmesser, von denen

die untere aus Kupfer, die obere aus Hartgummi, mit
einem Ueberzug aus Weichgummi besteht, welche den
Stoff nach Passiren des mit Waschflüssigkeit gefüllten
Troges ausquetschen.

Der Stoff geht vom Boden der Maschine über eine
vierkantige Walze, die leicht gebremst wird, um den
Stoff am Schieflaufen und Verwickeln zu verhindern.
Es tritt dann der Stoff zwischen das erste Zahnwalzenpaar, streicht über einen rechts und links gerippten
Breithalter, der der besseren Haltbarkeit wegen aus
Porzellan hergestellt wird und geht hierauf zum zweiten
Zahnwalzenpaar. Von hier gelangt die Waare über
eine Latte hinweg in den Waschtrog, wo sie durch eine
Walze unter der Waschflüssigkeitsoberfläche durchge-
führt wird. Ueber einen zweiten Breithalter hinweg,
läuft die Waare dann zu den Hauptwalzen. Der Waschtrog liegt unmittelbar unter den Hauptwalzen und ist
mit einem Dampfrohr versehen, um die Waschflüssigkeit nach Belieben erhitzen zu können. Die Waschflüssigkeit kann entweder in den untern Raum der
Maschine oder auch sogleich nach aussen abgeleitet
werden. Hinter den Hauptwalzen wird die Waare aufwärts über eine Lattenwalze geführt, welche schneller
umdreht, als die Hauptwalze. Zum Waschen ganz
leichter Frauenkleiderstoffe ist sodann noch ein Nachschiebeapparat angebracht, wodurch der von der Lattenwalze herunterfallende Stoff gleichmässig in parallele
Lage zusammengedrückt und weiter bewegt wird, da
der Stoff andernfalls auf dem Boden nicht genug rut-
schen würde. Diese Einrichtung ermöglicht ferner
auch $1/_5$ mehr Stoff in die Maschine aufzunehmen. Einer
Maschine ohne Nachschiebeapparat kann man dagegen

eine grössere Geschwindigkeit ertheilen. Man vermag in der Minute bis zu 170 m Stoffgeschwindigkeit zu erreichen. Nach einer Mittheilung soll vorstehende Maschine nach Gattung und Schwere täglich 8—16 Stück schwarzgefärbte, 6—12 Stück blaugefärbte Herrenkammgarnstoffe von je 35 m Länge aus der Farbe vollständig rein spülen.

Beim Ingangsetzen der Maschine ist darauf zu achten, dass die Stücke nicht schief in die Maschine einlaufen, da es schwer hält, solche Stoffe wieder in geraden Lauf zu bringen. Ferner ist darauf zu sehen, dass sämmtliche Walzen und Breithalter parallel zu einander stehen. Zu Anfang des Waschens lässt man die Maschine langsamer laufen.

Breitwaschmaschine (Moritz Jahr, Gera). Die-

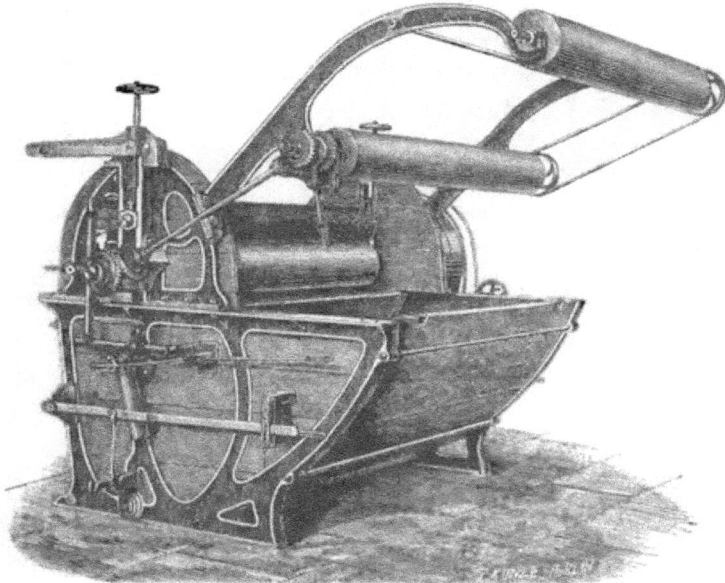

Fig. 88. Breitwaschmaschine.

selbe besteht aus einem grossen Holzkasten mit eisernen
Wänden und Aufsatzböcken, in welchen eine untere
eiserne und eine obere eiserne, mit Gummi bezogene
Walze gelagert ist. Vor diesen beiden Druckwalzen
liegt ein Ausbreiter. Unter den Druckwalzen befindet
sich, wie bei der Strangwaschmaschine, ein Schmutz-
wasserkasten, der beim Spülen das Schmutzwasser ab-
leitet, und beim Waschen die Lauge wieder in den
Kasten zurückfährt. Ausserdem sind noch 2 Spritzrohre
in der Maschine angebracht. Das Gewebe gelangt in
ausgebreiteten Zustande über den Breithalter zwischen
die Walzen und über die hintere Leitwalze in den Trog
zurück. Die obere Leitwalze dient dazu, die fertig gewaschenen Stücke aus der Maschine auf einen vorge-
stellten Tisch abzutafeln.

D. Waschen halbwollener Gewebe.

Das Waschen halbwollener Gewebe weicht
wesentlich vom Waschen der wollenen Gewebe ab, bedingt
durch das verschiedene Verhalten von Baumwolle und
Wolle. Auf gewöhnliche Weise gewaschen, würde ein
unregelmässiges Zusammenschrumpfen oder Krümpfen
des Gewebes erfolgen, das nach dem Trocknen ein ge-
runzeltes Aussehen haben würde. Aehnlich wie bei
hartgedrehtem Wollgarn wird hier durch einen eingeschalteten Process, durch das Crabben und darauffolgendes Dämpfen, nicht nur das Krümpfen verhindert,
sondern dem Gewebe gleichzeitig ein nicht zerstörbarer
Glanz ertheilt.

Das Crabben wird auch bei Kammgarngeweben vorgenommen, um dem Wollfaden der Kette wie des Schusses eine bestimmte Lage zu ertheilen, d. h. ihn in seiner Lage zu fixiren. Man bezeichnet dies mit Nassappretur. Diese Fixage beruht darauf, dass der Wollfaden durch heisses Wasser erweicht und dann durch kaltes Wasser abgekühlt wird. Die Temperatur des Wassers muss beim Fixiren wenigstens so hoch sein, wie die höchste Temperatur, welche das Gewebe bei der spätern Behandlung noch zu erleiden hat. Vor der Fixage ist es erforderlich, dass die Schlichte, die in der Weberei zur Erzielung einer grösseren Festigkeit der Kette beim Weben zugesetzt worden, entfernt wird. Diese Beimischung, welche zwischen $8-10^0/_0$ schwankt, löst sich in Wasser von $50-65^0$ C, dem man etwas etwas calcinirte Soda zusetzt, auf. Dann erfolgt das Fixiren im Wasser von 90^0 C. Die Crappmaschine ist für vorstehenden Zweck mit zwei Wasserkasten ausgerüstet. Nach dem Crabben folgt ein Waschen auf der oben beschriebenen Strang- oder Breitwaschmaschine.

1. Crabben.

Der Process besteht in dem wiederholten Durchziehen der Gewebe in voller Breite, durch kochendes Wasser, von da durch zwei schwere eiserne Walzen unter Aufwendung von starkem Druck.

Crabbmaschine, nicht Krappmaschine. Die Maschine besteht aus zwei oder auch aus drei Kästen von Holz, welche mit kochendem Wasser gefüllt sind und drei in soliden Ständern montirten, gusseisernen Quetschwalzenpaaren, die über den Kästen liegen. Die obern Walzen können beliebig auf die unteren Walzen herabgelassen oder auch gehoben werden.

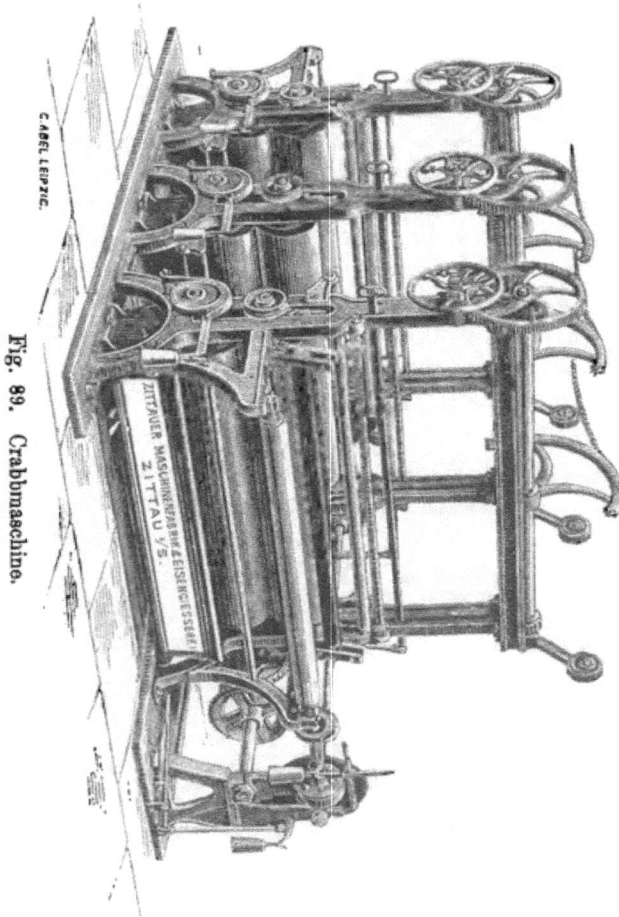

Fig. 89. Crabbmaschine.

Der Einlass der Waare erfolgt beliebig an beiden Enden, ebenso das Auscrabben. Die untere Walze erhält den Antrieb. Das Gewebe wird in gespanntem Zustande unter einer Walze weg, durch das heisse Wasser gezogen, worauf dasselbe dem Drucke der Walzen ausgesetzt wird. Von dem untern Cylinder wird das Gewebe aufgewunden, während dieser sich noch im heissen Wasser dreht. Das Verfahren wird im zweiten und dritten Troge wiederholt. Je nach der Beschaffenheit der Waare lässt man dieselbe auch bloss durch die Flüssigkeit und zwischen den Quetschwalzenpaaren durchlaufen. Für Waare wie Caschmir, die sich nachher weich anfühlen soll, wird kein Druck angewendet, sondern die Stücke werden einfach fest auf dem untern Cylinder aufgewickelt. (Tafel X, Fig. 90.)

Brennböcke. Werden die Crabbmaschinen mit 1 oder 2 Walzenpaaren statt mit eisernen, mit Holz-

Fig. 91. Brennbock.

walzen ausgestattet, so bezeichnet man dieselben mit dem Namen „Brennböcke".

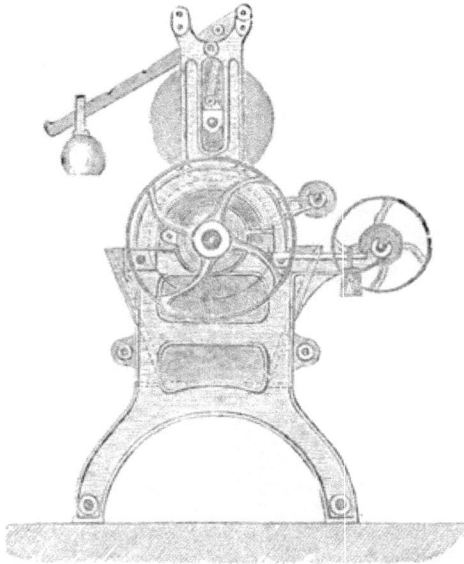

Fig. 92.   Brennbock.   (Seitenansicht.)

2. Dämpfen.

Das dem Crabben folgende Dämpfen geschieht mit Hilfe eines durchlöcherten Eisencylinders, der häufig an die Crabbmaschine montirt ist.   Durch die Achse des Cylinders strömt während 10 Minuten Dampf ein. Sobald dieser durch das Tuch tritt, wird das Gewebe auf einen eben solchen Cylinder abge-

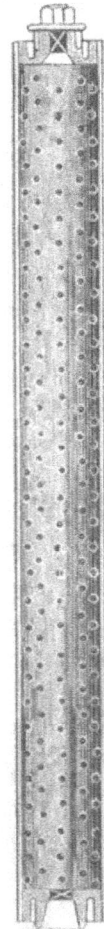

Fig. 93.
Dämpf-
cylinder.

wickelt und nochmals in derselben Weise gedämpft.
Die Dämpfcylinder, die auch getrennt von der Crabbmaschine gehalten werden, sind in wagerechter oder in
senkrechter Stellung angebracht. (Fig. 93.)

3. Waschen.

Das Gewebe wird sodann $1/2$ Stunde oder länger mit
Seifenlösung bei 40—50° C. in einer Breitwaschmaschine
gewaschen.

Breitwaschmaschine. (Weissbach, Zittau, Haubold etc.) Die Maschine besteht aus dem starken, hölzernen Waschtrog, der in mehreren, gewöhnlich 2—3 Abtheilungen durch Zwischenwände getrennt ist. Der Trog
ist durch eiserne Schienen verankert. Auf dem Troge
befinden sich am Eingang die Abwickelvorrichtung und
der Faltenlegeapparat, in der Nähe der Zwischenab-
theile die eisernen Quetschwalzenpaare und im Boden
die Ablassventile zum Entleeren. Einen wichtigen Be-
standtheil bilden die Leitrollen, von deren zweckmässiger Anordnung die Erzielung einer gründlichen Wäsche
abhängt. Sie führen die Waaren auf und ab durch
den Trog, während je 4 andere die Arme eines Haspels
oder Waschflügels bilden, die das Gewebe energischer
mit dem Wasser in Berührung bringen und hierbei ein
schnelles und gründliches Waschen erzielen. Nach
Verlassen der Leitwalzen geht das Gewebe durch die
Quetschwalzenpaare, die gewöhnlich mit Stoff um-
wickelt sind und 180—200 mm im Durchmesser haben.
Vor dem jedesmaligen Eintritt in ein Quetschwalzenpaar wird das Gewebe noch durch ein Spritzrohr mit
reinem Wasser abgespült. Schliesslich wird dasselbe

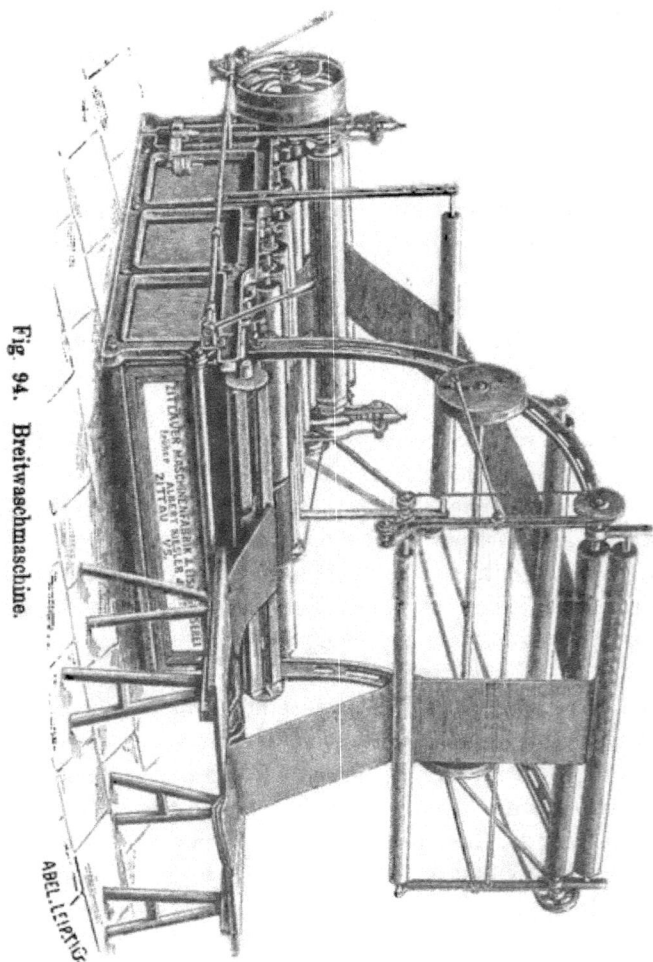

Fig. 94. Breitwaschmaschine.

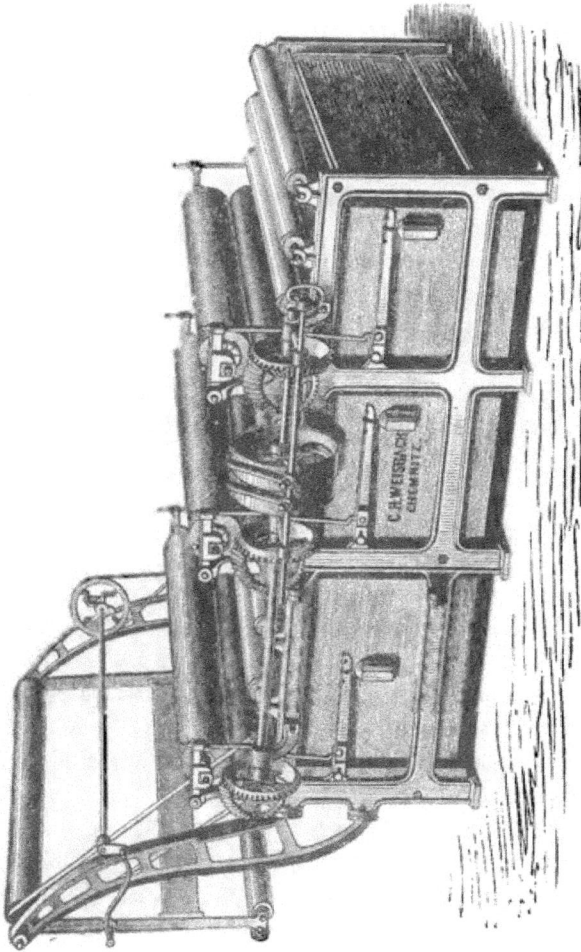

Fig. 95. Breitwaschmaschine.

16*

durch den Legeapparat gefaltet oder auf Rollen aufgewickelt.

Für leichte Waaren werden die Maschinen mit
hölzernen Quetschwalzen gebaut und eventuell mit nur
2 Abtheilungen des Troges. Die Holzkästen werden
auch etagenförmig aufgestellt, sodass das Wasser der
Waare entgegengesetzt zufliesst. (Fig. 95.) Eine andere
Construction ist mit eisernen Quetschwalzen ausgerüstet,
aber ohne die erwähnten Waschflügel, sondern statt
dessen mit runden oder viereckigen Leitwalzen versehen.

Die Breitwaschmaschinen (Fig. 94, 95, 96) dienen zum
starken Waschen von Velvet, Kalmuck und Druckwaaren,
mit den zuletzt erwähnten Abänderungen für wollene,
halbwollene, halbseidene Gewebe, wie Orleans, Rips, Damast, Zanella, Alpacca etc. (Siehe auch Breitwaschmaschine S. 103, 104, 246.)

Bleichen der Wolle.

Die Wolle wird sehr selten in loser Faser, häufiger als
Garn und im Gewebe gebleicht. Als Bleichmittel verwendet
man fast ausschliesslich noch die schweflige Säure, ein
Bleichmittel, das seit ältesten Zeiten bekannt und gebraucht worden ist. Häufiger wird das Bleichen mit
gasförmiger, weniger häufig mit schwefliger Säure in
Wasser gelöst vorgenommen. In neuester Zeit findet
Wasserstoffsuperoxyd als vorzügliches Bleichmittel immer
grössere Verbreitung. Selten findet das Bleichen mit
übermangansaurem Kali statt. Waare, die zum Färben
bestimmt ist, wird höchst selten vorgebleicht, es sei
denn, dass eine lichthelle Farbe hergestellt werden soll.

1. Bleichen mit gasförmiger schwefliger Säure.

Nachdem das Garn oder das Gewebe gut ausgewaschen worden ist, wird das Garn auf hölzernen Stangen, das Gewebe in ausgebreitetem Zustande in eine Kammer, die Schwefelkammer, gehängt, deren Thüren luftdicht verschlossen werden können. Die Kammer, aus Ziegelsteinen gemauert, wird am besten mit einem schrägliegendem Dach versehen, das aus Bleiplatten besteht und unter welchem Dampfrohre angebracht werden, um einer Verdichtung des Gases vorzubeugen. Ein gut ziehender Schornstein muss die Gase eventuell schnell absaugen können. Die schweflige Säure wird durch Verbrennen von Schwefel erzeugt, den man in einen eisernen Topf bringt und durch einen hineingeworfenen eisernen Bolzen anzündet. Den Topf stellt man in einer Ecke des Zimmers auf ein kleines Kohlenfeuer. Auch kann man den Schwefel in einem besonderen Ofen verbrennen und die Gase durch ein Rohr, welches am Ende mit einer siebähnlichen Oeffnung versehen ist, eventuell mit Zuhülfenahme eines kräftigen Ventilators, am Boden der Kammer aufsteigen lassen. Die Kammer wird hierauf geschlossen und die· Wollfaser 8—24 Stunden der Einwirkung ausgesetzt. Die schweflige Säure wird von der feuchten Wolle absorbirt. Um den hierdurch entstehenden luftverdünnten Raum auszugleichen und den bei der Verbrennung des Schwefels verbrauchten Sauerstoff zu ersetzen, sind an den Wandungen der Kammer Luftlöcher angebracht mit nach innen sich öffnenden Ventilen, die durch den Wechsel des Luftdrucks sich von selbst schliessen und öffnen können. Bei ungenügend vorhandener Sauerstoff-

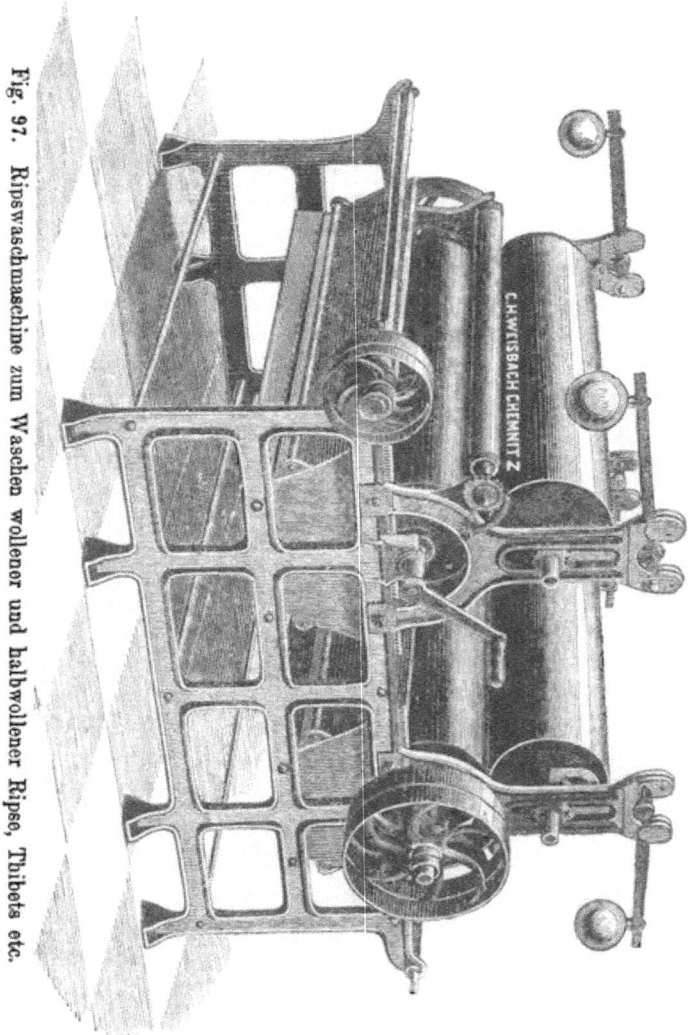

Fig. 97. Ripswaschmaschine zum Waschen wollener und halbwollener Ripse, Thibets etc.

menge erlischt der Schwefel und kann dann leicht durch
die beim Verbrennen erzeugte Wärme auf das Gewebe
sublimiren und sich als dünne, schwer zu entfernende
Schicht ablagern. Beim Verbrennen entsteht auch eine
kleine Menge Schwefelsäure - Anhydrid, welches sich
ebenfalls auf die Bleich-Waare absetzen und namentlich gemischte Stoffe schädigen kann. Wenn die über-
schüssigen Dämpfe von schwefliger Säure keinen Abzug
haben, condensiren sie sich häufig zu Tropfen, die von der
Decke und den Wänden herabfallen und auf der Waare
grünliche oder gelbe Flecken, die sich nicht mehr entfernen lassen, hervorrufen. Schlimmer sind aber noch die
Rostflecke, die entstehen, wenn die Waare an nicht ver-
zinnten, eisernen Rahmstiften aufgehängt war. Die be-
treffenden Stellen leiden und werden mürbe. Gegen die
Anwendung der gasförmigen schwefligen Säure spricht
besonders der Umstand, dass die Bleichwirkung nur auf
der Oberfläche vor sich geht, sodass man jederzeit im
Innern einen fleckigen und unreinen Zustand erkennen
kann. Auch wird die Waare barsch und rauh im Gefühl und eignet sich sofort nicht besonders zum Färben
und Bedrucken. Einen bessern Erfolg giebt die flüssige
schweflige Säure.

Nachdem die Waare genügend lange Zeit in der
Kammer gehangen, wird durch das Oeffnen eines
Schiebers das Entweichen des Gases durch den Schornstein bewirkt und gleichzeitig die Thüre des Zimmers
geöffnet, damit ein Strom reiner Luft durch die Kammer
gesaugt wird, ehe der Raum beschritten werden kann.
Nach dem Schwefeln werden die Stoffe in einem 40^0 C.
warmen Soda- oder Seifenbad gewaschen, eventuell wird
das Bleichen in der Schwefelkammer wiederholt, worauf

jedoch wiederum ein Seifen stattfinden muss. Durch das Waschen sollen die veränderten Farbstoffe aufgelöst und entfernt werden. Die Wolle erlangt dabei ihre ursprüngliche Geschmeidigkeit und Weichheit wieder zurück, die sie beim Schwefeln eingebüsst hatte. Um den letzten Rest von schwefliger Säure zu entfernen, wendet Lunge eine Lösung von Wasserstoffsuperoxyd an, welche die schweflige Säure in Schwefelsäure überführt, die durch Waschen leicht entfernbar ist. Ein angewandter Ueberschuss dieses Oxydationsmittels schadet nichts.

Für continuirliche Bleicherei von leichten Wollgeweben hat man eine ähnliche Kammer gebaut, mit beweglichen Rollwalzen am Boden und in der Höhe, über welche abwechselnd das Gewebe wegstreicht, bis es schliesslich kurz oberhalb derselben Oeffnung, wo dasselbe eingetreten, wieder austritt. (Fig. 98.) Man kann auch das Gewebe von einer Seite zur andern, also wagerecht statt senkrecht, durch den Raum laufen lassen. Die Führungswalzen werden dann seitlich angebracht. Beim Einlaufen der Waare in die Schwefelkammer wird der Waare durch eine Bremswalze Spannung ertheilt und läuft dann über die Einzugswalzen weg, langsam über die Leitwalzen zu der vor der Kammer befindlichen Aufrollwalze. Die Vortheile dieses Systems bestehen in dem gleichmässigen Nassbleiben der Waare in Folge der langsamen Fortbewegung, in Folge dessen auch gleichmässiges Schwefeln der ganzen Waare und Unmöglichkeit des Ineinanderfliessens der Farben bei buntstreifigen Flanells und Decken, bei grösster Leistungsfähigkeit und einfacher Handhabung des Betriebs, erreicht wird.

Ueber die Wirkung der schwefligen Säure galten früher zwei Ansichten. Nach der ersten sollte die schweflige Säure die natürlichen Farbstoffe der Wolle durch Reduction in ungefärbte Verbindungen überführen und die schweflige Säure dabei in Schwefelsäure übergehen. Die andere Ansicht lautet, dass die schweflige Säure sich mit den Farbstoffen zu farblosen, unlöslichen, an der Faser haftenden Körpern verbindet.

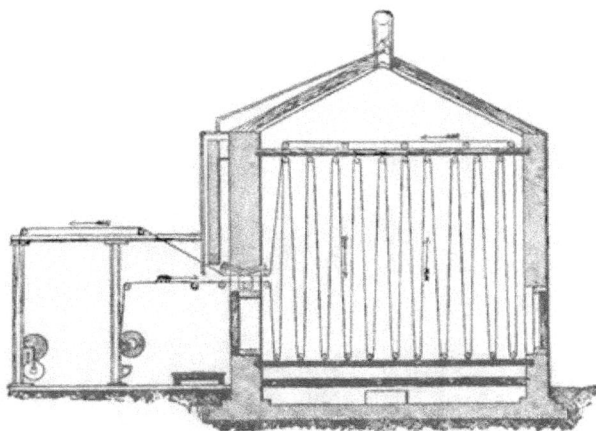

Fig. 98. Schwefelkammer für Wollengewebe.

Die letztere Ansicht ist wohl die wahrscheinlichere. Die entstehenden farblosen Verbindungen sind im Wasser schwerer, in Soda- oder Seifenlösung leichter löslich. Die Wirkung der schwefligen Säure ist indessen nicht andauernd. Durch häufiges Waschen.mit alkalischen Mitteln tritt die gelbliche Farbe der Faser wieder hervor.

2. Bleichen mit flüssiger schwefliger Säure.

Haupterforderniss ist auch hier, wie bei der Anwendung eines beliebigen andern Bleichmittels eine sorgfältige Vorreinigung der Faser, indem die schweflige Säure nur den gelben Farbstoff der Wolle entfernt,

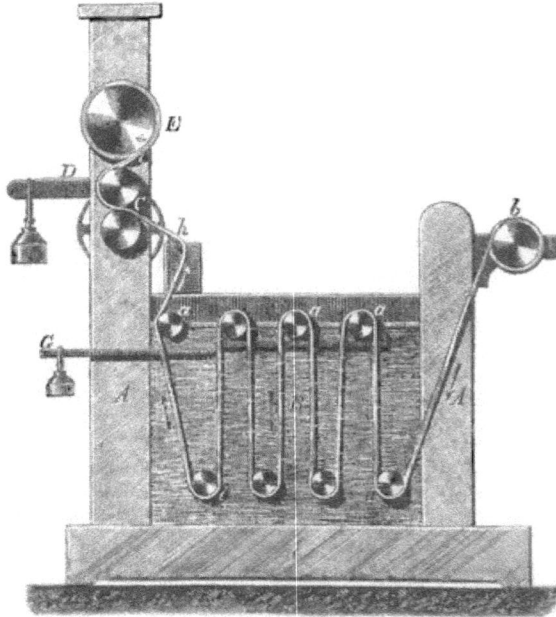

Fig. 99.　Vorrichtung zur Behandlung wollener Gewebe mit Bleichflüssigkeiten.

nicht die andern Verunreinigungen. Das Bleichen mit flüssiger schwefliger Säure bietet grosse Vortheile vor dem eben erwähnten Verfahren und wird in England allgemein angewandt. Das Bleichen wird in einem

Holzbottich, der mit einem gut schliessbaren Deckel versehen ist, vorgenommen. Hat man die noch feuchten Garne einige Male in der Flüssigkeit umgezogen, so taucht man sie unter und wiederholt das Umziehen alle 5—6 Stunden. Beim Bleichen von Stückwaaren muss in entsprechender Weise mit einem Haspel umgezogen werden. Auf 100 Liter Wasser rechnet man 13 bis 15 kg schweflige Säure. Die Bleichlösung soll wirksamer sein, wenn die Temperatur auf 25—30⁰ R. gehalten wird. Nach 24 Stunden ist die Waare vollständig gebleicht. Sie wird herausgenommen und solange gewaschen, bis alle anhängende Säure weggespült und der stechende Geruch verschwunden ist. Falls das Garn oder Gewebe beim ersten Bleichen nicht glänzend ausgefallen, wird nochmals in der Bleichflüssigkeit behandelt. Die mit flüssiger schwefliger Säure behandelten Gewebe und Garne sind weniger hart und rauh, als die mit gasförmiger schwefliger Säure Gebleichten. Die Schlussverrichtungen, wie Waschen und Entschwefeln werden in derselben Weise vorgenommen, wie oben beschrieben. Zu bemerken ist noch, dass die Gewebe im gestreckten Zustand durch den Bottich geführt werden müssen, weil sie sich sonst ungleichförmig zusammenziehen würden. (Fig. 99.)

3. Bleichen mit saurem schwefligsaurem Natron oder Natriumbisulfit.

Man verfährt in derselben Weise wie vorhin. Das Verfahren beruht auf der Entwickelung von schwefliger Säure bei Zusatz von Salzsäure oder Schwefelsäure zu Natriumbisulfit. Es soll eine bessere Wirkung als beim Bleichen mit flüssiger schwefliger Säure erzielt werden.

Man nimmt 2—4 Theile Natriumbisulfitlösung von 8° Bé und fügt hierzu allmäblich 20 Theile verdünnte Salzsäure und zur Erzielung des gewünschten Farbtons ein wenig Indigocarmin und Methylviolett. Man geht mit dem Gewebe oder mit dem Garne ein, zieht wiederholt um und lässt zuletzt 2—3 Stunden in der Bleichlösung ruhen. Nach dem Vorschlage Hummels ist es zweckmässiger, die Wolle zuerst 12—15 Stunden in eine Bisulfitlösung von 20° Bé einzulegen und dann, ohne zu waschen, durch ein verdünntes Schwefelsäurebad von 4° Bé zu passiren.

4. Bleichen mit Wasserstoffsuperoxyd oder Wasseroxyd.

Es ist dies wohl das vollkommenste Bleichmittel für Wolle. Die Faser wird nicht nur vollständiger gebleicht, sondern bei längerem Liegen oder nach wiederholten Behandeln mit alkalischen Mitteln, wie bei der Hauswäsche, tritt der gelbliche Stich der Wolle nicht wieder hervor. Die käufliche Bleichlösung wird zunächst mit Ammoniak neutralisirt, dann mit der zehnfachen Wassermenge verdünnt, auf 35° C. erwärmt und nach Zusatz einer Spur Indigocarmin und Methylviolett unter öfterm Umziehen die Waare 6—10 Stunden lang in der Bleichlösung ruhen gelassen, je nach der zu erzielenden Bleiche und der Natur der Wolle. Nach dem Bleichen wird zuerst in vortheilhafter Weise in angesäuertem Wasser und hierauf in reinem Wasser gespült und schliesslich an der Luft getrocknet. Bei Verwendung von concentrirtem Bleichwasser muss das Bläuen stets auf frischem Wasser vorgenommen werden, da sonst das Wasseroxyd auch bald den Indigocarmin entfärben würde. Das Bleichbad muss, wenn es nicht gebraucht wird, gegen Licht und Luft geschützt, aufbewahrt werden.

Zur Vorbereitung eines Wollgewebes für den Druck wird nach Köchlin[1]) das Gewebe nach dem Abkochen mit Wasserstoffsuperoxyd gebleicht, worauf eine Nachbehandlung mit Natriumbisulfit folgt. Die Bleichflüssigkeit, 12 Volumtheile Wasserstoffsuperoxyd enthaltend, wird je nach der Art des Gewebes und dem geforderten Weiss mit 2—10 Theile Wasser verdünnt. Dünne Wollgewebe erfordern ein mässig concentrirtes, während schwere Wollstoffe ein ziemlich concentrirtes Bad erheischen. Die Waare wird breit durch das Bad genommen, sodann auf eine Holzrolle aufgewickelt, 24 Stunden sich selbst überlassen, gewaschen und geht dann durch ein Bad mit Natriumbisulfit von 35⁰ Bé, verdünnt mit 2—10 Volumtheile Wasser. Das Gewebe wird abermals aufgerollt und getrocknet. Wenn beide Bäder genügend concentrirt angewendet worden und zwar wenn das erste 1 Theil Wasserstoffsuperoxyd auf 1 Theil Wasser und das zweite 1 Theil Bisulfit auf 2 Theile Wasser enthält, so erzielt man ein ebenso schönes Weiss wie bei Baumwollbleiche.

Vor dem Druck müssen die Wollwaaren sodann nach einer wichtigen Verrichtung unterzogen worden, ohne welche keine befriedigenden Erfolge erzielt werden können. Man nennt dies das Chloren. Das Gewebe läuft durch einen Rollenständer, welcher Natriumhypochloritlösung enthält. Das Bad muss concentrirt gehalten werden. Die Concentration darf jedoch eine gewisse Grenze nicht überschreiten, da sonst die Wolle eine

---

[1]) Sansone, Zeugdruck. 1890 Seite 268.

gelbliche Färbung und einen rauhen Griff annimmt.
Nach dem Chloren wird gewaschen. Hierauf ist die
Waare zum Druck bereit.

5. Bleichen mit hydroschwefligsaurem Natron oder Natriumhydrosulfit.

Zu Bleichzwecken wurde die Verbindung zuerst
von Kallab empfohlen. Die Bleichlösung wird aus
einer Lösung von Natriumbisulfit mit Zinkstaub hergestellt. Zu 90 l Condensationswasser setzt man 24 l Bisulfit und fügt langsam $7^1/_2$ k Zinkstaub zu. Nach
5—6 stündigem Stehen setzt man ungefähr die gleiche
Menge gebrannten Kalk, der vorher mit drei Eimern
Wasser gelöscht und gelöst worden, hinzu (siehe auch
Theil I Seite 175).

Die klare, überstehende Flüssigkeit wird abge-
gossen, auf 1—4⁰ Bé verdünnt und bildet das Bleichbad. Je nach der Concentration werden 5—20 ccm
Essigsäure zugesetzt. Das sorgfältig gereinigte Bleichmaterial wird vorher in ein Bad gebracht, dem eine
kleine Menge fein gemahlenen und geschlämmten Indigo zugegeben. Die Waare wird hierin schnell umgezogen, sodass sich der fein vertheilte Indigo auf der
Faser absetzt, die überschüssige Flüssigkeit durch Abtröpfeln entfernt und hierauf in das Bleichbad eingegangen. Nach 12—24 Stunden wird die dem Bleichbad entnommene Wolle einige Zeit der Luft ausgesetzt, worauf mit schwacher Sodalösung, dann mit
reinem Wasser gewaschen und bei 30—35⁰ getrocknet
wird. Beim Hängen an der Luft verwandelt sich das
durch das Bleichbad zu Indigoweiss reducirte Indigoblau wieder zu Indigoblau, welches den gelben Schein

der Wolle dauernd aufhebt, weil es nicht nur mechanisch auf der Faser haftet, sondern wirklich aufgefärbt worden ist. Zeigt die Faser kein reines Weiss, so
wird das Verfahren wiederholt. Die gebrauchten Bäder können wieder benutzt werden. Man setzt etwa
$^1/_{10}$ des vorher benutzten hydroschwefligsaurem Natrium
zu, bringt eine neue Menge Bleichgut hinein, welches
vorher angebläut worden und belässt solange im Bade,
bis das hydroschwefligsaure Salz sich in schwefligsaures
verwandelt hat. Es tritt auf Zusatz von Salpetersäure
zu einer Probe der Flüssigkeit eine Entwickelung von
schwefliger Säure, ohne Abscheidung von Schwefel, ein.
Man nimmt dann die Waare aus dem Bade, setzt diesem solange Salzsäure zu, bis ein Geruch von schwefliger Säure auftritt. Die Waare wird dann wieder eingebracht. Ist die Wolle von Natur stark gefärbt, so
bedient man sich eines Hydrosulfitbades unter Zusatz
von dünner Kalkmilch bis zur schwachen alkalischen
Reaction und behandelt darin die Wolle, ohne vorher
anzubläuen. Zum Schluss wird in kaltem Wasser gespült, dann mit verdünnter Essigsäure nachbehandelt
und nochmals gewaschen.

6. Bleichen mit übermangansaurem Kali.

Das Bleichen mit diesem Mittel wurde zuerst von
Tessié du Motay und von Rousseau vorgeschlagen. Die
gut gereinigte Wolle wird in eine Lösung von 4%
übermangansaurem Kali, der man 1—1$^1/_2$% schwefligsaures Magnesium zugesetzt hat, eingetaucht. Das Bad
hat eine schöne, purpurrothe bis violette Farbe, die
verschwindet, sobald sich das Mangansuperoxydhydrat
als gelblich brauner Ueberzug auf der Faser niederge-

schlagen hat. Wenn die Farbe des Bades ziemlich hell
geworden ist, so ist auch die Zeit des Eintauchens abgelaufen. Der Zusatz von schwefligsaurem Magnesium
ist unbedingt erforderlich, weil dieses die schädliche
Wirkung des entstehenden Kalihydrats aufhebt. Nachdem die Wolle etwa $1/_4$ Stunde in der Flüssigkeit umgezogen worden ist, wird der auf der Faser befindliche
Niederschlag durch eine Lösung von schwefliger Säure
oder einer Lösung von saurem schwefligsaurem Natron
oder nach einem Vorschlag von Scurati Manzoni einer
Lösung von schwefligsaurer Thonerde, wobei die Thonerde als Beize zurückbleibt, entfernt, indem man das
Gewebe diese Lösungen passiren lässt. Die abwechselnde Behandlung in den beiden Bädern wird solange
wiederholt, bis das gewünschte Weiss erhalten worden
ist. Das Bad mit schwefliger Säure wird auf 20—30⁰ C.
erhitzt. Zum Schluss wird mit gewöhnlicher Schmierseife und wenig Salmiakgeist gewaschen. Das Bleichen
geht im ganzen rasch von statten.

Das Weissfärben der Wolle.

Der natürliche Farbstoff der Wolle lässt sich
durch Bleichen nicht immer entfernen. Um ein hin-
reichendes Weiss zu erhalten, bedient man sich der schon
erwähnten Bläuungsmittel, sowie der Weissfärbemittel.
Der Vorgang beruht auf den bekannten physikalischen
Gesetzen. Die Befestigung der blauen oder violetten Farbstoffe geschieht z. B. durch Zusetzen einer kleinen Menge
von Indigo zum Färbebade. Die Farbstoffe haften
mechanisch an der Faser. Ein anderes Verfahren ist

das wirkliche Auffärben durch Zugeben von Indigocarmin oder Methylviolett oder man taucht wie bei dem oben erwähnten Kallab'schen Verfahren, das Gewebe vorher in ein Bad mit fein vertheiltem Indigo, welchem Bleichflüssigkeit zugesetzt ist, die den Indigo zu Indigoweiss reducirt; an der Luft wird dann der blaue Farbstoff hervorgerufen, der den gelben der Faser absorbirt und das Gewebe farblos erscheinen lässt.

Besser im Allgemeinen, wenn auch etwas theurer, ist das andere Mittel, durch mechanische Ueberdeckung des gelben Farbstoffs mit einer ungefärbten Substanz, wie Kreide, kohlensaures Magnesium, Zinkweiss, Gyps, Schwerspat oder Kalk, das Weissfärben zu bewerkstelligen. Die Mittel werden in fein vertheiltem Zustande den Waschbädern zugegeben oder durch chemische Wechselwirkung auf der Faser erzeugt. Der Ueberzug haftet zwar in den meisten Fällen auch nicht sehr lange, besonders wird derselbe beim Reiben wie beim Walken oft leicht entfernt.

Bei Herstellung des Kreideweiss wird die fein geschlämmte, weisse Kreide in Wasser gut vertheilt und in der milchartigen Flüssigkeit die Waare solange behandelt, bis sie gleichmässig mit weisser Kreide beladen ist. Sie wird sodann herausgenommen, gerahmt, getrocknet und geklopft. Soll die Waare einen bläulichen Schein erhalten, so wird dem Kreidebad eine kleine Menge Indigocarmin in verdünnter Lösung zugesetzt. Beim Gebrauch von Zinkweiss muss die Waare vorher mit schwefliger Säure gebleicht werden. Zum Bläuen dient Kobaltblau oder Smalte. Dieses Weiss stäubt nicht und ist haltbarer als Kreideweiss. Es wird ferner kohlensaures Wismuth empfohlen, jedoch ist

das erzielte Weiss theurer, als das Zinkweiss. Man lässt
die Waare 3—4 Stunden in der milchig aussehenden
Wismuthlösung ruhen, unter mehrmaligem Umziehen
Zum Bläuen mag man Indigocarmin oder auch Berliner-
blau nehmen. Auf dieselbe Weise wird mit schwefelsaurem Blei etc. weiss gefärbt. Für schwere Walk-
waare wird ein sogenanntes Porzellanweiss empfohlen, hergestellt aus einer Zinnlösung mit Zusatz von
Indigocarmin und Persio.

Das Weissfärben wird jedoch meistens in betrüge-
rischer Absicht ausgeführt, da das Gewebe, besonders
bei Schwerspat bedeutend an Gewicht zunimmt, ebenso wie man bei Baumwolle durch Stärke, Thon, Schwerspat etc. eine Beschwerung bis zu 15°/₀ erreicht, bei
Seide eine noch höhere. Zur betrügerischen Erschwerung ist bei Wollgeweben auch noch das Anwalken
von Scheerflocken zu stellen, wobei eine Gewichtszu-
nahme bis 10°/₀ eintritt. Der Stoff wird kernfest und
erhält ein sanftes Gefühl und sammtartiges Aeussere.
Nach kurzem Gebrauch der Stoffe fallen jedoch die
Scheerflocken wieder heraus.

VII. Entschälen und Bleichen der Seide.

Der Rohseidenfaden, mit dem bereits oben erwähnten Ueberzuge versehen, hat eine harte, rauhe
und steife Beschaffenheit und keinen besondern Glanz.
Solche unabgekochte, unentschälte oder harte Seide
(soie crue), wird zu einigen Stoffen, bei welchen gerade
die eben erwähnte Beschaffenheit des Fadens wesentlich und angepasst ist, wie Gaze, Blonden und zu Unter-

schuss für Sammt, verwandt. Für die meisten Zwecke, besonders wenn helle Farben aufgefärbt und ein weiches, zartes Gewebe erhalten werden soll, ist es nöthig, die Seiden von der umhüllenden Schicht zu befreien. Auf einem Rohseidenfaden werden auch die Farbstoffe nicht so gut haften bleiben, sondern schon beim Eintauchen in warmes Wasser mit dem Baste losgelöst werden. Der vollkommene Seidenglanz zeigt sich ebenfalls erst nach Entfernung des Ueberzugs. Man nennt solche Seide gekochte oder geschälte Seide, auch linde Seide (soie décreusée, cuite, scoured silk), da die Entfernung des Seidenleims durch das Kochen oder Entschälen, mit Seifenlösung, unter möglichster Schonung des Fibroins geschieht. Zu lange fortgesetztes Kochen ist nachtheilig; die Seide wird glanzlos und rauh und die Festigkeit vermindert. Durch das Kochen erleidet die Seide einen nicht unbedeutenden Gewichtsverlust. Es wird daher häufig nur ein unvollkommenes Entschälen mit einer geringen Seifenmenge, bei kürzerer Kochzeit, vorgenommen, namentlich bei solcher Seide, die mit dunklen Farbentönen versehen werden soll. So erhält man die halbabgekochte Seide (soie demi cuite).

Zum Spülen und Waschen der Garne benutzt man nachfolgende Maschinen:

Waschmaschine zum Waschen von Seide oder Baumwolle. (Wansleben, Burckhardt.) Die Maschine wird doppelseitig gebaut, 6—10 Haspeln an jeder Seite. Die Strähne hängen über absolut glatten Porzellanprismen, die jeder Zeit schnell gereinigt werden können. Die Wasserspülung geschieht durch Rohre, die durchlocht sind und direct unter den Haspeln liegen.

Fig. 100. Waschmaschine für Seidensträhne.

Der Wasserstrahl erleidet keine Unterbrechung und durch das Spülen der Strähne von aussen und von innen wird das Waschen ausserordentlich beschleunigt. Die Drehung der Haspel und deren Zahnräder erfolgt durch eine Dampfmaschine. Um ein Verwickeln der Strähne zu verhüten und gleichmässiges Spülen zu bewerkstelligen, haben die Haspeln eine selbstthätige, abwechselnde Rechts- und Linksdrehung, welche ununterbrochen umschaltet. Durch eine einfache Hantirung wird die Maschine in Betrieb gesetzt und gleichzeitig der Wasserzufluss geöffnet. Jede Seite kann für sich selbstständig arbeiten, unabhängig von der andern.

Rundwasch- und Spülmaschine mit Porzellanspulen für Seidengarne (Haubold). Die Maschine ist der oben beschriebenen Rundwaschmaschine (S. 83) ähnlich. Die Rollen machen nicht nur eine Bewegung um ihre Achse, sondern bewegen sich auch gegen das einströmende Wasser. Die Porzellanrollen sind strahlig angeordnet, drehen sich einmal nach links und dann $1/4$ rechts zurück. Gleichzeitig beschreiben sie ruckweise einen Kreis gegen die Richtung des einströmenden Wassers. Die Maschine arbeitet schnell bei geringem Wasserverbrauch.

A. Harte Seide (Ecru).

Die Seide wird nur selten gebraucht, selbst wenn sie von Natur weiss ist. In wenigen Fällen färbt man sie schwarz. Die Vorbehandlung nimmt man wie folgt vor. Man behandelt die Seide zunächst kurze Zeit mit heissem Wasser und wäscht aus. Dann bleicht man wiederholt 4—5 Mal mit schwefliger Säure. Da man meistens chinesische Seide, die wenig von Natur gefärbt ist, verwendet, so genügt ein zweimaliges Wiederholen dieser Verrichtungen, um ein genügendes Weiss zu erhalten, während die Faser die Steifigkeit beibehält. Der Gewichtsverlust beträgt $1-4^0/_0$. Zu harter Seide nimmt man Organsin (Kettseide).

Wenn die Seide von Natur gelb ist oder für weiss bestimmt ist, verfährt man folgendermassen: Man bedient sich zunächst einer kalten Seifenlösung, die keine Soda enthält, etwa 100 g Seife pro Kilo Seide, dann Waschen, zweimaliges Schwefeln, Bleichen mit Königswasser oder salzsäurehaltiger Schwefelsäure, dann Seifen, zweimal Schwefeln, Waschen, hierauf schwaches Sodabad, etwa 16 g pro kg Seide, schwaches kaltes Seifenbad, etwa 30 g pro kg Seide, Waschen, zweimal Schwefeln und Waschen in reinem oder leicht mit Schwefelsäure angesäuertem Wasser.

B. Entschälte Seide (Cuite).

Das Entschälen wird, wie bemerkt, meist bei denjenigen Seiden vorgenommen, die in hellen Farbtönen gefärbt werden. Unter den vielen ältern und neuern Vorschlägen zum Entschälen hat sich eine Lösung von Seife und zwar Olivenölseife oder Marseillerseife, sofern solche vollständig neutral ist, ohne die geringste Menge von freiem Alkali, am geeignetsten erwiesen, da solche den Leimüberzug entfernt, ohne das Fibroin anzugreifen, wobei die Faser gleichzeitig an Glanz und Weichheit gewinnt. Alle anderen Mittel, wie kaustische und kohlensaure Alkalien, alkalische Erden, Salzsäure und Alkohol führten nur zu grösseren Verlusten. Die Chinesen scheinen die Seide noch auf eine vollkommenere Art zu entschälen, nämlich mit dem Mehl einer gewissen Bohnenart. Es ist indessen auch möglich, dass die ausgezeichnete Schönheit der chinesischen Seide ihren Grund in der vorzüglichen Beschaffenheit der Rohseide hat.

Das Entschälen der Seide mit Seifenlösung zerfällt in das sogenannte Abziehen oder Degummiren und in das Abkochen oder Purgiren. Die Menge des hierbei abgezogenen Leims beträgt bei chinesischer und japanischer Seide 18—22%, bei den europäischen Seiden 25—30% des Gewichts der Rohseide.

1. Das Degummiren (dégommage). Die Anwendung von weichem Wasser ist sehr wichtig. Bei hartem Wasser bildet sich Kalkseife, die sich auf der Faser festsetzt, schwer entfernbar ist und beträchtliche Seifenverluste herbeiführt. Kalkhaltige Seide wird in lauwarmer, verdünnter Salzsäure und hierauf in Sodalösung umgezogen. Beschwerte Rohseide ist schwierig und unvollständig zu entschälen, indem die Seife im Bade niedergeschlagen wird und die Faser keinen Glanz erhält. Das Degummiren wird in einem rechteckigen Holzbottich oder auch in einer kupfernen Barke, gegen 4 m lang und 1 m breit und hoch vorgenommen. Am Boden befindet sich eine geschlossene Dampfschlange zum Erhitzen der Seifenlösung. Die angewandte Seifenmenge beträgt 30—35% vom Seidengewicht. Die Seidenstränge werden auf Holzstöcken hineingehängt und die Flüssigkeit auf 90—95° C. erwärmt. Die Seifenlösung darf nicht aufwallen. Nach einiger Zeit, wenn die in die Flüssigkeit reichende Hälfte des Strähns abgekocht ist, folgt das Umsetzen oder Umstechen. Der abgekochte Theil wird herausgehoben und der andere Theil des Strähns nunmehr ins Bad zum Abziehen gebracht. Das Degummiren

wird meistens nicht in einer Verrichtung zu Ende geführt, sondern es gelangt die Seide zum vollständigen Ab- ziehen nach etwa $\frac{1}{2}$ stündlicher Dauer des ersten Seifenbades in ein zweites Seifenbad, welches etwa die Hälfte des Gewichts an Seife enthält. Soll die Seide auf Weiss verarbeitet oder ganz hell gefärbt werden, so gelangt sie noch in ein drittes, noch schwächeres Seifen- bad, bis der Faden durchscheinend geworden ist. Die Verrichtung dauert im Ganzen 1—1$\frac{1}{2}$ Stunden. In das erste Bad gelangt sodann eine neue Parthie und dies wird solange fortgesetzt, bis die Seifenlösung zu sehr mit Seidenleim überladen ist, was gewöhnlich nach etwa drei bis vier Parthien der Fall ist. Die gebrauchten Seifenbäder finden unter dem Namen Bastseife Ver- wendung in der Buntfärberei der Seide, andernfalls kann man aus denselben durch Zufügen von Kalkmilch und Zersetzen der entstehenden Kalkseife die Fettsäuren, behufs weiterer Verarbeitung derselben auf Seife, wie- dergewinnen.

Während des Degummirens schwillt zuerst die Seide auf und wird klebrig, nach kurzer Zeit jedoch wird sie zart und weich. Ein zu langes Kochen ist, wie bemerkt, schädlich.

Nach dem Degummiren werden die Strähne in 60° warmen Wasser, in welchem etwas Seife und Soda auf- gelöst enthalten ist, abgespült.

2. Das Abkochen, Weisskochen oder Pur- giren. (cuite.) Nach dem Spülen und Abwinden giebt man die Seidensträhne, an Leinenbändern oder glatten Schnüren gereiht, zu 10—15 kg, in lose gewebte Lei- nensäcke oder Taschen und legt sie in grosse kupferne, halbkugelförmige Kessel von 2—3 m Durchmesser. Je

nach Qualität wird sie dann $^1/_2$—$2^1/_2$ Stunden mit einer Seifenlösung von 12—15$^0/_0$ Seife vom Seifengewicht abgekocht (cuite en poches). Früher geschah das Abkochen mit freiem Feuer, jetzt ausschliesslich mit Dampf. Für gewisse Artikel wird die Seide nicht in Säcken gekocht.

3. Das Strecken (étirage.) Nach dem Kochen werden die Strähne in warmem Wasser, dem etwas Soda zugesetzt ist, gewaschen, in kaltem Wasser gespült und hierauf, wenn die Seide zwar schön geschmeidig geworden, aber noch nicht ganz abgezogen ist, auf 2—3$^0/_0$ ihrer Länge auf der Streckmaschine gestreckt, wobei die Seide einen schönen Glanz annimmt.

4. Das Schwefeln (soufrage). In geschlossenen Kammern wird die Seide etwa 6 Stunden im feuchten Zustande den Dämpfen der schwefligen Säure ausgesetzt. Nach der Beschaffenheit der Seide wird das Schwefeln 2—6, sogar bis 8 Mal wiederholt. Für 100 Pfund Seide werden etwa 5 Pfund Schwefel in Stangen verbraucht. Das Schwefeln geschieht genau wie oben bei Wolle beschrieben worden ist.

Zum Bleichen bedient man sich bisher noch immer der gasförmigen schwefligen Säure, nur zuweilen der flüssigen Form. Man ist noch weniger dazu übergegangen, die übrigen, weiter unten angeführten Bleichmethoden zu gebrauchen.

Nach dem Schwefeln wird die Seide gründlich gespült (das Entschwefeln), um jede Spur von schwefliger Säure zu entfernen. Man kann dann hier wie bei Wolle, nach dem Vorschlage von Lunge, mit Wasserstoffsuperoxyd nachbehandeln.

C. Souple Seide (demi cuite).

Unter Soupleseide versteht man die Seide, die durch besondere Vorbehandlung zum Färben geeignet gemacht worden ist, ohne hierbei mehr als 6—8⁰/₀ an Gewicht einzubüssen, jedoch die Eigenschaft abgekochter Seide annimmt. Zur Herstellung der Soupleseide nimmt man Trame (Schussseide). Die Seide gewinnt oder behält bei dieser Behandlung mehr an Festigkeit, als beim Ganzabkochen. Das Souplieren zerfällt in vier getrennte Verrichtungen: Das Entfetten, das Bleichen, das Schwefeln und das eigentliche Soupliren. Werden dunkle Farben ausgefärbt, so fallen die beiden mittleren Behandlungen gänzlich weg.

Das Verfahren wird in Lyon und St. Etienne folgendermassen ausgeführt. [1]

1) Das Entfetten (dégraissage). Die Seide wird in eine 10⁰/₀ige Seifenlösung von 25—35⁰ C. eingebracht. Man behandelt hierin dieselbe 1—2 Stunden unter zeitweiligem Umziehen auf Holzstöcken. Nach dem Umziehen presst man sie zwischen zwei Stöcken aus (abringen), um sie durch und durch zu benetzen. Die Verrichtung bezweckt weniger das Entfetten, als das Aufquellen der Faser und Oeffnen der Poren, um sie weiterer Behandlung zugänglicher zu machen. Auf das erste Bad folgt häufig noch ein zweites in gleicher Weise.

2) Das Bleichen (blanchiment). Zum Bleichen verwendet man ein Gemisch von 5 Theilen Salzsäure von 20⁰ Bé und 1 Theil Salpetersäure von 34⁰ Bé. Vor dem Gebrauch lässt man das Gemisch bei einer

---

[1] Wagner-Fischer, Chemische Technologie. Seite 732.

Temperatur von 28⁰ 4—5 Tage stehen und verdünnt vor dem Gebrauche auf $2^1/_2$—3⁰ Bé, wozu man etwa 300 Liter Wasser auf 30 Liter Gemisch braucht. Die Mischung wird auf 20 – 25⁰ erwärmt und die Seide hierin ungefähr $^1/_4$ Stunde lang umgezogen. Ein zu langer Aufenthalt in der Flüssigkeit ist schädlich, indem die Seide durch die Einwirkung der Salpetersäure eine gelbliche Farbe annimmt, welche sich auf keine Weise wieder entfernen lässt. Durch sorgfältiges Waschen muss jede Spur von Säure aus der Faser entfernt werden. In vielen Färbereien wendet man statt Königswasser eine mit Dämpfen von salpetriger Säure gesättigte Schwefelsäure (Acide azoto-sulfurique) an, die Nitrosylsulfat enthält, welches sich durch Wirkung des Wassers im Schwefelsäure und schweflige Säure spaltet:

3. Das Schwefeln (soufrage). Das Schwefeln wird in derselben Weise, wie beschrieben, ausgeführt. Nach dem zu erzielenden Bleichgrad richtet sich die Zeitdauer der Einwirkung der schwefligen Säure. Je besser die Seide gebleicht wird, desto besser wird die Souple.

4) Das Soupliren (assouplissage). Nach dem Schwefeln ist die Seide hart und spröde. Ohne zu entschwefeln, wird dieselbe sogleich dem Soupliren unterzogen. Die Behandlung besteht in einem längeren Kochen der Seide mit kochendem, nicht siedendem Wasser, dem man 3—4 kg Weinstein pro kbm zugesetzt hat. Die Zeitdauer des Souplirens richtet sich nach der Natur der Seide und der Art des Gewebes und dessen spätern Zweckes. So muss z. B. für feinere, schwere „Failles" das Soupliren sehr vollkommen sein, für gewöhnliche Artikel braucht man es weniger weit

zu treiben. Man zieht die Seide im Bade während
1¹/₂ Stunden um. Nach und nach wird sie weicher,
quillt auf, nimmt leichter Wasser auf und eignet sich
dann bedeutend besser zum Färben. Nach dem Soupliren wird in warmen Wasser gewaschen.

Eine Erkläruag für die Wirkung des Weinsteins
fehlt noch. Ebenso ist die Frage noch unentschieden,
ob der Weinstein nicht durch andere saure Salze, wie
saures schwefelsaures Natron oder Schwefelsäure oder
gar Wasser allein ersetzt werden könnte. Gute Erfolge hat man zwar auch beim Soupliren mit Magne-
siumsulfat oder auch mit Glaubersalz und Schwefelsäure
erzielt. Die Seide wurde in kürzester Zeit schön gleichartig und weichbleibend.

Besonders hervorzuheben ist, das souplirte Seide
warme saure Bäder, nicht aber alkalische oder Seifenbäder, von einer Temperatur von mehr als 50—60⁰ C.
erträgt. Im letzteren Falle geht Seidenleim verloren
und die Seide wird mehr oder weniger verdorben

Gesoupelte Seide soll schön glänzend sein und
einen mehr breiten als runden, schön dick aufgelaufenen
Faden, der nach dem Trockenen viel Elasticität zeigt,
darstellen.

Andere Bleichverfahren für Seide

sind in Vorschlag gebracht worden, haben aber in der
Praxis nur vereinzelt Eingang gefunden.

a) Verfahren mit Alkohol und Salzäure.

Man bringt die in kaltem Wasser eingeweichte
rohe Seide in eine Mischung von 23 Theilen Alkohol
und 1 Theil Salzsäure und belässt sie hierin 12—36
Stunden lang, in zugedecktem Gefäss. Es ist dies die

älteste Methode zu bleichen. Der hohe Preis des
Alkohols steht der allgemeinen Verwendbarkeit entgegen.

b) Verfahren mit übermangansaurem Kali.

Die abgekochte Seide wird zunächst $1/4$ Stunde
lang, in einer lauwarmen Lösung von $2^0/_0$ übermangansaurem Kali umgezogen, hierauf in eine Lösung von
schwefliger Säure eingebracht, um das auf der Faser
abgeschiedene Mangansuperoxyd zu entfernen. Die
Temperatur des Bleichbades darf nicht zu hoch sein
und auch die Dauer der Einwirkung eine nicht zu
lange, wenn die Seide nicht an Festigkeit einbüssen
soll. Die letztere Wirkung wird dem bei der Zersetzung des Kalisalzes entstehenden Kalihydrat zuge-
schrieben. Um diese schädliche Einwirkung zu verhindern, empfiehlt es sich dem Bleichbad gleich ein Zusatz
von schwefelsaurem Kalk oder schwefligsaurem Magnesium zu machen. Das Auswaschen kann in einer
Lösung von schwefligsaurem Natron mit Zusatz von
wenig Salzsäure geschehen. Das Verfahren wird vielfach
für Tussahseide gebraucht. Da sich dieselbe schwer
bleicht, so lässt man zunächst auf Tussah ein anderes
Bleichmittel einwirken. Man legt die Seide in ein Bad
von $50{-}100^0/_0$ Bariumsuperoxyd, das durch Waschen
mit kaltem Wasser von etwa darin frei vorhandenen
Barythydrat gereinigt worden ist. Das Bad wird auf
80^0 C. erwärmt und die Seide ungefähr 1 Stunde darin
behandelt, dann ausgewaschen, durch verdünnte Salzsäure gezogen und nochmals gewaschen. Das Bleichen
wird dann mit übermangsaurem Kali, wie eben beschrieben, zu Ende geführt.

c) Verfahren mit Wasserstoffsuperoxyd.

Die Faser wird in beschriebener Weise entschält und in der Seifenlösung mit wenig Ammoniak gewaschen. Sodann legt man die Seide 20—48 Stunden in das Bleichbad, in Wasserstoffsuperoxydlösung, die vorher durch Zusatz von Ammoniak oder Wasserglas oder phosphorsaurem Natron oder Borax schwach alkalisch gemacht worden ist. Nach Köchlin soll man ein besonders schönes Weiss erhalten, wenn man dem Bleichbade gleichzeitig gebrannte Magnesia zusetzt. Das Bleichbad kann gleichzeitig auf 24—30° C. erwärmt werden. Nach dem Bleichen wird an der Luft getrocknet, am besten unter Einwirkung der Sonnenstrahlen, oder in einem Trockenraume, in welchem die Temperatur nicht zu hoch steigen darf.

Für Tussah, die ebenfalls vorher abgekocht wird, soll diese Bleichflüssigkeit beste Erfolge geben. Nach dem Bleichen wird in Seifenwasser, welchem man eine geringe Menge Methylviolett zugesetzt, gewaschen.

Eine andere Art des Bleichens mit Wasserstoffsuperoxyd wird auch so vorgenommen, dass man die Seide in concentrirte Bleichlösung eintaucht, gelinde abwringt und in geschlossenen Holzkästen aufhängt, die durch eingesetzte Schalen mit Ammoniak-Dämpfen angefüllt werden. Nach anderer Vorschrift soll man Wasserdampf in die Kästen einleiten.

Zum Bleichen von Tussahseide hat Girard neuerdings folgendes Verfahren vorgeschlagen. Man ziehe die Seide durch Salzsäure, dann durch ein Bad mit Soda oder Aetznatron von 2° Bé. Waschen. Hierauf gehe man während 24 Stunden in ein oder mehrere

Bäder von unterchlorigsaurem Ammonium, dann durch schwache Salzsäure. Waschen. Es folgt ein schwaches Bad mit ammoniakhaltigem Wasserstoffsuperoxyd. Waschen. Im Bleichbad bleibt die Seide ebenfalls 24 Stunden. Das unterchlorigsaure Ammonium wird durch Zersetzung von Chlorkalk mit einer Lösung von kohlensaurem oder schwefelsaurem Ammonium erhalten.

Weissfärben der Seide.

Die gebleichte Waare besitzt noch einen schwach gelblichen Schein, der, falls die Waare als „Weiss" verkauft werden soll, unbedingt entfernt werden muss.

Es werden gegenwärtig vornehmlich drei weisse Farbentöne hergestellt, Reinweiss, Gelblichweiss und Bläulichweiss. Früher unterschied man noch ein Seifenweiss oder Solidweiss. Nachdem die Seide entschält und gewaschen, wiederholt geschwefelt oder gebleicht und gewaschen, bringt man sie auf ein frisches Bad mit Wasser, dem man kohlensaure Magnesia, Magnesia alba oder auch statt dessen fein gepulverten Alabaster zugegeben (für jedes Kilo Seide etwa 100 gr.). Ein nachfolgendes warmes Bad enthält Essigsäure oder auch Holzessigsäure (für jedes Kilo Seide etwa 150 gr.), sowie das entsprechende Bläuungsmittel Indigocarmin und Cochenille oder statt dessen Methylviolett, eventuell bei Reinweiss noch ein Zusatz einer Lösung eines rothen Theerfarbstoffes. Durch die Anwendung des essigsauren Bades wird der Seide gleichzeitig das krachende Gefühl ertheilt, was bei einer eventuellen Anwendung von

Alaun nicht der Fall wäre. Das Weissfärben geschieht
auch wie bei Wolle, einfach in einem Seifenbade, oder
in einer öligen Emulsion, für abgekochte Seide 1—2%,
für Souple 5—15% Olivenöl, bei 60—70⁰ C. mit Soda
zu einer Emulsion gemischt, unter Zusatz der entsprechenden geringen Menge Farbstoff. Auf einem nachfolgenden Bade mit Essigsäure, Citronensäure oder
Weinsäure wird die Seide „rauschend, krachend oder
griffig" gemacht. Man kann auch, wie dies bei Schwer-
schwarz geschieht, der Emulsion gleich die Säure zufügen. Chinesisch Weiss oder Blanc de Chine ist ein
röthlich Weiss, hergestellt in schwacher Seifenlösung
unter Zusatz einer kleinen Beimischung von Orlean.

Beschwerung der Seide.

Das Beschweren der Seide hat heute wohl den
Höhepunkt erreicht. Begnügte man sich anfänglich mit
einem geringen Prozentsatz, um den Verlust, den die
Seide beim Abkochen erlitten, wieder zu ersetzen, so
wird gegenwärtig die Höhe der Beschwerung dem Färber gleich aufgegeben. Die Beschwerung wird bei
allen Farben, namentlich aber bei Schwarz vorgenommen, wo die Beschwerung sogar bis zu 4'0% gesteigert wird. Die Beschwerung ist als ein Niederschlag
aufzufassen, der sich mechanisch um die einzelnen
Kokonfäden, wie um den ganzen Faden lagert. (Fig. 101.)
Weisse und helle Farben werden in geringern
Maasse erschwert. Mit Hülfe von Zucker, Glycerin
und einigen Magnesiasalzen erreicht man eine Gewichts-
vermehrung von 12—15%. Mit essigsaurem Blei er-

hält man eine Beschwerung bis zu 20%, doch ist die Farbe solcher Seide sehr empfindlich gegen die Einwirkung schwefelwasserstoffhaltiger Luft und gesundheitsschädlich. Man beschwerte ferner mit Barytsalzen, durch Eintauchen der Faser in ein concentrirtes Bad von Chlorbaryum und nachfolgendes Bad mit schwefelsaurem Natron oder Glaubersalz. Auf der Faser ent-

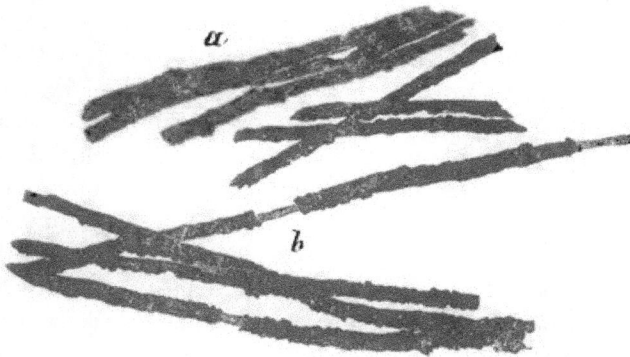

Fig. 101. Mikroskopisches Bild von beschwerter Seide.
a. mit $^{160}/_{180}$ % Beschwerung. b. mit $^{350}/_{400}$ % Beschwerung.

steht schwefelsaurer Baryt. Die Gewebe büssen indessen ihre frühere Beschaffenheit gänzlich ein. Behandelt man dieselben nun mit kochender Seifenlösung, so erlangen sie die frühere Beschaffenheit wieder, aber verlieren einen grossen Theil ihrer Beschwerung. Seit einigen Jahren wendet man grosse Mengen Zinnchlorid zum Beschweren heller Farben an. Man taucht die Rohseide, ohne dieselbe abzukochen, gleich in 30° Bé schwere Beize, lässt mehrere Stunden ruhen, windet ab, wäscht gut und stellt dann auf kalte Sodalösung. Dann wird noch-

mals gewaschen, beziehungsweise werden die Verrichtungen mehrere Male wiederholt. Ein Zug belastet die Seide
um etwa $8^0/_0$, dreimalige Wiederholung bis zu $25^0/_0$.
Schliesslich wird die Seide abgekocht. Die Beschwerung
soll jedoch den Seidenfaden in der Stärke benachtheiligen
und auch einen schlechten Griff ertheilen, der trotz
etwa nachfolgender Seifenpassage nicht verbessert wird.
Es empfiehlt sich die Verbindung der Erschwerung mit
Zinnchlorid mit einer Erschwerung, hervorgerufen durch
Einlegen der Faser in kalte Lösung von hellen Gerb-
stoffextracten, mit welchen allein schon $12-15^0/_0$ Beschwerung erreicht wird. Die Haltbarkeit wird weniger beeinträchtigt, wenn man mehrere Male mit Gerbstoff vorbehandelt, ausfärbt und schliesslich mit Zinnchlorid beschwert. Man erreicht eine Beschwerung bis
zu $60^0/_0$. Die Verrichtung des Beschwerens mit Gerb-
stoffen ist unter dem Namen „engallage" bekannt und
eignet sich besonders für die halbhellen Farben. Das
Beschweren wird auf der gefärbten Faser vorgenommen, die indessen vorher nicht geseift werden darf, indem sonst der Gerbstoff die Seide beträchtlich braun
färben würde. Die Seide verliert weder an Glanz noch
Griff, sondern gewinnt noch an Stärke.

Durch eine reichliche Zahl von Mitteln lassen sich
dunkle Farben, namentlich schwarz, zu den schon
angeführten hohen Graden erschweren. Man verwendet
Eisenbeizen und gelbes Blutlaugensalz und erhält ein
beschwertes Blau; übersetzt man solches mit Catechu
und doppeltchromsaurem Kali, so erhält man ein bis
zu $60-80^0/_0$ beschwertes Schwarz. Abwechselndes und
wiederholtes Beizen mit gerbstoffhaltigen Materialien,
wie Galläpfel, Dividivi, Mirabolanen, Kastanienholz-

extract, Quebracho, Knoppern und Verwendung von Eisensalzen, Catechu, Ziunsalz, Olivenöl u. s. w. geben die höchsten Beschwerungen.

Bei einer solchen hohen Beschwerung, die bald in kalten, bald in warmen Bädern auszuführen ist, leidet der Faden an Kraft und Elasticität[1]). Auch liegt die Gefahr der Selbstentzündung sehr nahe, namentlich wenn beschwerte Seide längere Zeit, fest aufeinander gepackt, aufbewahrt bleibt.

Beschwerte Seide sieht stets besser aus, als unbeschwerte. Je mehr Farblack aufgenommen wird, je tiefer wird der Farbton.

Ausführliche Beispiele folgen im dritten Theil des Werkes.

Appretur der Seidensträhne.

Durch die Appretur soll die Seide Weichheit und Glanz erlangen, also die Beschaffenheit und das Aussehen gehoben werden. Zum Weichmachen, zum Strecken, und Parallellegen der Fäden, sowie zur Aufhebung der Eigenschaft der Seide sich zusammenzuziehen, dient das Strecken und Schlagen. Die Hantirung am Pfahl erfordert viele Kraft, daher neuerdings diese Vorrichtung durch geeignete Maschinen ausgeübt wird. Zum Glänzendmachen wird das Chevillieren oder Schwillieren vorgenommen, auf der nach dem Erfinder benannten Chevilliermaschine. Die Verrichtung besteht in einem Strecken des Seidensträhns, verbunden mit einem gleichzeitigen Winden des Strähns um sich selber. Das Garn reibt sich an andern Stellen desselben Garns, und zur Gewinnung möglichst vieler Berührungsstellen für die Reibung wird die Drehung des Strähns abwechselnd

---

[1]) Färber-Zeitung 1890. S. 173 u. w.

nach rechts und nach links ausgeführt. Für denselben
Zweck dient ferner die Lüstrirmaschine. Ausschliesslich für Chappe wird noch eine Bürstmaschine angewandt, die auch häufig mit der Lüstrirmaschine gleich
zusammen construirt ist.

Streckmaschine (Secoueuse) nach System Corron.
Wird besonders für Chappe benutzt, die seidenartiger

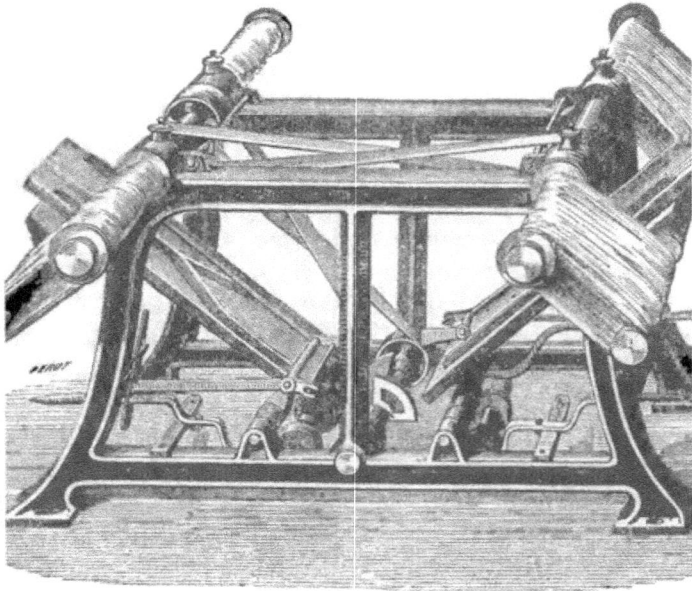

Fig. 102. Streckmaschine.

wird, als beim Streken mit der Hand. Ebenso ist es
mit der Seide. Bei gefärbten Baumwollgarn angewandt, dient sie zur Entfernung von Staub und mechanisch anhaftenden Farbtheilchen, worauf man einen
reineren und glänzenden Faden erhält. Die Maschine

kann, doppelseitig gebaut, täglich 400 kg bewältigen.
Der Mechanismus ist sehr einfach. Die Maschine ahmt
das Anstrecken der Strähne durch Hand am Wring-
pfahl nach und besteht aus einer um sich selbst drehen-
den Oberwalze und einer Walze, die auf einem durch
Daumen zu hebenden Brett lagert. Auf diesen beiden
Walzen wird der Strähn ausgebreitet und aufgelegt und
mit der untern Walze durch Drehung der Daumenachse
eine schlagartige Bewegung ausgeführt, unter gleichzeitiger Drehung des Strähns durch die obere Walze.
Hierdurch erhält der Strähn eine schöne, regelmässige
Lage und werden gleichzeitig noch mechanisch anhaftende Farbstoffe etc. entfernt.

Chevilliermaschine. Dieselbe besteht aus mehreren, drehbar gelagerten, kurzen Haspelköpfen mit darunter befindlichen, durch schwere Gewichte belastete,
quer drehbare Haken. Die beiden übereinander befindlichen Köpfe resp. Haken sind zur Aufnahme der Seidensträhne bestimmt. Durch Umdrehung des untern
Haspels mittelst einer, durch Dampfmaschine bewegten
Zahnstange wird jeder Strähn in sich gewunden, unter
gleichzeitigem starken Zug durch die angehängten Gewichte. Beim Rückgang der Zahnstange öffnet sich
der Strähn und wird derselbe durch eine kleine Umdrehung der obern Walze um ein bestimmtes Maass
verschoben, worauf das Zusammenwinden von neuem
beginnt und so fort bis der Strähn fertig ist. Zweck
der Maschine ist, den Seidensträhn zu strecken, glänzend und hauptsächlich weich zu machen, bei gerader
Legung der einzelnen Fäden. Bei Baumwollgarnen hat
die Maschine den Zweck, das nach dem Färben gekräuselte Garn glatt und gerade zu machen.

Lüstrirmaschine.(Gebrüder Wansleben.)(Fig.103.)
Die Maschine besteht aus einem gusseisernen Kasten mit

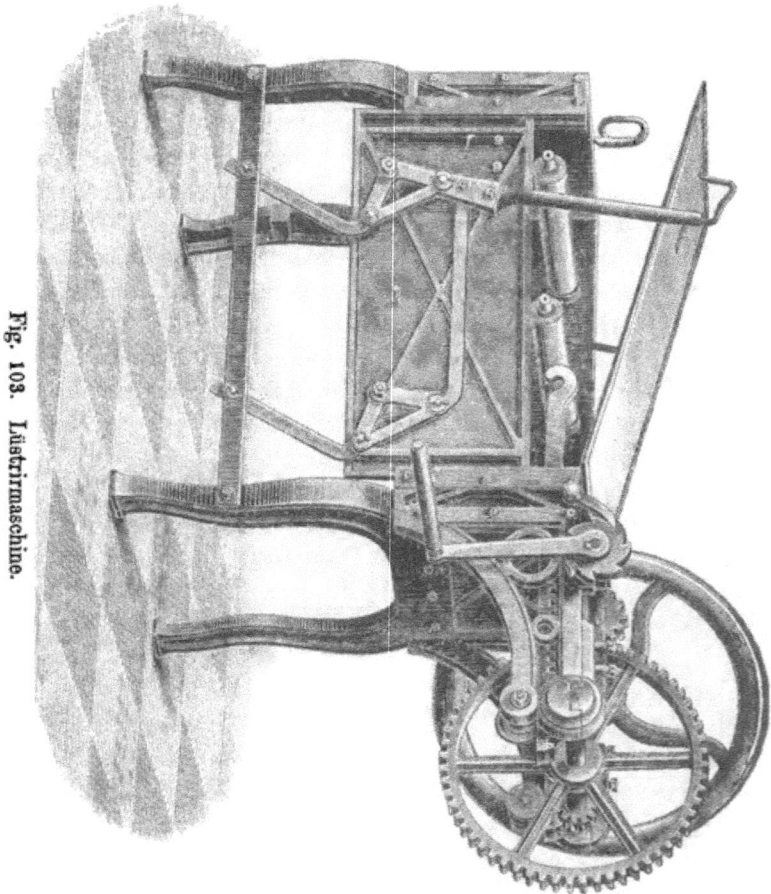

Fig. 103. Lüstrirmaschine.

verschiebbaren Thüren und ist mit 2 Stahl- oder
Messingwalzen versehen, über welche die zu lüstrirenden

Strähne gelegt werden. Die Walzen werden mit der Hand durch Zahnradübertragung und Zahnstange von

Fig. 104. Streck- u. Lüstrirmaschine, doppelseitig mit je 2 Walzen.

einander entfernt, während dieselben durch Hand- oder Riemenbetrieb gedreht werden. Das Heizen der Walzen

geschieht mittelst in den Kasten einströmenden Dampfes,
der beliebig nach Bedürfniss durch ein Ventil zugelassen
werden kann.

Fig. 1(5.   Lüstrirmaschine, doppelseitig mit je 4 Walzen.

Doppelseitige Lüstrirmaschine. (Fig. 104.) Besteht im Wesentlichen aus 2 von innen durch Dampf heiz-

baren Stahlwalzen, welche auf einem Gestell gelagert sind und mittelst Dampfmaschine oder Riemen, durch Schneckenrad und Schnecke gedreht werden. Die Spannung des übergehängten Strähnes geschieht durch Anziehen der einen Walze mittelst Schraube und grossem Handrad. Die Walzenenden werden mit einem Dämpfkasten umgeben, um den trocken aufgebrachten Strähn andämpfen zu können. Durch Anbringen von rotirenden Bürsten dient die Maschine auch als Chappelüstrirmaschine.

Vierfache Lüstrirmaschine. (Fig. 105.) Im Prinzip der vorigen ähnlich, nur der besseren Handhabung wegen aufrecht gestellt, wodurch einige Constructionsänderungen durch Winkelgetriebe bedingt werden. Nach dem Schliessen der Thüre lässt man, zur Erzielung eines höheren Glanzes, durch ein im Boden des Kastens befindliches Rohr, Dampf eintreten.

––––––

Entschälen und Bleichen der halbseidenen Gewebe.

a. Das Degummiren.

In einem passenden Bottich, mit Haspel und Quetschwalzenpaar ausgerüstet, werden eine Anzahl zusammengenähte Stücke etwa $1/2$—$3/4$ Stunden lang umgehaspelt. Zuvor giebt man dem Bade für 10 Kilo Waare 2 Kilo weisse Schmierseife in Lösung und erhitzt auf 85—90° C. Bei hartem Wasser setzt man noch bevor die Seife in Lösung zugegeben wird, den Härtegraden entsprechende calcinirte Soda zu und lässt einen Augenblick aufkochen. Die Stücke laufen zuletzt

auf den Haspel auf. Nach dem Abkühlen wird abgequetscht und das Gewebe in ein zweites kochendes
Bad, das für 10 kg Waare 1,8 kg Marseiller Seife, beziehungsweise Sodazusatz hat, gebracht und umgehaspelt.

In kleineren Färbereien werden 3—4 Stücke an-
einandergenäht, möglichst breit in Leinwand oder Jute-
säcke gesteckt und 2 Stunden anhaltend gekocht.

Nach dem letzten Abkochen wird nochmals abgequetscht und in einem verdünnten Sodabade von 50° C.
heiss gespült, dann erst wird in kaltes Wasser eingegangen. Wenn das Degummiren richtig verläuft, so
gehen die Stücke nunmehr schon halbweiss hervor.
Besonders zu beachten ist, dass der Griff und besonders
der Glanz nicht verloren geht und keine starken Zer-
knitterungen vorkommen.

b. Das Bleichen.

Das Bleichen oder Weisswaschen ist nur für Markt-
waare erforderlich, die ganz weiss mit bestimmtem
Stich abgeliefert werden soll. Diese Stücke erhalten
wenig Appretur. Das Bleichen geschieht wie bei Wollen-
stückwaare beschrieben, mit schwefliger Säure in Gasform oder als Flüssigkeit oder mit einer Lösung von
doppeltschwefligsaurem Natron und Zusatz von Salzsäure: 16 kg Salz werden in 180 kg Wasser gelöst
und hierzu 3 kg Salzsäure von 22° Bé gesetzt. Man
bringt die Temperatur des Bades auf 50° C., geht
mit den Stücken ein und lässt 5—6 Stunden ruhen,
quetscht ab, wäscht in einem Bade von $^1/_2$ kg Soda
auf 100 kg Wasser bei 40° C. und spült zuletzt in
kaltem Wasser.

c. Das Bläuen oder Weissfärben.

Die geschwefelten und ausgewaschenen Stücke werden mit Anilinblau oder Methylviolett nach dem gewünschten Stich gebläut, in einem nachfolgenden Bade mit stark verdünnter Schwefelsäure abgesäuert und gut gewaschen.

Appretur der Seidengewebe.

Jede Qualität und Stoffart erfordert eine besondere Behandlung. Die gewöhnlichen glatten Taffetgewebe werden sorgfältig geputzt, mit Stahlblechen gerieben, um die Fäden gleichmässiger zu legen, was auch auf besonderen Glättmaschinen geschieht, gasirt, dann auf dem Calander calandrirt und halbwarm oder auch kalt gepresst, wozu die hydraulische Presse dient. Bei lose gewebten Stoffen benutzt man Appreturmittel (Leim- und Tragantlösung), die auf der linken Seite des Stoffes aufgetragen werden. Das Trocknen erfolgt auf Cylindertrockenmaschinen, oder wenn ein besonders hoher Glanz erreicht werden soll, auf Trockenkalandern oder auf Lüstrirkalandern. Zum Moiriren von Geweben und Bändern gebraucht man die Moirirmaschine. Eine besondere Appretur machen die hochgewebten Stoffe wie Plüsch und Sammt durch, bestehend in Dämpfen, Bürsten, Scheeren, Gaufriren (Einpressen von Figuren) u. s. w.

Am Schlusse des zweiten Theiles des ganzen Werkes seien noch eine Anzahl Maschinen erwähnt, die nicht in den Text zwischengereiht werden konnten, da sie für alle Fasern, sei es loses Material, Garn oder Gewebe mit bestem Erfolg benutzt werden. Es sind die Centrifugen, Hydro - Extracteure, Schleuder- oder Schwingmaschinen, die in der Bleicherei, Färberei und Appretur aller Fasern zum Entnässen angewandt werden, um das Trocknen zu begünstigen und zu erleichtern. Die verschiedenen Trockenvorrichtungen werden im dritten Theile dieses Werkes abgehandelt.

Centrifugen.

Centrifugen, Centrifugalmaschinen, Hydro-Extracteure, Schleuder- oder Schwingmaschinen dienen zum Entwässern von Rohmaterialien, Garnen und Geweben. Es ist zwar unmöglich, auf diesem Wege die Faserstoffe vollständig zu trocknen, jedoch wird das Entnässen oder Entwässern auf diesem mechanischen Wege zur höchsten Möglichkeit ausgeführt. Das Schleudern oder Centrifugiren ist als eine sehr günstige und erleichternde Vorarbeit für das eigentliche vollendende physikalische Trocknen durch Wärme zu bezeichnen.

Wie aus den vorhergehenden Abschnitten hervorgeht, dienen zum Entnässen verschiedene Verfahren. Man kann durch Zusammendrehen der Gespinnste und Gewebe, durch Wringen entnässen, ferner durch Quetschen und Pressen. Im Allgemeinen wird der Zweck aber nicht so vollkommen und so höchst vortheilhaft erreicht, als durch das Schleudern. (Siehe unten.)

Die Centrifugalmaschine verdankt ihre Entstehung dem Techniker Penzoldt in Paris, welcher im Jahre 1836 mit seiner Erfindung an die Oeffentlichkeit trat und damit in berufenen Kreisen so grosses Aufsehen erregte, dass bald eine grosse Reihe von Technikern sich die weitere Verfolgung des Prinzips und Vervollkommnung der immerhin noch mangelhaften Bauart zur Aufgabe machten. Im Nachfolgenden sollen diejenigen Maschinen beschrieben werden, welche auf der Höhe der Vervollkomnung stehen und sich in der Praxis als bewährt erwiesen haben.

Die nachfolgend beschriebenen Centrifugen werden sämmtlich von Gebrüder Heine in Viersen ausgeführt, welche sich insbesondere mit dem Bau von Centrifugen befassen.

Allgemein kann man die Centrifugen eintheilen in solche: mit liegender Achse, welche von einem gelochten Mantel oder einer aus Stäben gebildeten Trommel umgeben ist, auf die man die nassen Gewebe aufwickelt. Die Trommel wird in schnelle Umdrehung versetzt, wobei die Flüssigkeit mittelst der entwickelten Centrifugalkraft nach aussen geschleudert wird; mit stehender Achse, welche einen cylindrischen Korb oder Kessel trägt, dessen Mantel durchlöchert und dessen Boden geschlossen ist, sodass man die nassen Stoffe hinein-

legen und durch schnelle Umdrehung schleudern kann,
wobei der Stoff sich fest aber sanft gegen den Mantel
legt und die Flüssigkeit durch die Löcher desselben
entweicht.

Es ist also die Ablenkungs- oder Centrifugalkraft,
welche hier auf die nassen Stoffe einwirkt und zwar
derart, dass die Stoffe so gegen den Mantel gedrückt
werden, dass sie mit diesem umdrehen müssen, während
die im Stoffe befindlichen Wassertheilchen losgelöst
und durch die Löcher des Mantels geschleudert werden.

Blosses Wasser wird auf diese Weise schon durch
wenige Umdrehungen aus der Trommel entfernt. Wenn
beispielsweise die in 1 kg Wollstoff enthaltenen 2 kg
Wasser allein in eine Centrifugentrommel von 1 m Durchmesser gegeben würden, welche 1000 Umdrehungen in
der Minute macht, so berechnet sich die auf die Flüssigkeit einwirkende Centrifugalkraft auf 1116,5 kg. [1]) Es
ist leicht begreiflich, dass die 2 kg Wasser einem solchen Druck schnell weichen müssen, wenn diesem Druck
kein Hinderniss entgegensteht. Ein solches Hinderniss
besteht aber, wenn das Wasser nicht frei, sondern
aus dem Stoffe geschleudert werden soll und zwar ist
es einerseits die Anziehungskraft, welche die Faserstoffe
auf die Feuchtigkeit ausüben und andererseits der Umstand, dass sich die Löcher des Mantels stellenweise
durch Einzwängen der Stofftheile verstopfen oder ver-
engen und deshalb weniger Wasser durchlassen.

Da diese Hindernisse, je nach Beschaffenheit der

$$1) K = \frac{G \cdot v^2}{g \cdot r} = \frac{G \cdot \left(\frac{n}{60} \cdot d \cdot \pi\right)^2}{g \cdot r} = \frac{2 \cdot \left(\frac{1000}{60} \cdot 1 \cdot 3,14\right)^2}{9,81 \cdot 0,5} = 1116,5 \, kg$$

Stoffe, mehr oder weniger auftreten, so lässt sich eine allgemeine Norm für die zum Ausschleudern einer gewissen Menge Wasser aus einem gewissen Quantum Stoff erforderliche Zeit nicht genau aufstellen.

Praktische Versuche haben ergeben, dass der Schleudereffekt von Minute zu Minute nachlässt. Es kommt nun darauf an, bis zu welchem Zeitpunkt das Schleudern überhaupt noch vortheilhaft ist. Diese Grenze ist da, wo das weitere Schleudern nicht mehr so viel Nässe pro Minute aus dem Stoffe entfernen kann, als in derselben Zeit und für gleiche Kosten durch Verdampfen entfernt werden kann. Nach gemachten Erfahrungen kann man durchschnittlich eine Dauer von 10—12 Minuten als vortheilhaft annehmen, selbst dann, wenn vorzügliche Trockenräume vorhanden sind.

Einen interessanten Vergleich über den Effekt des Auswringens, Auspressens und Ausschleuderns giebt Grothe[1]) in folgenden Zahlen.

Derselbe stellte zunächst durch Versuche mit der Centrifuge fest, dass bei einer Andauer des Schleuderns von 15 Minuten ein gewisses Quantum

	vor dem Ausschleudern	nach dem Ausschleudern
Wollstoff	2,69	0,44
Seidenstoff	1,77	0,39
Baumwollstoff	1,92	0,36
do	1,40	0,37
do	2,14	0,64
Leinenstoff	1,55	0,24

---

1) Grothe, Appretur der Gewebe 1882 S. 616.

vor dem Ausschleudern   nach dem Ausschleudern

ferner dasselbe Quantum

	vor dem Ausschleudern	nach dem Ausschleudern
Wollgarn	1,80	0,40
Seidengarn	1,45	0,35
Baumwollgarn	1,56	0,27
Leinengarn	1,42	0,20

Theile Wasser enthielt.

Grothe ermittelte hiernach für die Wirkung der verschiedenen mechanischen Mittel zum Entwässern der Faserstoffe folgende Verhältnisszahlen:

I. Bei Geweben aus

	Wolle	Seide	Baumwolle	Leinen
für das Auswringen	44,5	45,4	45,3	50,3
Auspressen	60,0	71,4	60,0	73,6
Ausschleudern	83,5	77,8	81,2	82,8

II. Bei Garnen

	Wolle	Seide	Baumwolle	Leinen
für das Auswringen	33,4	44,5	44,5	54,6
Auspressen	64,0	69,7	72,2	83,0
Ausschleudern	77,8	75,5	82,3	86,0

Nach Riesler's Versuchen wogen 6 Stück mit der Walzenpresse entnässten Kattuns 47,5 kg, während dieselbe Anzahl in der Centrifuge geschleudert nur 39,25 kg wogen. Mithin waren nach Anwendung der Centrifuge:

für   6 Stück Kattun   8,25 kg

für 100   „   „   138   kg Wasser

im Trockenraum weniger zu verdampfen, als nach Gebrauch der Walzenpresse, was eine Ersparniss von 50—75 kg Steinkohle pro 100 Stück Kattun bedeutet.

Die ältesten Centrifugen, wie sie Penzoldt baute, hatten wagerechte Achsen. Man nennt sie Horizontalcentrifugen. Sie dienen ausschliesslich zum Ausschleu-

dern von Geweben, die nicht zerknittert werden dürfen,
wie Tuch, Plüsch, Sammt u. s. f. Die meiste Anwen-
dung finden die Centrifugen mit senkrecht stehender
Achse oder Verticalcentrifugen, in welchen loses
Fasermaterial, Garn und Gewebe, geschleudert wird. Die
Centrifugen haben entweder obern oder untern Antrieb.
Der Antrieb wird durch besonders angebrachten Motor
bewirkt oder durch Transmissionsriemen oder durch
Kurbeln mittelst der Hand.

1. Centrifuge mit Oberbetrieb.

In dem widerstandsfähigen Schutzmantel aus
Schmiedeeisen, welcher in den gusseisernen Fundament-
boden fest eingefügt ist, befindet sich der siebartig
durchlöcherte und genau centrirte Schleuderkessel aus
starkem Kupfer- oder Stahlblech, welcher mit der oben
und unten gelagerten Stahlachse drehbar ist. Das Oberlager sitzt in einem stabil construirten, auf dem Schutzmantel befestigten Gestell, dessen beide Arme oben eine
wagerechte Achse tragen. Auf dieser Achse sitzt eine
Scheibe, deren konische Fläche mit einem auf der senkrechten Achse festgekeilten Konus sich berührt.

Wird nun die wagerechte Achse in Bewegung gesetzt, so wird letztere durch die Reibung der beiden
Konen auf den Kessel übertragen.

Zur Hervorbringung dieser Bewegung dient der seitwärts montirte Dampfmotor (siehe Fig. 106), dessen
Dampfverbrauch bezüglich Geschwindigkeit durch ein
Ventil regulirt werden kann. Man ist jederzeit im Stande,
dem Kessel eine grössere oder kleinere Tourenzahl zu
geben. Die Ausserbetriebsetzung wird durch Absperrung
des Dampfventils und Anziehen des Bremhebels bewirkt.

Herzfeld, Färben und Bleichen. II.   19

Das zwischen Kessel und Oberlager sichtbare Gefäss hat den Zweck, das im Lager verbrauchte Oel in
sich aufzunehmen und eine Verunreinigung des Kessels

Fig. 106. Centrifuge mit Oberbetrieb und Dampfmotor.

und seines Inhaltes zu verhindern. Das verbrauchte
Oel lässt sich aus dem Gefäss durch eine Schrauben-
öffnung leicht entfernen.

Die an der linken Seite der Maschine angebrachte

Feder hat das Bestreben, die beiden konischen Reibungs-
flächen in gleichmässiger Berührung zu erhalten, wo-

Fig. 107. Centrifuge mit Oberbetrieb für Transmission.

durch ein regelmässiger Gang und gleichmässiger
Kraftverbrauch erzielt wird. Die Maschine wird auf

einem aus Ziegelsteinen gemauerten Fundament montirt.

Dort, wo Transmission und überschüssige Betriebskraft vorhanden, und eine veränderliche Tourenzahl des Kessels ohne Bedeutung ist, empfiehlt sich die Centrifuge für Transmissionsbetrieb (Fig. 107), nur durch den Antriebsmechanismus unterschieden. Auf der wagerechten Achse neben der konischen Frictionsscheibe sitzt eine feste Riemscheibe, neben dieser eine lose. Durch Verschiebung des Treibriemens auf die feste oder lose Scheibe wird der Kessel in oder ausser Bewegung gesetzt. Die Geschwindigkeit richtet sich nach der Tourenzahl der Transmissionswelle. Vielfach bringt man auch nur eine feste Scheibe an. Die In- oder Ausserbetriebsetzung wird dann dadurch bewirkt, dass man die horizontale Achse mittelst einer Vorrichtung derart verschiebt, dass die Frictionsscheibe in und ausser Berührung mit dem Konus der senkrechten Kesselachse kommt.

Die Centrifuge wird zuweilen auch für den Handbetrieb ausgerüstet. In diesem Falle wird die wagerechte Achse mittelst einer oder zweier Handkurbeln bewegt (Fig. 115). Die Uebertragung dieser Bewegung auf die Kesselachse wird durch ein Schneckengetriebe derart bewirkt, dass ein auf der liegenden Achse sitzendes Schneckenrad in eine auf der Kesselachse befindliche Schnecke eingreift.

2. Centrifuge mit Unterbetrieb.

Diese Centrifugen wurden früher so gebaut, wie die oben beschriebenen Centrifugen, nur mit dem Unterschiede, dass der Frictionsmechanismus nach unten verlegt wurde, während die Achse noch immer durch den Kessel ging und über demselben gelagert war. Das brachte den Uebelstand mit sich, dass bei etwas ungleichmässiger Belastung des Kessels das Oberlager durch die starke Reibung der aus dem Centrum strebenden Achse heiss lief, ein unruhiger Gang der Maschine und häufige Reparaturen herbeigeführt wurden. Um diesem abzuhelfen, wurde einerseits die Achse kürzer genommen, das Unterlager wie das Oberlager beweglich gemacht, so dass dieselben ihre Stellung nach Maassgabe des gegen sie ausgeübten Achsendrucks verändern konnten, andererseits ein Regulator angebracht, bestehend in einem Gegengewicht, welches mit dem Kessel lose verbunden, seine Lage so verändern kann, dass er den Schwerpunkt des Kessels in dessen geometrische Achse verlegt und dadurch das Schwingen des Kessels beseitigt. Man erreichte damit zugleich eine grössere Bequemlichkeit und Leichtigkeit der Beschickung und Entleerung des Korbes und eine grössere Reinlichkeit durch Wegfall der Lagertheile über dem Korbe, da der Kessel oben und innen nunmehr frei war.

Centrifuge mit Unterbetrieb und Dampfmotor. Die Maschine hat als Unterlage einen Fundamentrahmen aus Holz oder Gusseisen. Unten quer durch den cylindrischen Untersatz liegt eine eiserne Brücke, welche in der Mitte eine kugelförmige Vertiefung hat, welche von dem ebenfalls kugelförmigen Lagerkörper des untern Achsenlagers (Spurlagers) ausgefüllt wird und demselben eine freie Bewegung gestattet. Hierin sitzt die eigentliche Lagerbüchse zur Aufnahme des Spurzapfens der Kesselachse, welche mit dem Boden des Kessels durch starken Keilverschluss verbunden ist.

Fig. 108. Centrifuge mit Unterbetrieb und direkt wirkendem Dampfmotor.

Fig. 109. Centrifuge mit Unterbetrieb, Dampfmotor und Vorrichtung zum Betriebe irgend einer andern Arbeitsmaschine.

Das obere, nahe unter dem Kesselboden befindliche
Lager wird durch eine Anzahl Zugstangen gehalten,
welche mit ihren Enden durch die am Umfange des
Untersatzes sichtbaren Gehäuse und die in letzteren
sitzenden Gummibuffer hindurchgeführt und aussen
durch Verschraubung befestigt sind. Durch die Anordnung ist das Oberlager elastisch und das Unterlager
beweglich derart, dass beide Lager jede Bewegung der
von denselben umschlossenen Kesselachse mitmachen
können.

Zwischen Ober- und Unterlager befindet sich eine
Riemenscheibe, die direct von der Scheibe des Dampf-
motors bewegt wird. Unterhalb des Kessels geht der
Untersatz in ein Gefäss über, das die ausgeschleuderte
Flüssigkeit aufnimmt und durch einen Rohrstutzen ab-
fliessen lässt.

Von den verschiedenen Regulatoren zur Aus-
gleichung der Schwankungen, infolge einseitiger Belastung des Kessels, haben die meisten sich nicht eingeführt. Am besten ist noch immer die Vertheilung
der Massen möglichst gleichmässig vorzunehmen.

Centrifuge mit Unterbetrieb und Regulator
(Patent Gebrüder Heine in Viersen). (Fig. 110.) Das
Prinzip des Regulators besteht darin, dass die Centrifugalkraft dazu benutzt wird, eine dem Uebergewicht
entsprechende Menge Quecksilber an diejenige Trommel-
seite zu führen, welche den Schwerpunkt der ungleich-
mässig vertheilten Kesselfüllung gegenüberliegt und
dadurch den Schwerpunkt in die Mitte der Achse zu ver-
legen. Das Uebergewicht wird also schnell und selbstthätig ausgeglichen.

Unter dem Schleuderkessel A befindet sich der mit

Fig. 110. Centrifuge mit Unterbetrieb, Riemenvorgelege und Regulatorvorrichtung. (Querschnitt.)

Fig. 111. Centrifuge mit Unterbetrieb und Riemenvorgelege.

Quecksilber gefüllte Behälter a, welcher durch die vier
Röhren b mittelst Oeffnens oder Schliessens der Hähne
d in oder ausser Verbindung mit den Gefässen c gebracht werden kann. Auf die Hähne d wirken die mit
Schwungkugeln versehenen Lenkstangen e ein, die stets
in horizontaler Ebene schwingen, während Kessel und
Achse nach derjenigen Seite hinneigen, wo der Schwerpunkt der Belastung liegt. Die Veränderlichkeit des
von Trommelachse und Lenkstange gebildeten Winkels δ
bewirkt eine Drehung der Hahnküken beziehungsweise
ein Oeffnen oder Schliessen der Hähne. Sobald die
Centrifuge ausser Betrieb gesetzt ist, fallen die Lenkstangen in die Lage x zurück, wodurch die Hähne
sämmtlich geöffnet werden, sodass das Quecksilber durch
die geneigt angeordneten Röhren b nach a zurücklaufen
und für die nächste Inbetriebsetzung wieder verfügbar
sein kann.

Die Unterbetriebs-Centrifugen werden auch mit
Riemenvorgelege für Transmissionsbetrieb gebaut.
(Fig. 111.) Für kleine Betriebe, in welchen der Motor
der Centrifuge, um dessen Kraft möglichst auszunutzen,
noch eine zweite Maschine, etwa eine Indigomühle
treiben soll, ist der Motor mit 2 Riemenscheiben ausgestattet (Fig. 109). Will man die Centrifuge ausser Betrieb setzen, während die andere Maschine laufen soll,
so wird dies durch einen Hebel bewirkt, der den Riemen auf die loslaufende Scheibe verschiebt.

Für grosse Betriebe sind die Compound- oder
Doppelcentrifugen sehr zweckmässig (Fig. 112). Zwei
Centrifugen werden wechselweise durch ein und denselben Motor angetrieben. Während des Schleuderns
kann der Motor ununterbrochen im Betrieb bleiben.

Fig. 112. Doppelte Centrifuge mit Dampfmotor und Keilräder-Vorgelege.

Fig. 113. Centrifuge mit seitlich herausnehmbarem Schleuderkessel.

Das Wechseln geschieht durch Ein- und Ausrücken der Keilräder des Vorgeleges, welche in Umdrehung gerathen, sobald sie das Keilrad des Motors berühren.

Die Firma Gebr. Heine in Viersen hat Centrifugen mit besonderer Einrichtung versehen, um die Schleuderkessel seitlich herauszunehmen, beziehungsweise schnell wechseln zu können (Fig. 113); der Kessel ist in diesem Falle nicht mit der Achse verbunden. Dagegen trägt die Achse oben eine schmiedeeiserne Centrirscheibe, an deren unterer Fläche der Mechanismus für die Befestigung des Kessels angebracht ist. Dieser Mechanismus besteht in der Hauptsache aus einer Schneckenspindel, einem Schneckenrad und einer Anzahl mit Haken versehener Zugstangen, welche durch Drehen an der Schneckenspindel nach aussen oder innen verschoben werden können. Ist der Kessel an einem beliebigen Orte gefüllt worden, so schiebt man ihn über den seitlich der Centrifuge angebrachten Untersatz durch die geöffnete Thür auf die Centrirscheibe, dreht mittelst Schlüssel an der Spindel und alsbald klammern sich die Haken der Zugstangen fest um den entsprechend construirten Rand des Kesselbodens.

Sodann baut man noch Unterbetriebscentrifugen mit Handkurbeln, bei welchen die Uebertragung der Bewegung auf die unterhalb des Kessels befindliche Riemenscheibe entweder mittelst Schneckenrads und Schneckenspindel (Fig. 114) oder durch konische Zahnräder geschieht.

Ueber die Behandlung der Centrifugen. Von der guten zweckdienlichen Behandlung hängt oft die Leistungsfähigkeit und Dauerhaftigkeit einer Maschine ab. Man achte darauf, dass die Massen stets gleichmässig im Kessel vertheilt und die einzelnen Theile der Maschine stets in Ordnung gehalten werden, wozu namentlich die rechtzeitige Versorgung der Schmierge-

Fig. 114. Centrifuge mit Unterbetrieb und Handkurbel.

fässe gehört. In der ersten Zeit des Betriebes lockert sich zuweilen eine Schraube, was ohne Bedeutung ist, wenn nicht übersehen wird, die Schraube wieder anzu-ziehen. Erhalten die Lager in Folge ungenügender

Schmiervorrichtungen oder nachlässiger Bedienung nicht genügend Oel, so müssen die Lager heiss werden und verderben, abgesehen von den damit verknüpften Gefahren. Auch müssen die Maschinentheile regelmässig gereinigt werden.

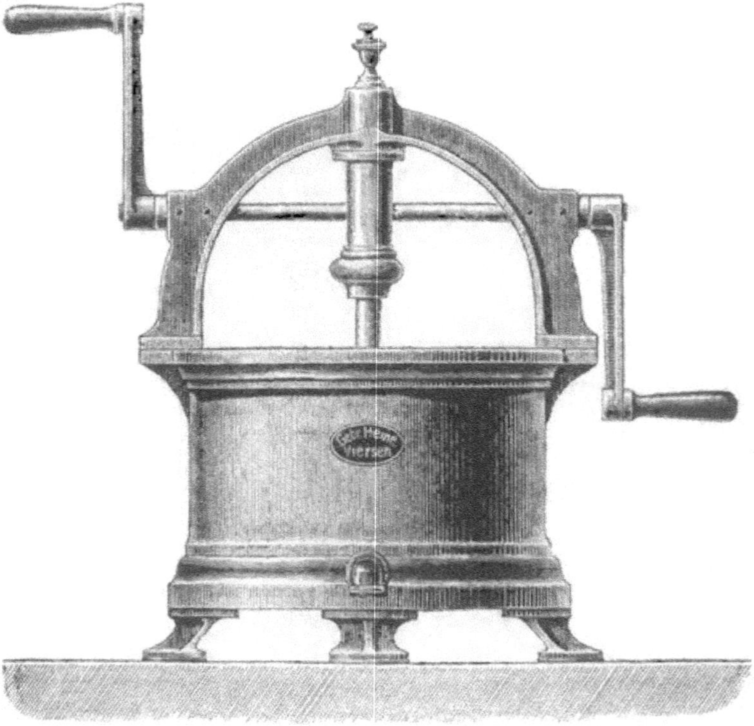

Fig. 115. Centrifuge mit obern Antrieb und Handkurbel.

3. Horizontal-Centrifugen.

Die Haupttheile einer solchen Maschine sind zwei Gestellwände, durch mehrere Bindungsstücke mit ein-

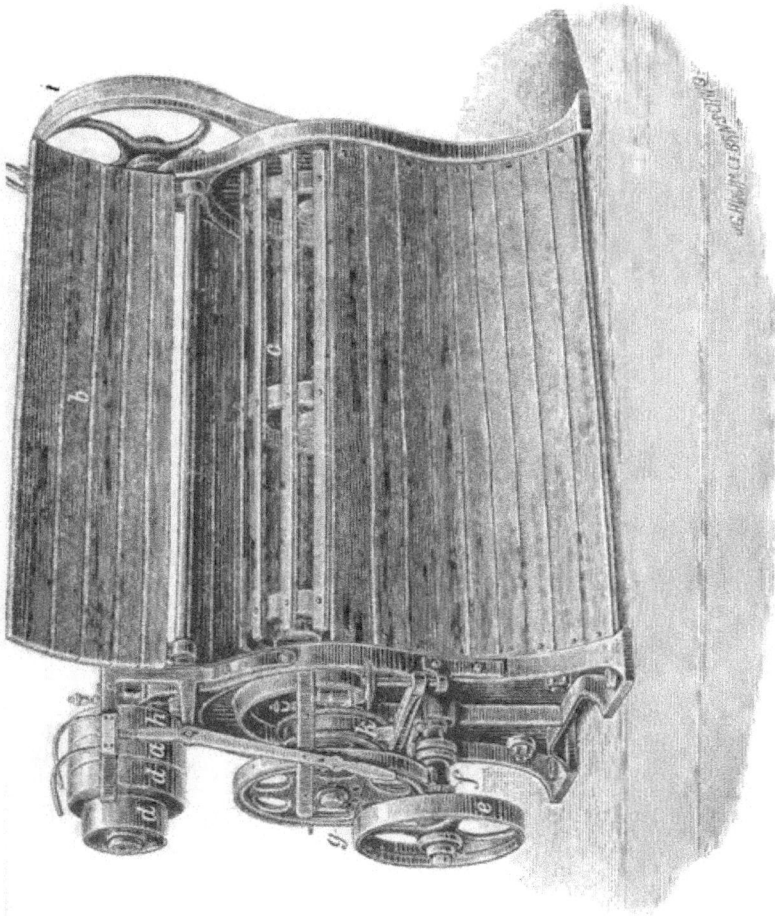

Fig. 116. Horizontal-Centrifuge (geöffnet).

Fig. 117. Horizontal-Centrifuge (geschlossen).

ander verbunden, eine Trommel aus rostwiderstehenden
Stäben oder gelochtem Metallblech, ein hölzerner
Schutzkasten mit Klappthür, eine Vorrichtung zum
selbstthätigen Aufwickeln des Stoffes, die Antriebs-
vorrichtung und die Bremse (Fig. 116). Man öffnet
die Klappthüre (b), befestigt das Ende des nassen Gewebes an der Trommel und rückt den Riemen auf die
Scheibe (d), welche alsdann die untere Scheibe (e) mit
dem kleinen Zahnrad (f) und durch dieses das grosse
auf der Trommelaxe befestigte Zahnrad (g) bewegt.
Die Trommel dreht sich infolgedessen in zweckmässiger
Geschwindigkeit und wickelt das Gewebe vollständig
auf. Ist dies geschehen, setzt man still und befestigt
das Gewebe durch mehrfaches Umwickeln einer starken
Schnur, schliesst die Klappthür und rückt den Riemen
auf die Festscheibe (h). Durch die starke Uebersetzung
von Scheibe (i) auf die Trommelscheibe rotirt nunmehr die Trommel etwa 1000 Mal pro Minute, wodurch das im Gewebe befindliche Wasser ausgeschleudert wird. Macht der Abfluss des Wassers sich nur
noch durch Tropfen bemerkbar, so ist dies das Zeichen
zum Abwickeln des Stoffes. Zum schnelleren Einhalten
der Trommel dient die Bremse (k). Um das Gewebe
glatt auf die Trommel zu bringen und jede Faltenbildung zu vermeiden, kann man es vorher über eine
unterhalb der Klappthüre anzubringende Bürstenwalze
laufen lassen. Die Maschine bedarf keines besonderen
Fundaments.

Fabrikanlagen.

Im Nachstehenden folgen zur Vervollständigung dieses Theiles einige Entwürfe zu verschiedenen Bleich-Anlagen, die sämmtlich in der Praxis und zwar durch die Firma C. G. Haubold jr. in Chemnitz ausgeführt wurden. Sie sollen ein Bild der Gesammt-Anlage geben und die innere Einrichtung und die zweckmässige Aufstellung der verschiedenen Maschinen zeigen.

I. Anlage einer Bleicherei und Appretur für Leinen- und Baumwoll-Garne, sowie für Leinen- und Baumwoll-Gewebe.

Tafel XII, Fig. 118, 119, 120.

Im Grundriss des Erdgeschosses:

  n Bäuchkessel,
  o Treppenaufgang,
  p Rohlager für Garne und Stückwaare,
  l Aufzug für Garne,
  k Rundwaschmaschine für Garne,
  e Garnwaschmaschine,
  d Garnquetschmaschine,
  i Pritsche,
  f Centrifuge,
  g Chlor- und Säurebassin für Leinen- und Baumwollgarn,
  a Rollerei für Leinengarn,
  b Bassin zum Aufrühren der Chlorkalklösungen,
  c Chlorkalkauflöser.

Im Grundriss des ersten Stockwerks:

  a" Garntrocken-Maschine für Leinen und Baumwolle.
  b" Raum zur Aufstellung der Garnstärk- und Bürstmaschine

Die übrigen Räumlichkeiten enthalten die Stück-
bleicherei.

Im Erdgeschoss:

x   Gassenge-Maschine,
q   Einweich- und Kochfässer,
r   Kanalwäsche,
u   Kalkbassins,
v   Kalkmaschine (Clapot),
w   Waschmaschine,
y   Chlorkalkbassins,
z   Säurebassins,
a' Pumpe,
c' Säuremaschine (Clapot),
e' Chlormaschine (Clapot),
i, i, i. Waaren-Pritschen,
g' Säurefässer,
h' Kalkmaschine,
t   Seifenhobelmaschine,
s   Tuchwaschhaus,
l' Hydraulische Mangel,
m', q' Aufbäumstühle,
n' Stärkekocher,
o' Cylindertrockenmaschine,
f' Rauherei,
k' Aufzug zum Spann- und Trockenrahmen,
p' Raum für fertige Waaren,
r' Einsprengmaschine.
s' Stärkemaschine,
t' Stärkefässer,
u' Beetlemaschine,
v' Presse,
w' Wasserkalander,
x' Drei-Walzenkalander,
y' Friktionsstärkemaschine,
z' Raum für Mess-Wickel- und Doublirmaschine.

Im Grundriss des ersten Stockwerks:

c" Aufzug (im Grundriss des Erdgeschosses mit k' bezeichnet),
d" Spann- und Trockenrahmen.

II. Anlage einer Schnellbleicherei für Stückwaare.
Leistung pro 10 Stunden: 12000 m.
Tafel XIII, Fig. 121, 122, 123.

Im Grundriss des Erdgeschosses (Fig. 121):

- h   Chlorbassin,
- i, i   Säurebassin,
- e   Chlorfass,
- d   Säurefass,
- g   Säurefass für schwache Säure.
- b   Chlorkalkauflöser,
- a   Dampfmaschine,
- c   Strangwaschmaschine,
- q   Bäuch- und Kochkessel,
- n   Kalkmaschine,
- p   Pumpe,
- m   Wasserleitung,
- b'   Bottich für aufgelöste Soda,
- i, k   Ablege-Raum.

Im Aufriss (Fig. 122):

- d   Säurefass,
- e'   Säurebassin,
- c   Strangwaschmaschine,
- a'   Cylindertrockenmaschine,
- b'   Spann- oder Trockenrahmen,
- h   vom Bäuchkessel,
- g'   Quetschwalzen,
- f   Abflusskanal.

Im Längsschnitt (Fig. 123):

- q   Bäuchkessel,
- n   Kalkmaschine,
- d'   Bottich für aufgelöste Soda.
- g' g' g' g'   Quetschwalzen,
- e   Chlorfass,
- d, g   Säurefass,
- a   Dampfmaschine,
- a'   Cylindertrockenmaschine.
- b'   Stärkekocher.

III. Bleichanlage mit Waggonsystem (Patent Haubold).
Leistung pro Tag 90000 m = 1500 Stück = 12000 kg.

Tafel XIV, Fig. 124, Tafel XV, Fig. 125, 126.

Im Grundriss (Fig. 124):

I	Bottich für gebrauchte Lauge,
II	Bottich für warmes Wasser,
a	Waggonkochkessel,
b	Drehscheiben,
c, e, g, t	Imprägnirmaschinen.
d, f	Waschmaschine,
n, p	Waschmaschine.
o, q	Quetschmaschine,
m	Chlormaschine,
r	Säuremaschine,
s, t, x, h, k	Haspel,
w, y	Quetschen,
v, z	Schlingenaufmachkasten,
u, z'	Aufbäumstuhl,
l	Chlorbassin,
D	Dampfmaschine,
G	Gassengemaschine,
R	Rohwaarenniederlage.

IV. Bleich-Anlage für 550 kg Warps (Kette) pro Tag.

Tafel XVI, Fig. 127.

a	Bleichapparat,
b	Ausquetschmaschine,
c	Abflusskanal,
d	Chlorbassin,
e	Säurebassin,
f	Laugenbassin,
g	Bleirohrleitung,
h	Centrifugalpumpe,
i	Dampfmaschine.

V. Anlage eines Cops (Bobinen) Bleicherei (Patent Fischer). Leistung pro Tag 600 Kilo.

Tafel XVII, Fig. 128. 129. 130.

Im Grundriss (Fig. 128):

g Bäuch- oder Kochkessel,
h Dampfmaschine,
b Chlorbassin,
a, a Centrifugen.

Im Aufriss (Fig. 129 u. Fig. 130):

c Chlorkalkauflöser,
d, d Chlorbassin,
a, a Säurebottich,
b Chlorbottich,
e Pumpe,
f Trockenapparat,
g Bäuchkessel.

VI. Bleichanlage mit Vacuumapparat. Leistung pro Tag 300 kg Baumwollgarn.

Tafel XVIII, Fig. 131, 132.

A Bleichraum,
B Trockenstube,
D Dampfmaschinenraum,
E Comptoir.
C Packraum,

Im Grundriss (Fig. 131):

a Kochkessel,
b, b, h, b Einweichfässer,
c Centrifuge,
d Vacuumapparat,
f, g Chlor- und Säurebottiche.
h Vacuumpumpe,
i Pulsometer,
p Dampfleitung,

l Ventilationsschacht,
k Heizungsbatterien,
t Garnpresse,
r Seifenbottich,
s Blaubottich,
w Brunnen,
x Dampfkessel.

Im Aufriss (Fig. 132):

n Vacuummeter,
o Wasserreservoir,
a Kochkessel,
d Vacuumapparat,
h Vacuumpumpe.

Die im Texte und auf den Tafeln wiedergegebenen Abbildungen verdankt der Verfasser zum grössern Theile dem Entgegenkommen nachstehender Maschinenfabrikanten für Specialitäten auf dem Gebiete der Bleicherei, Färberei und Appretur:

Chantiers de la Buire, Lyon.

Henri Demeuse & Co., Aachen.

Fr. Gebauer, Charlottenburg.

C. A. Gruschwitz, Olbersdorf bei Chemnitz.

C. G. Hauboldt jun., Chemnitz.

Gebrüder Heine, Viersen.

C. Hummel, Berlin N.

L. Ph. Hemmer, Aachen.

Moritz Jahr, Gera.

Gebrüder Körting, Hannover.

U. Pornitz, Chemnitz.

Rudolf & Kühne, Berlin N.

Gebrüder Wansleben, Crefeld.

C. H. Weissbach, Chemnitz.

Emil Welter, Mülhausen (Elsass).

A. Wever & Co., Barmen.

Zittauer Maschinenfabrik, Zittau.

———————

Sachverzeichniss.

A.

Abkochen der Seide 264.

Auslaugeapparat nach Desormes 188.

Ausquetschmaschine 125. 231.

Automatische Wollspülmaschine 196.

Appretur der Baumwoll- u. Leinengarne 56.

— der Baumwollgewebe 138.

— der Jutegewebe 182.

— der Leinwand 175.

— der Seidengewebe 283.

— der Seidensträhne 275.

B.

Barlow-Hochdruckkessel 112.

Bastin 26.

Bastose 18.

Bäuchkessel, offene 75. 150.

Bäuchkessel für Hochdruck 76. 109.

Baumwollpflanze 2.

Baumwoll- und Leinenwalken 104.

Beetlemaschinen 176.

Beschwerung der Seide 272.

Bielefelder Bleichmethode 163.

Bläuen 84. 139.

Bleichen auf dem Jigger 133.

Bleichen der losen Baumwolle 74.

Bleichen des Baumwollgarns 74.

— der Baumwollgewebe 87.

— der halbseidenen Gewebe 282

— des Hanfgarns 176.

— der Jute 177.

— des Leinengarns 149.

— des Leinengewebes 161.

— der Nesselfaser 182.

— der Seide 266. 268.

— der Tussahseide 270.

— der Wolle 244.

— mit Chlorkalk 71. 76. 130. 148.

— mit flüssiger schwefliger Säure 250.

— mit gasförmiger schwefliger Säure 245.

— mit hydroschwefligsaurem Natron 254.

— mit schwefligsaurem Natron 251.

— mit übermangansaurem Kali 173. 255.

— mit Wasserstoffsuperoxyd 147.

Bleichflecken 174.

Bleichverfahren nach Frohneiser 84.

— nach Hermite 145.

— nach Lunge 148.

— nach Mather-Thompson 140.

Bourette 57.

Breitwaschmaschine 103. 104. 233. 235. 241.
Brennböcke 239.
Buntbleiche 173.
Bürstmaschine 138.

C.

Calander 138.
Carbonisation 203.
— der Gewebe 217.
— der losen Wolle 206.
— im Schweiss 216.
Carbonisirofen 207.
Carbonisirmaschine 209. 219. 221.
Cellulose 7. 18. 21.
Centrifugen 284.
Chappe 57.
Chargiren der Seide, siehe Beschwerung.
Chemische Zusammensetzung 7. 17. 21. 25. 34. 42.
Chevilliren 275. 277.
Chinagras 31.
Chloraluminium 214. 217. 223.
Chlorbleiche, siehe Bleichen mit Chlorkalk.
Chlorkalkauflöser 77.
Chlorkalkmühle 76.
Chlormagnesium 214. 223.
Chlormaschine 106.
Chlorrührer 77.
Clapotständer 97.
Continuebleichapparat 141.
Continuelaufrahmen 137.
Continuewaschmaschine für Gewebe 98.
— für Garne 81. 231.
Copsbleicherei, System Fischer. 85. 312.

Corcherobastose 26.
Crabben 237.
Cuite 262.
Cylinderscheermaschine 137.
Cylindersenge 92.

D.

Dämpfen 240.
Degummiren 263. 281.
Desormes Auslaugeapparat 188.
Dreschlein 12.

E.

Ecru 261.
Egreniren 4.
Einsprengmaschine 139.
Entfetten der Seide 266.
Entkletten der Wolle 203.
Entsäuern 214.
Entschälen der Seide 258. 262.
— der halbseidenen Gewebe 281.
Entschwefeln 265.
Entschweissen der Wolle 186.
Extraktwolle 37.

F.

Fabrikanlagen 308.
Fabrikwäsche der Wolle 192.
Fibroin 61.
Flachspflanze 12.
Florett 56.
Friktionskalander 176.
Frohneiser Verfahren 84.

G.

Garnappretur 56. 275.
Garnbleicherei auf Spulen 85. 312.
Garnbürstmaschine 86.
Garnchlormaschine 157.
Garnmangel 56.

Garnnummerirung 5. 15. 24. 34.
49.
Garnquetsche 154.
Garnstärkemaschine 86.
Garnstreckapparat 225.
Garnwaschmaschine 80. 83. 153.
226. 229. 259.
Gassenge 93.
Gaufriren 283.
Gemischte Bleiche 163.
Genappe 36.
Gerberwolle 37.
Gespinnstfasern 1.
Granitofen 215.
Grège 55.

H.

Hanfpflanze 19.
Hanfgarnbleicherei 176.
Harte Seide 261.
Heftmaschine 89.
Hermite electr. Bleichverfahren 145.
Hobelmaschine 169.
Hochdruckbäuchkessel 76. 115. 165.
Horizontal-Centrifuge 304.
Hotflue 134.
Hydraulische Garnpresse 155.
Hydraulische Walzenmangel 176.
Hygroscopicität der Baumwolle 7.
— des Flachses 17.
— der Jute 25.
— der Seide 59.
— der Wolle 41.

I, J.

Irisches Bleichverfahren 163. 171.
Irische Waschhämmer 104.
Jigger, Bleichen auf dem 133.

Jute 21.
Jute-Bleichen 177.

K.

Kalkmaschine 106.
Kameelwolle 37.
Kammgarn 36.
Kammgarngewebe, Crabben der
237.
Kammwolle 37.
Kammwollwäsche 199.
Kaschmirziege 36.
Kastenmangel 175.
Kastenrollerei 157.
Kessel, siehe Bäuchkessel.
Kettseide 55.
Klanglein 12.
Klettenwolf 204.
Klopfwolf 213.
Klotz- und Stärkemaschine 139.
Kohlensaures Wismut 257.
Konditioniren der Seide 42.
Kötzerbleicherei 85.
Krachen der Seide 59.
Krappmaschine, siehe Crabben.
Kreideweiss 257.
Künstliche Seide 68.
Kunstwolle 37.

L.

Lammwolle 37.
Lanolin 201.
Leinengarn-Bleicherei 149.
Leinengewebe-Bleicherei 161.
Leviathan 197.
Loden 217. 221.
Lortzing'sche Verfahren 203.
Lüstrirmaschine 278.

M.

Mangel 175.
Mather-Thompson Bleichverfahren 140.
Maulbeerseidenspinner 49.
Mediogarn 5.
Mercer'sche Baumwolle 9.
Merinowolle 35.
Mohairwolle 36.
Moiriren 283.
Mulegarn 5.

N.

Natriumbisulfit, Bleichen mit 251.
Natriumhydrosulfit, Bleichen mit 254.
Nessel 31.
— Bleichen 182.
Noppen 204.
Noppenfärberei 205. 223.
Nummerirung der Garne, siehe Garn-Nummerirung.

O.

Organsin 55.

P.

Pendlebury-Hochdruckapparat 110.
Pendlebury - Barlow Hochdruckapparat 114.
Plattensenge 91.
Plüssen 204.
Porzellanweiss 258.
Purgiren der Seide 264.

Q.

Quillajarinde 186.

R.

Ramie 31.
Rasenbleiche 159.
Raufwolle 37.
Rauschen der Seide 59.
Regulatoren 296.
Reinigungswolf 213.
Reinigen der Wolle 192.
Revolverbleichapparat 115.
Rohseide 55.
Rollenwaschmaschine 101.
Rösten des Flachses 13.
Rundwaschmaschine 83. 261.

S.

Salzsäuregas, Carbonisation mit 215. 223.
Säuremaschine 106.
Schappe 56.
Scheeren 137.
Scheurer - Rott Hochdruckkessel 115.
Schliebersches Waschmittel 185.
Schussseide 55.
Schwefeln 245. 265.
Schwefelkammer 245. 248.
Schweflige Säure 250.
Schweisswässer-Verarbeitung 190.
Seide 49.
— Beschwerung 272.
— Conditioniren 42.
— Florett 56.
— künstliche 68.
— Souple 266.
— Verhalten der 61.
Seifmaschine 169.
Sengen 91.
Soupleseide 266.

Spannrahmen 137.

Squeezer 125.

Stampf - und Hammerwasch-
maschine 100.

Sterblingswolle 37.

Stichelhaare 37.

Stopfen 204.

Strangwaschmaschine 100. 231.

Streichgarn 35.

Streichwollwäsche 199.

Strecken der Seide 265.

Streckmaschine 277.

Streckvorrichtung für Wollgarn
225.

T.

Titrirung der Seide 56.

Tote Baumwolle 3.

Tote Wolle 37.

Tragant 283.

Trame 55.

Trocknen 135.

Tuchwolle 35.

Tussah-Bleichen 270.

Tussahspinner 66.

U.

Uebermangansaures Kali, Bleichen
mit 173. 255. 269.

Ultramarin 84. 139.

V.

Vacuumbleichapparat 123. 312.

Verarbeitung der Waschwässer 199.

— der Schweisswässer 190.

Verlust beim Garnbleichen 160.

Vortrocknen 308.

Vorwäsche der Wolle 186.

W.

Waggonsystem 122.

Walzenwaschmaschine 97.

Warendorfer Bleichmethode 163.

Waschen der losen Wolle 186.

— des Wollgarns 224.

— der Wollgewebe 231.

— der Halbwollgewebe 236.

Waschmaschinen für Garne, siehe
Garnwaschmaschine.

Waschmaschine mit Schlagwalze 99.

Waschrad 95.

Waschwässer-Verarbeitung 199.

Wasserglas 186.

Wasserstoffsuperoxyd, Bleichen mit
147. 252.

Watergarn 5.

Weissfärben der Seide 271.

— der Wolle 256.

— halbseidener Gewebe 283.

Weisskochen der Seide 264.

Widerstandsfähigkeit baumwollener Gewebe 11.

Wilde Seide 65.

Wirkung des Chlorkalks 73.

Wirkung der schwefligen Säure 249.

Wolle 35.

—, Conditioniren der 42.

—, Verhalten der 46.

Wollfett 191.

Wollfaser 39.

Wollschweiss 38.

Wollspülmaschine 193.

Z.

Ziegenwolle 36.

Zinkweiss 257.

Zeichnen der Stücke 39.

Zwirn 15.

Leipziger Monatsschrift für Textil-Industrie, 1890, Nr. 5:

In dem Buche von **Harmsen** werden beschrieben die Gewinnung des Steinkohlentheers bei der Leuchtgas- und der Koksbereitung und die Fabrikation der Rohmaterialien und der Farbstoffe. Dem letzteren Capitel ist eine kurze, aber trotzdem vollkommen verständliche Beschreibung der wichtigsten in den Farbenfabriken verwendeten Hülfsmaschinen und Apparate, der Luftpumpen und Montejus, der Pumpen, Pulsometer und Strahlapparate, der Filterpressen, Filterrahmen, hydraulischen Pressen, Centrifugen, der Trockeneinrichtungen, Mühlen und Siebmaschinen u. s. w. vorausgeschickt. Die Farbstoffe sind eingetheilt worden in Farbstoffe der Triphenylmethanreihe, Alizarin, Azofarbstoffe, Diphenylaminfarbstoffe, Indigo, Chinolinfarbstoffe, Nitrofarbstoffe, Farbstoffe verschiedener Constitution (Tartrazin, Isatingelb, Phenanthrenroth, Primulin, Kanarin, Naphtolgrün). Die Untersuchung und das Coupiren der Farbstoffe, einige statische Mittheilungen, ein kurzer Nachtrag und ein alphabetisches Sachverzeichniss bilden den Schluss des Buches. Dasselbe giebt den Studirenden der Chemie und den angehenden Technikern in kurzer und deutlicher Form einen Einblick in einen Industriezweig, welcher sich durch seine Leistungen an die Spitze der chemischen Technik gestellt hat. Aber auch der Praktiker wird das Buch nach dem Studium nicht unbefriedigt zur Seite legen; denn er wird in demselben manche Anregung und auch wohl hier und da einiges ihm Neue finden.

Biedermann techn.-chem. Jahrbuch:

Dies Buch bildet einen Theil des Verlagsunternehmens von S. **Fischer** in Berlin, welches als „Technologische Bibliothek" sich rasch eine wohlverdiente Anerkennung erworben hat. **Harmsen's** „Farbstoffe" gereichen dieser Sammlung zur Zierde. Mit sicherm Verständniss hat der Verfasser es verstanden, ein für den technischen Chemiker höchst brauchbares Werk zu schaffen, welches stets an der Hand der Wissenschaft die Technologie der Theerfarbstoffe behandelnd, sich doch von der theoretischen Haltung des rein wissenschaftlichen Lehrbuchs entfernt, aber noch viel weniger auf das Niveau des Receptbuches herabsinkt. Der wissenschaftlich gebildete Chemiker — nur solche sind in der Theerfarbenindustrie thätig — wird ebenso wie der Studirende das inhaltreiche Buch gern und mit Nutzen gebrauchen. Zumal die Behandlung der Rohstoffe und die Darstellung der Zwischenproducte bietet soviel des Neuen und praktisch Verwerthbaren, wie kaum ein anderes Werk auf diesem Gebiete. Man merkt, dass überall ein praktisch erfahrener Chemiker spricht, der den Werth der neu erfundenen Apparate und Verfahren genau zu beurtheilen weiss.

Chem.-techn. Repertorium von Dr. E. Jacobsen:

So gross auch der Zuwachs der Literatur in der Farbenchemie in den letzten Jahren gewesen ist, der Mangel an einem Werke, welches eine kurze Darstellung der Technik des gesammten Industriezweiges geben würde, blieb bestehen. Verfasser will nun in dem vorliegenden Werkchen diesem Mangel abhelfen. Dasselbe giebt kurz aber erschöpfend ein Gesammtbild der Farbentechnik, mit Berücksichtigung auch der maschinellen Einrichtungen, welches recht geeignet ist, den angehenden Chemiker in dieses Gebiet einzuführen. Für den Fachmann enthält das Buch manches Wissenswerthe und Interessante, da es nicht blos eine Zusammenfassung des bisher in der Literatur da und dort Veröffentlichten, sondern eine Frucht vieljähriger und reicher Erfahrung ist.

Chemiker-Zeitung:

Die Fabrikation des Anilins und des Nitrobenzolfuchsins sind mit grosser Sachkenntniss und auf Grund eigener Erfahrungen in einer Art besprochen, wie solche nur bei praktischer Vertrautheit mit den bezüglichen Betrieben möglich ist.

In ähnlicher Weise äussern sich: „Prometheus", „Zeitschrift für angewandte Chemie", „Chemische Industrie", „Journal of the Society of Chemical" etc.

Gebrüder Heine

Maschinen-Fabrik

Viersen (Rheinpreussen).

Haupt-Specialitäten:

Centrifugen
jeglicher Art

mit Ober- und Unter-Antrieb

solide — exact — zweckmässig

mit **Dampfmotor,**
mit **Transmissionsbetrieb,**
mit **Handbetrieb.**

Unübertroffene Constructionen.

Deutsches Reichs-Patent.

Waschmaschinen für Seide im Strang.
Lüstrirmaschinen.
Beizquetschmaschinen.
Indigomühlen, auch mit direct wirkendem
Dampfmotor, sowie sämmtliche
Maschinen u. Einrichtungen f. Färberei,
Wäscherei etc.

Uebernahme completter Anlagen.

Feinste Referenzen.

Maschinenfabrik Burckhardt.

Actiengesellschaft.

Basel.

Spezialität

in

Färberei- und Appretur-Maschinen

als:

Centrifugen verschiedener Systeme.

Anstreck- und **Lüstrirmaschinen** mit Anstreckvorrichtung von Hand, oder selbstthätig auf pneumatischem oder hydraulischem Wege.

Chevillirmaschinen, Waschmaschinen.

Bürstmaschinen, auch in Verbindung mit Lüstrirmaschinen.

Appreturmaschinen für Bänder und Garne.

Calandern, Moirir- und **Gaufrirmaschinen, Messmaschinen** verschiedener Systeme.

Aufrollmaschinen etc. für Bänder.

Sämmtliche Maschinen für **Transmissions-** oder **directen Dampfbetrieb.**

━━ Prospecte gratis und franco. ━━

Druck von Gressner & Schramm, Leipzig.

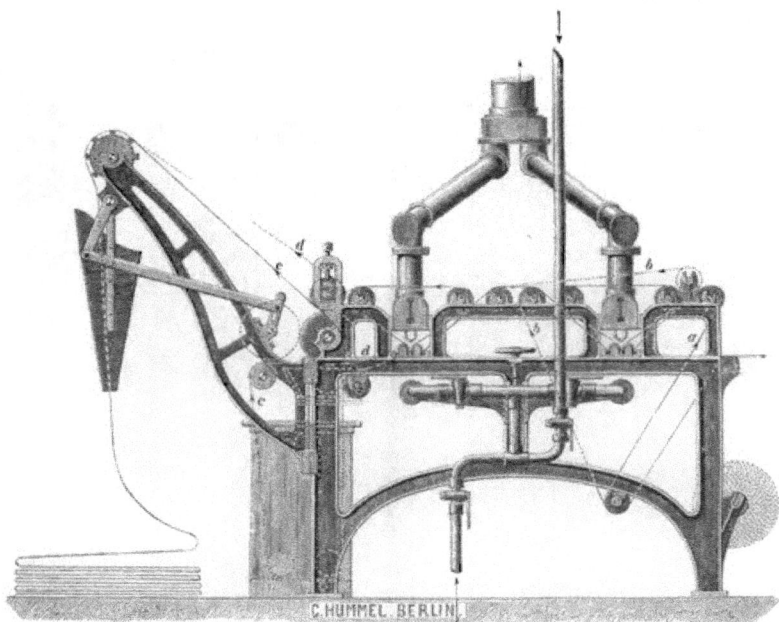

Fig. 27. Gassengemaschine.

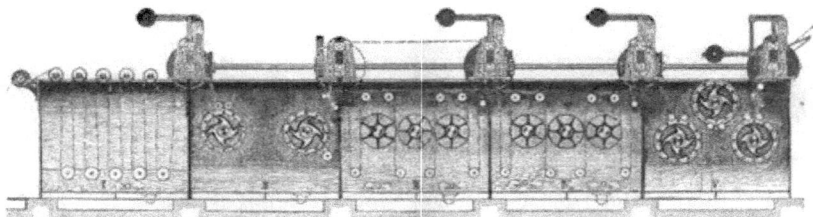

Fig. 34.   Breitwaschmaschine.

Fig. 51. Ausquetschmaschine (Squeezer).

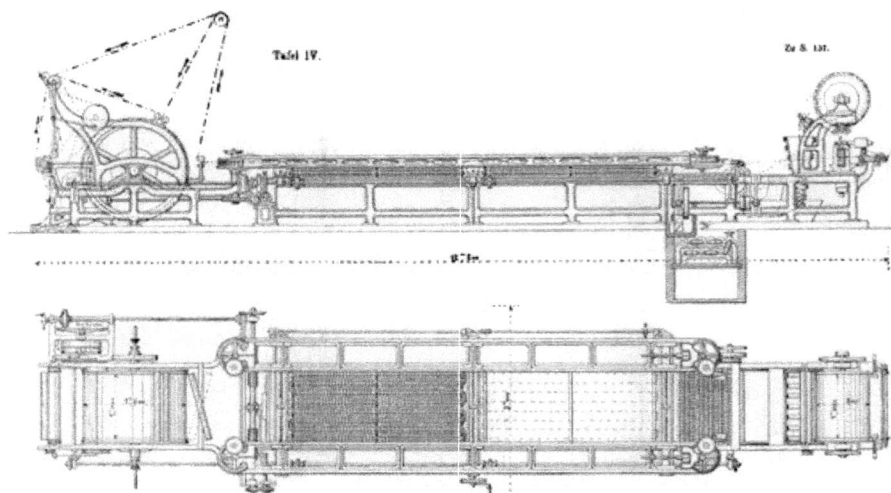

Fig. 54. Continue-Laufrahmen.

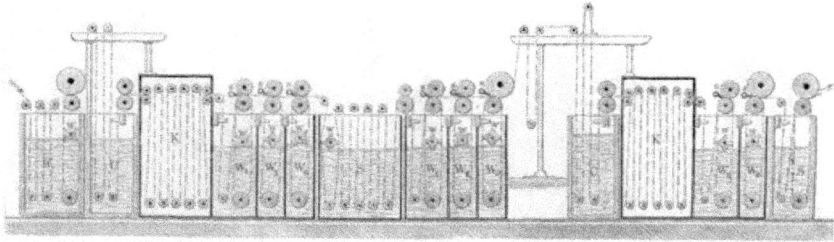

Fig. 53. Mather-Thompson-Bleichapparat.

Fig. 69. Leviathan (Wollwaschmaschine).

Fig. 70. Leviathan (Wollwaschmaschine)

Zu S. 233.

Fig. 86. Strangwaschmaschine.

Fig. 87. Breitwaschmaschine.

Fig. 90. Crabbmaschine.

Tafel XI.

Fig. 96. Breitwaschmaschine.

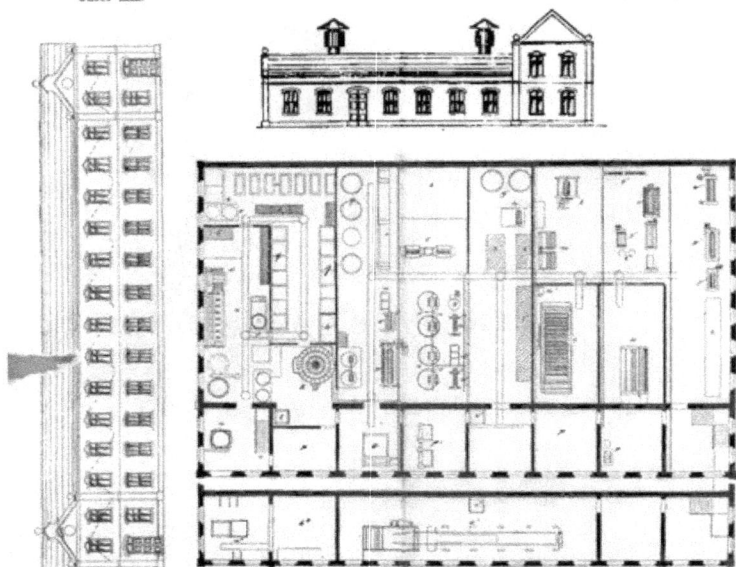

Fig. 118, 119, 120. Bleicherei und Appretur für Leinen- und Baumwoll-Garne, sowie für leinene und baumwollene Gewebe.

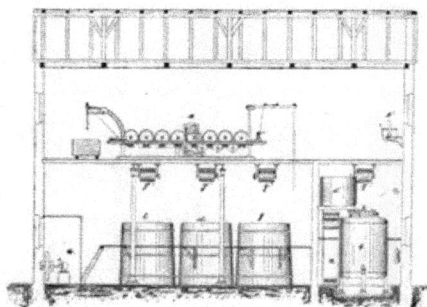

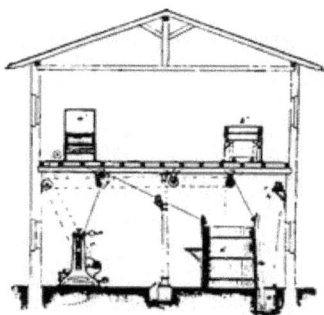

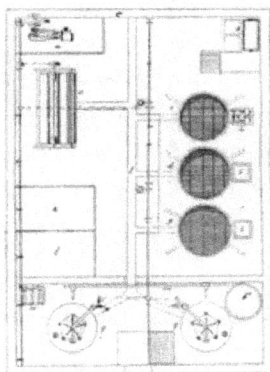

Fig. 121. 122. 123. Anlage einer Schnellbleicherei für Stückwaare.
Leistung pro 10 Stunden 12 000 m.   Maesstab 1: 175.

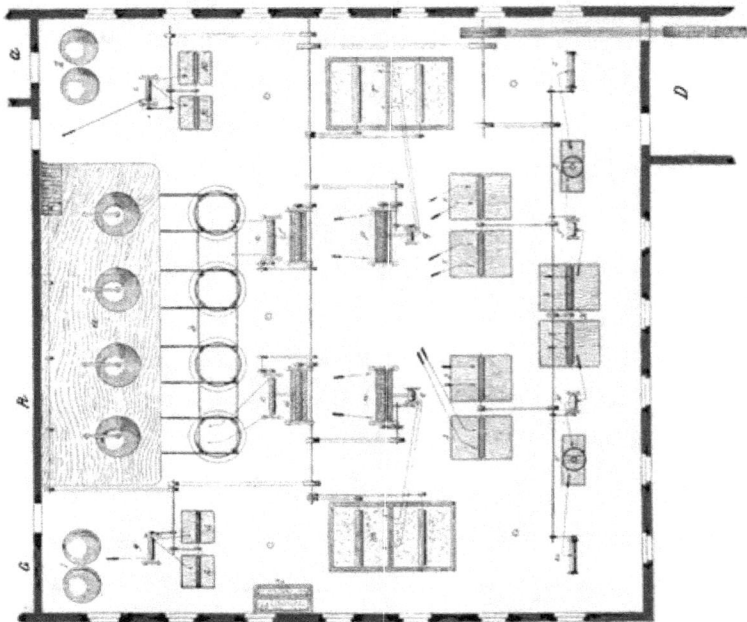

Fig. 124. Bleichanlage mit Waggensystem (Haubold). Leistung pro Tag 90000 m = 1800 Stück = 12 000 kg. Massstab 1 : 300.

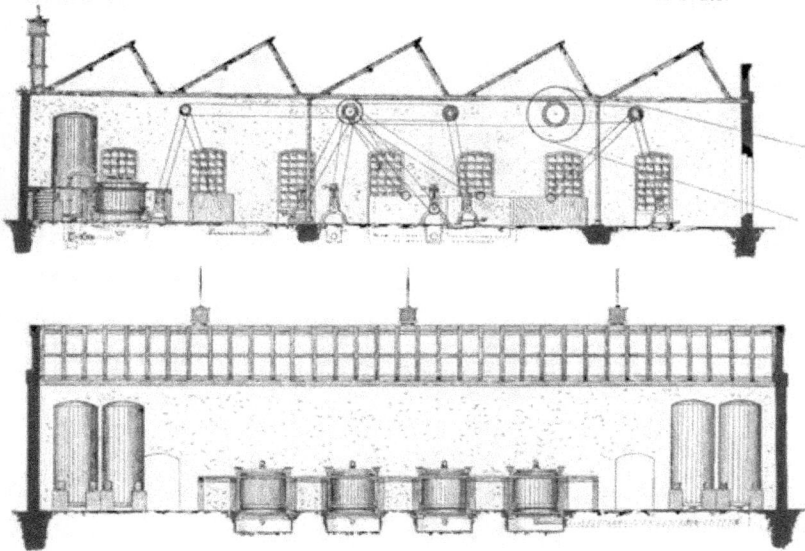

Fig. 125, 126. Bleichanlage mit Waggonsystem (Haubold), Leistung pro Tag 90000 m = 1500 Stück = 12000 kg.
Massstab 1 : 300.

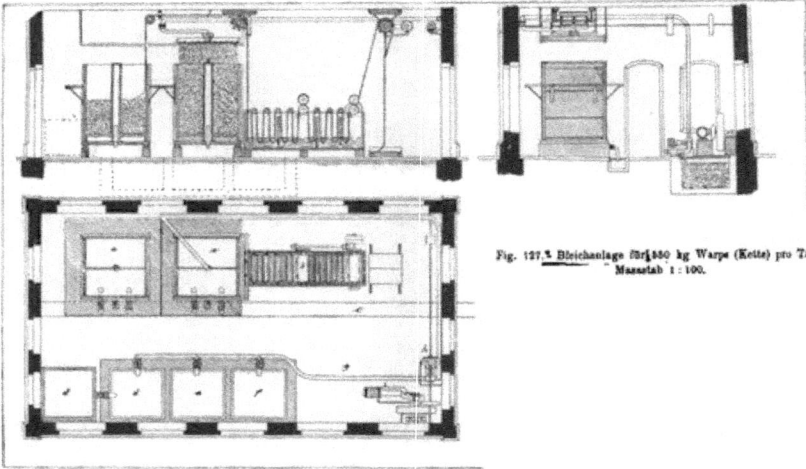

Fig. 127. Bleichanlage für 550 kg Warpe (Kette) pro Tag.
Maasstab 1 : 100.

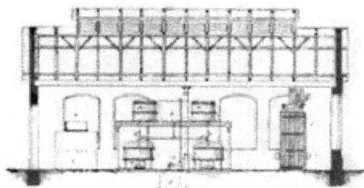

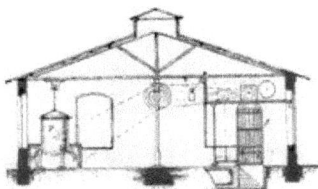

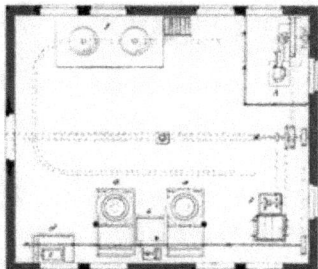

Fig. 128, 129, 130.

Anlage einer Cops- (Bobinen) Bleicherei nach System
Fischer.

Leistung pro Tag 600 Kilo. Massstab 1 : 200.

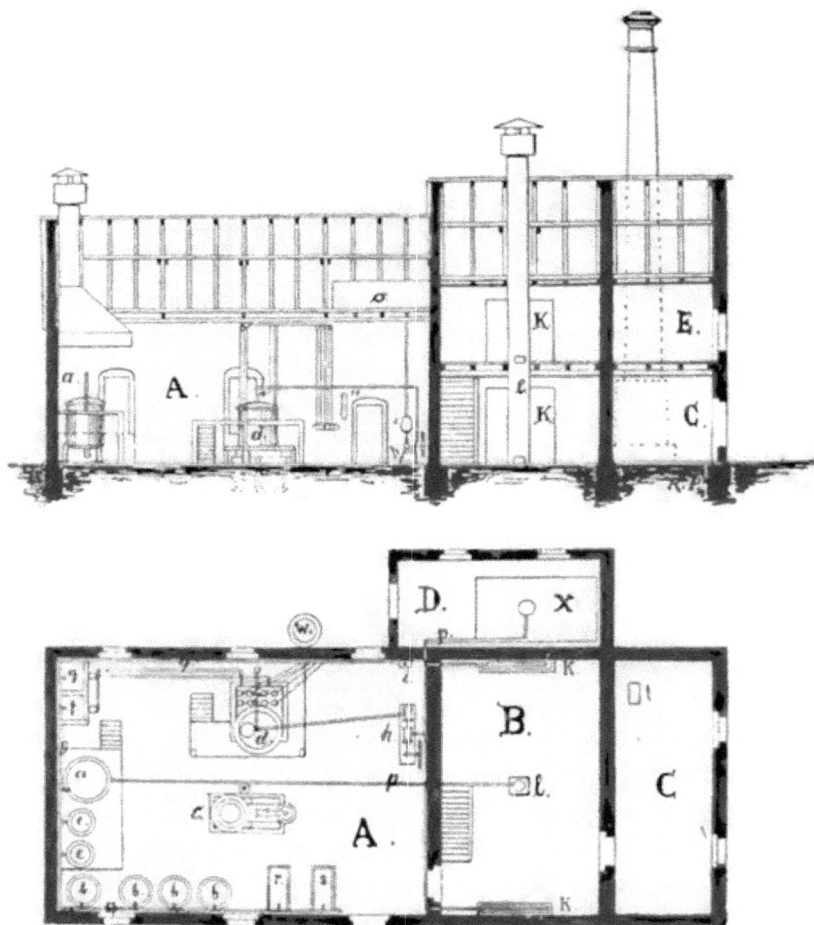

Fig. 131, 132. Bleicherei-Anlage mit Vacuumapparat.
Leistung pro Tag 300 k Baumwollgarn. Massstab 1:350.